"十三五"国家重点出版物出版规划项目
材料科学研究与工程技术系列
Springer 精选翻译图书

Metal Matrix Composites:
Wetting and Infiltration

金属基复合材料：
润湿与浸渗

［墨西哥］Antonio Contreras Cuevas
［墨西哥］Egberto Bedolla Becerril   主编
［墨西哥］Melchor Salazar Martínez
［墨西哥］José Lemus Ruiz

张学习　钱明芳　于江祥　彭　靖　译
耿　林　主审

U0211801

哈尔滨工业大学出版社
HARBIN INSTITUTE OF TECHNOLOGY PRESS

内 容 简 介

本书是一部金属基复合材料方面的著作。以润湿理论和实验为基础,论述了不同金属基体–增强相体系的润湿特性,确定复合体系的润湿性与复合材料的制备工艺、微观组织、界面特征和力学性能的关系,并进一步论述了金属基复合材料的焊接连接、耐蚀性能和摩擦磨损特性等。本书涉及的复合材料涵盖了目前最常用的非连续增强金属基复合材料,包括 Al/SiC、Al/TiC、Mg/TiC、Cu/TiC、Al/AlN、Mg/AlN、Ni/TiC、Mg/SiC 和 Ni/Al$_2$O$_3$ 等。

本书内容丰富、取材新颖、数据翔实,适合初入金属基复合材料领域的研究生阅读,也对长期从事本领域研究和应用的学者具有一定的参考价值。

黑版贸登字 08–2022–017 号

First published in English under the title
Metal Matrix Composites : Wetting and Infiltration
by Antonio Contreras Cuevas, Egberto Bedolla Becerril, Melchor Salazar Martínez
and José Lemus Ruiz
Copyright © Springer Nature Switzerland AG, 2018
This edition has been translated and published under licence from
Springer Nature Switzerland AG

图书在版编目(CIP)数据

金属基复合材料:润湿与浸渗/(墨)安东尼奥·孔特雷拉斯·库瓦斯(Antonio Contreras Cuevas)等主编;张学习等译. —哈尔滨:哈尔滨工业大学出版社,2022.12
(材料科学研究与工程技术系列)
ISBN 978 – 7 – 5767 – 0362 – 7

Ⅰ.①金… Ⅱ.①安… ②张… Ⅲ.①金属基复合材料 Ⅳ.①TB333.1

中国版本图书馆 CIP 数据核字(2022)第 147961 号

策划编辑　许雅莹
责任编辑　杨　硕
封面设计　高永利
出版发行　哈尔滨工业大学出版社
社　　址　哈尔滨市南岗区复华四道街 10 号　邮编 150006
传　　真　0451-86414749
网　　址　http://hitpress.hit.edu.cn
印　　刷　哈尔滨博奇印刷有限公司
开　　本　660 mm×980 mm　1/16　印张 19.75　字数 371 千字
版　　次　2022 年 12 月第 1 版　2022 年 12 月第 1 次印刷
书　　号　ISBN 978 – 7 – 5767 – 0362 – 7
定　　价　88.00 元

(如因印装质量问题影响阅读,我社负责调换)

译 者 前 言

金属基复合材料作为一种结构-功能一体化新材料,与金属、无机非金属及聚合物材料并列,已经成为国民经济发展的基础材料之一,在航空航天、国防、电子、交通等高科技领域应用日益广泛。

基体和增强相是金属基复合材料的两个基本组元,它们的有机复合形成了决定复合材料性能的新组元——界面。金属基复合材料的复合制备技术是其发展的基础,目前仍处在持续发展过程中,发展的一个重要原因是复合材料组元种类、尺寸、含量和性能的多样性。已发展的金属基复合材料基体有铝、钛、镁、钢、金属间化合物等,增强相有 SiC、TiC、TiB、Si_3N_4、金刚石、碳纳米管(CNT)、石墨烯、碳纤维、B 纤维、W 纤维等各种陶瓷与金属。显然,丰富多彩的基体与增强相表面特性各不相同,如何通过有机复合解决界面相容性和复合材料模量、强韧性等性能的协同提升,是本领域的基本科学问题。

概括地说,金属基复合材料可以通过气相法、液相法和固相法制造。其中,将低熔点的基体处理成熔化液体,与固相增强相通过混合、浸渗、沉积等工艺相复合,然后受控凝固的方法属于液相法。基体金属熔体与增强相固体的润湿性是液相法制备过程中的关键物性参量,若两相润湿则熔体可以自发浸渗进入增强相的缝隙而实现复合;但在两相不润湿情况下,则需要外加驱动力克服表面张力从而促使熔体浸渗增强相的缝隙。上述两种浸渗制备复合材料的方法分别称为无压浸渗法和压力浸渗法。首例成功应用于我国航天领域的金属基复合材料——Al/SiCw 复合材料,即译者所在课题组采用挤压铸造法(压力浸渗法的一种)制备的复合材料铸锭经挤压、加工和热处理实现的。

本书由墨西哥米却肯大学复合材料领域知名学者 A．C．库瓦斯教授领衔编写,是一本理论和实践有机结合的著作,包括金属基复合材料的润湿理论、制备技术、组织性能、焊接连接、腐蚀机理和摩擦磨损,内容丰富、取材新颖、数据翔实,适合初入金属基复合材料领域的研究生阅读,也对长期从事本领域研究和应用的学者具有一定的参考价值。本书的特色是从基体与增强相润湿性的角度,论述浸渗复合过程,回答诸如:润湿性的基本理论是什么? 润湿性与界面相容性的关系是什么? 典型基体与增强相的润湿规律是什么? 润湿性与界面特性和复合材料性能的关系是什么? 焊接、腐蚀和磨损过程的界面演化规律是什么? 译者期望本书能够助力国内金属基复合材料的蓬勃发展和应用。

　　哈尔滨工业大学材料科学与工程学院耿林教授审阅了本书,并对书稿提出了大量重要的修改建议。

　　白雪、贾政刚、朱雪洁、马思遥、刘殿鑫、吴岚静、孙柏彤、张钦毓、张佳佳、王东悦、王俊皓、张纪东、魏星、韩伟民、付慧刚、冯爽参与了本书的翻译,我要感谢每一位译者,没有大家精益求精的工作,本书中文版不可能如此顺利及时地与读者见面。

　　由于译者水平有限,翻译不恰当之处,请读者指正。

译　者

2022 年 11 月

前　　言

金属基复合材料(MMC)已经在工业领域应用了几十年,目前仍在持续发展过程中。MMC通常由两种不同的相组成:基体(通常为金属)和增强相(通常为陶瓷或金属)。这两种相通过适当的技术有机复合,可以获得不同于单相的、具有特定性能的均质材料。

MMC主要应用于汽车、体育和空天产业,部分应用于各种高温环境。MMC的优势是可以通过设计、制备来获得满足特定应用需求的力学、电学和热学性能。例如,高温MMC可应用于汽车发动机、涡轮机和航天飞船等部件。

几十年前,全世界仅有少数人研究MMC;目前,MMC已发展成为材料领域最热门的研究课题之一,其中铝基和镁基复合材料尤其受到重视。镁及其合金作为基体的优点是比强度和比刚度高、阻尼性能好和尺寸稳定性佳。

涉及MMC制备、表征和应用主题的图书有很多,本书除了涵盖上述主题,还包括与MMC紧密相关的润湿、热力学、动力学、腐蚀、磨损和焊接等内容。这些研究是由作者团队在墨西哥莫雷利亚市圣尼古拉斯·伊达尔戈米却肯大学(UMSNH)冶金与材料研究所历时30余年完成的。团队在几种复合材料体系中取得的大量MMC相关成果,为本书的编写提供了素材。本书包括MMC的基本理论,以及Al/SiC、Al/TiC、Mg/TiC、Cu/TiC、Al/AlN、Mg/AlN、Ni/TiC、Mg/SiC和Ni/Al$_2$O$_3$复合材料的润湿和制备结果。本书有关MMC的润湿、界面反应、加工、力学性能、焊接、腐蚀和磨损的基本知识有利于MMC初学者学习,有关上述基本知识的系统综述对研究人员也有参考价值。

本书共7章。第1章简要介绍MMC基本概念。第2章重点介绍对复合材料制备起重要作用的润湿的主要理论和实验结果,以及基体和增强相的界面特征。第3章介绍复合材料的主要制备技术,其中重点介绍熔体浸渗技术及其相关物理现象。第4章介绍团队多年研究的不同体系复合材料的研究成果,包括组织结构、力学/热学/电学性能。第5章介绍MMC连接的基础知识,特别是复合材料熔焊和钎焊等基本原理和技术,并给出一些具体连接生产实例,说明连接的关键控制因素。第6章介绍复合材料在溶液中的腐蚀行为,包括以 TiC 为增强相,以 Ni、Al-Mg、Al-Cu 和 Al-Cu-Li 等合金为基体的复合材料的腐蚀性能。第7章介绍复合材料磨损的基本知识、常用的测试方法、磨损机理以及不同技术制备的复合材料磨损性能的测试结果。

编　者

2018 年 6 月

名 词 缩 写

AC	Alternating current	交流电
AE	Auxiliary electrode	辅助电极
AFM	Atomic force microscope	原子力显微镜
Al	Aluminum	铝
Al_2O_3	Aluminum oxide	氧化铝
Al_4C_3	Aluminum carbide	碳化铝
AlN	Aluminum nitride	氮化铝
Ar	Argon	氩气
ASME	American society of mechanical engineering	美国机械工程学会
ASTM	American society for testing and materials	美国测试与材料学会
AZ91E	Magnesium alloy	镁合金
BF-STEM	Bright-field scanning transmission electron microscope	明场扫描透射电子显微镜
CMC	Ceramic matrix composite	陶瓷基复合材料
CR	Corrosion rate	腐蚀速率
CTE	Coefficient of thermal expansion	热膨胀系数
Cu	Copper	铜
CVD	Chemical vapor deposition	化学气相沉积
CVI	Chemical vapor infiltration	化学气相浸渗
CVN	Charpy V-notch	夏比 V 型缺口
DC	Direct current	直流电
DEA	Direct electric arc	直接电弧
EB	Electron beam	电子束

EDS	X-ray energy dispersive spectrum	能量色散 X 射线谱
EDX	Energy-dispersive X-ray	能量色散 X 射线
EIS	Electrochemical impedance spectroscopy	电化学阻抗谱
EPMA	Electron probe microanalysis	电子探针微区分析
FFT	Fast Fourier transform	快速傅里叶变换
GMAW	Gas metal-arc welding	熔化极气体保护
HAADF	High-angle annular dark-field	高角环形暗场
HAZ	Heat affected zone	热影响区
HIP	Hot isostatic pressing	热等静压
HRC	Hardness Rockwell C	洛氏硬度
HRTEM	High-resolution transmission electron microscope	高分辨透射电子显微镜
HVOF	High-velocity oxy-fuel	高速氧燃料(热喷涂)
IEA	Indirect electric arc	间接电弧
IIW	International Institute of Welding	国际焊接学会
IRMS	Inductance root mean square	电感均方根值
LI	Localization index	局域(腐蚀)指数
LM	Liquid metallurgy	液体冶金
LPPD	Low-pressure plasma deposition	低压等离子沉积
LPR	Linear polarization resistance	线性极化电阻
MA	Mechanical alloying	机械合金化
Mg	Magnesium	镁
Mg_2Si	Magnesium silicide	硅化镁
$MgAl_2O_4$	Aluminum magnesium spinel	镁铝尖晶石
MgO	Magnesium oxide	氧化镁
MGW	Modified gas welding technique	改进的气焊技术
MIG	Metal inert gas	金属惰性气体(保护焊)
MMC	Metal matrix composite	金属基复合材料
MML	Mechanical mixed layer	机械混合层

Mn	Manganese	锰
MOR	Modulus of rupture	断裂模量
Nb	Niobium	铌
Ni	Nickel	镍
OCP	Open-circuit potential	开路电位
PACVD	Plasma-assisted chemical vapor deposition	等离子辅助化学气相沉积
PAS	Plasma-activated sintering	等离子活化烧结
PC	Polarization curve	极化曲线
PECS	Pulse electric current sintering	脉冲电流烧结
PI	Pressureless infiltration	无压浸渗
PIC	Pressure infiltration casting	压力浸渗铸造
PM	Powder metallurgy	粉末冶金
PTLPB	Partial transient liquid-phase bonding	部分瞬态液相连接
PVD	Physical vapor deposition	物理气相沉积
RE	Reference electrode	参比电极
RS	Rapid solidification	快速凝固
SAED	Selected area electron diffraction	选区电子衍射
SC	Stir casting	搅拌铸造
SCE	Saturated calomel electrode	饱和甘汞电极
SEM	Scanning electron microscope	扫描电子显微镜
SHS	Self-propagating high temperature synthesis	自蔓延高温合成
Si	Silicon	硅
Si_3N_4	Silicon nitride	氮化硅
SiC	Silicon carbide	碳化硅
SiO_2	Silicon dioxide	二氧化硅
SPS	Spark plasma sintering	放电等离子烧结
TC	Thermal conductivity	导热系数
TEM	Transmission electron microscope	透射电子显微镜

TGA	Thermogravimetric analyzer	热重分析仪
Ti	Titanium	钛
TiC	Titanium carbide	碳化钛
TiO$_2$	Titanium oxide	氧化钛
TLP	Transient liquid phase	瞬态液相
UTS	Ultimate tensile strength	抗拉强度
WC	Tungsten carbide	碳化钨
WDS	Wavelength-dispersive spectroscopy	波长分散谱仪
WE	Working electrode	工作电极
XD	Exothermic dispersion	放热合成
XRD	X-ray diffraction	X 射线衍射
YS	Yield strength	屈服强度
Y-TZP	Yttria partially stabilized zirconia	氧化钇部分稳定氧化锆

单位与量符号

单 位

%	Percentage	百分比
℃	Celsius degrees	摄氏度
μm	Micron	微米
at%	Atomic percent	原子百分比
cm	Centimeter	厘米
g	Grams	克
GPa	Gigapascal	吉帕
h	Hour	小时
HV	Hardness Vickers	维氏硬度
J	Joules	焦耳
K	Kelvin degrees	开
kHz	Kilohertz	千赫兹
kJ	Kilojoules	千焦
kN	Kilonewton	千牛
kW	Kilowatts	千瓦
m	Meter	米
mol	Molar	摩尔
min	Minute	分
mJ	Millijoule	毫焦耳
mm	Millimeter	毫米
MPa	Megapascal	兆帕
vol%	Volume percent	体积百分比
wt%	Weight percent	质量百分比

量 符 号

A	Apparent area	表观面积
A_r	Real area	真实面积
CTE	Coefficient of thermal expansion	热膨胀系数
E	Elastic modulus	弹性模量
E_a	Activation energy	激活能
E_{corr}	Corrosion potential	腐蚀电位
EN	Electrochemical noise	电化学噪声
ER	Electrical resistivity	电阻率
F	Force	载荷
I_{corr}	Current density	电流密度
I_{lim}	Limiting current density	极限电流密度
K_{lc}	Fracture toughness	断裂韧性
Q	Worn volume per distance	单位距离磨损体积
r	Roughness factor	粗糙度
R	Universal gas constant	气体常数
R_n	Noise resistance	噪声电阻
R_p	Polarization resistance	极化电阻
r/min	Revolution per minute	转/分
S	Aspect ratio	长径比
t	Time	时间
T_{inf}	Infiltration temperature	浸渗温度
T_m	Melting temperature	熔点
T_s	Sintering temperature	烧结温度
V_w	Worn volume	磨损量
V_m	Volumetric fraction of the matrix	基体体积分数
V	Volume	体积
V_r	Volumetric fraction of reinforcement	增强相含量(体积分数)
W	Applied standard load	施加的标准载荷

W_a	Adhesion work	黏着功
W_c	Cohesion work	结合功
W_t	Weight	质量
X	Wetting perimeter	润湿周长
ΔG	Gibbs free energy	吉布斯自由能
θ	Contact angle	接触角
θ_a	Advancing contact angle	前进接触角
θ_{hyst}	Hysteresis contact angle	接触角滞后值
θ_r	Receding contact angle	后退接触角
σ_i	Current noise standard deviation	当前噪声标准差
σ_v	Potential noise standard deviation	潜在噪声标准差
Y_{LV}	Surface energy of liquid-vapor	液-气表面能
Y_{SL}	Surface energy of solid-liquid	固-液表面能
Y_{SV}	Surface energy of solid-vapor	固-气表面能
Φ	Apparent contact angle	表观接触角

目　　录

第1章 绪 论

1.1 复合材料的概念与分类

几十年来,复合材料在汽车、航空、航天和电子工业中应用广泛,已经成为一类非常重要的材料。实际上,人类很早就开始利用复合材料,例如"土坯"(用于建造房屋的原始材料)是由泥土和稻草制成的"复合"材料;混凝土是由水泥和砾石制成的复合材料,目前广泛应用于建筑行业。自然界还存在天然的复合材料,例如骨头由硬质无机羟基磷灰石和胶原构成,木材由木质素基质和纤维素构成等。

复合材料由两种或两种以上形状和化学成分不同且彼此不溶的材料组成,具有任一组元不具有的性能。它们由称为基体的金属、陶瓷或聚合物连续相,以及分散在基体中的称为增强相的短纤维、长纤维或颗粒构成[1]。一般来说,上述组元的性能不同,一种组元轻、强、硬、易碎,而另一种组元强度和韧性好。图1.1所示为复合材料构成示意图及 Mg/SiC 复合材料的扫描电子显微镜(SEM)照片。

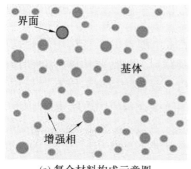

(a) 复合材料构成示意图　　(b) Mg/SiC 复合材料的 SEM 照片

图1.1　复合材料构成示意图及 Mg/SiC 复合材料的 SEM 照片

金属基复合材料(MMC)可根据基体和增强相进行分类,如图1.2所示。目前,树脂基复合材料(PMC)是最常用的复合材料,其制备温度低于金属或陶瓷复合材料,因此制备成本较低。然而,MMC 具有更高的热稳定性,适合在较高温度下使用。

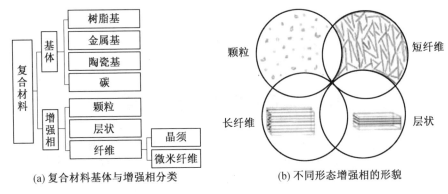

(a) 复合材料基体与增强相分类　　　　　(b) 不同形态增强相的形貌

图 1.2　根据基体和增强相形态的复合材料分类方法

1.2　金属基复合材料

近年来，MMC 以其良好的物理和力学性能应用于航空航天工业（涡轮机部组件、机械系统和机身重要部件），以及由于密度低和力学性能优异越来越多地应用于汽车工业[1]。同时，高体积分（较大体积分数）复合材料由于具有良好的力学性能、较低的热膨胀系数和较高的热导率，正在应用于电子工业。与单相材料相比，MMC 具有更高的比强度和刚度，以及更高的工作温度，但生产成本仍然很高，因此仅在航空航天和军事工业中最重要与急需轻量化的场合获得应用。

MMC 由称为基体的连续金属相以及基体包围着的不连续增强相构成；其中增强相可以是连续纤维或非连续晶须与颗粒。通常，基体塑性和韧性优，增强相硬度高、脆性大、弹性模量高；基体起到将载荷传递至界面和增强相，根据需要保持增强相的间距与取向并保护增强相免遭环境损伤的作用。由此，与合金相比，组织结构均匀的复合材料刚度、强度、密度、耐蚀性、硬度、低载荷下的耐磨性、热膨胀系数以及高温抗蠕变性等性能更优；在某些情况下，通过调控基体和增强相，例如选择具有良好导热和导电性的铝和碳化硅（SiC），还可以获得良好的导热性和导电性[2,3]。与短纤维和颗粒增强相相比，长纤维增强相具有更高的强度和弹性模量，但长纤维的成本高于短纤维或颗粒。因此，应用纤维还是颗粒形态的增强相取决于实际工程应用的需要。

长纤维增强相具有优良的力学性能，如载荷与纤维方向平行时弹性模量高、抗拉强度大，性能具有各向异性。颗粒增强相尽管力学性能不如长纤维，但具有各向同性特性,即在任何方向的性能都是相同的。

此外,金属基复合材料的抗拉强度、硬度、弹性模量和耐磨性等力学性能随着增强相体积分数的增大而提高,塑性、韧性和导热性随着增强相体积分数的增加而降低。

1.3　基体和增强相的种类及 MMC 的制备方法

如前所述,基体的功能是保持增强相通过界面的黏合状态,界面将载荷从基体传递给增强相;因此,基体和增强相间良好的界面结合至关重要。

一般认为,金属基复合材料应采用轻金属基体;实际上基体的选择应取决于 MMC 的用途。目前使用的金属基体包括铝、铁、钛、镍和镁等,其中铝及其合金密度小、耐蚀性好、熔点低而处于主导地位。镁的密度约为铝的 2/3,可以制造密度低而力学性能等于或优于传统材料的新材料,但镁在 MMC 中使用仍然较少,因此,对镁基复合材料的研究非常重要和必要。特别是如今人类在面临以保护环境为主要挑战的背景下,通过减少运输车辆质量从而减少燃料消耗尤其重要[5]。

颗粒由于经济性好、具有各向同性性能,成为 MMC 最常用的增强相。目前最常用的颗粒增强相包括碳化硅(SiC)、碳化钛(TiC)、碳化硼(B_4C)、二硼化钛(TiB_2)、氧化铝(Al_2O_3)、氧化钛(TiO_2)、氧化硅(SiO_2)、氧化锆(ZrO_2)以及氮化铝(AlN,因为其良好的导热性正被尝试用于电子设备散热[4])。目前,金属间化合物颗粒以及金属增强材料(如钨(W)和钼(Mo))等的使用量也在不断增加。复合材料中增强相的体积分数可以从非常低的百分比到 50% 不等;然而,对于电子设备热管理应用而言,复合材料中增强相体积分数往往大于 50%,由于基体连续分布并包围增强相,这种高体分 MMC 仍然被称为金属基复合材料。

MMC 制备方法包括液相法、固相法、气相法和原位法。搅拌铸造法是典型的液相制备工艺,经济性高、适合批量生产;然而搅拌铸造法也有诸如增强相分布不均匀、体积分数相对较低以及孔隙率高等不足。粉末冶金是典型的固相制备工艺。浸渗法是另一种液相制备工艺,其优点是可以实现净近成形、复合材料性能优异[4];缺点是在浸渗之前需要制备并烧结预制件、制备成本高。浸渗法可以是压力浸渗,也可以是无压浸渗(液态金属在多孔预制件中的浸渗无须任何外加压力),应用非常广泛。通过施加机械压力促使液态金属浸渗预制件时称为挤压铸造;施加气体压力时称为气压浸渗。无压浸渗需要基体和增强相之间具有良好的润湿性,在两者润湿性不好的情况下,可在基体中添加合金元素或在增强相表面涂覆涂层等技术实现无压浸渗。

增强相表面的涂层可促进与基体的润湿;在许多情况下,涂层还充当了增强相和基体间的屏障,阻止增强相与基体间的有害反应。例如,用 SiC 或 TiC 等含碳元素的纤维或颗粒以及石墨增强铝合金时,碳与铝的反应会产生碳化铝,而 Al_4C_3 在潮湿环境中容易水解从而降低材料性能。

本章参考文献

[1] Mordike B L, Lukǎc P (2001) Interfaces in magnesium – based composites. Surf Interface Anal 31(7):682-691.

[2] Li S, Xiong D, Liu M, et al (2014) Thermophysical properties of SiC/Al composites with three dimensional interpenetrating network structure. Ceram Int 40(5):7539-7544.

[3] Mizuuchi K, Inoue K, Agari Y et al (2012) Processing of Al/SiC composites in continuous solid-liquid co – existent state by SPS and their thermal properties. Compos Part B 43:2012-2019.

[4] Bedolla E, Ayala A, Lemus J, Contreras A (2015) Synthesis and thermo-mechanical characterization of Mg – AZ91E/AlN composites. In: 10th International Conference on Magnesium Alloys and Their Applications, Jeju, Korea.

[5] Nguyen Q, Sim Y, Gupta M et al (2014) Tribology characteristics of magnesium alloy AZ31B and its composites. Tribol Int 82:464-471.

第2章 润 湿 性

2.1 金属与陶瓷的润湿性

液态金属润湿陶瓷相是采用液相法制备 MMC 的前提。浸渗方法制备复合材料的过程中,金属或合金基体熔液与增强相(纤维或颗粒)发生接触、浸渗及最终凝固。液态金属浸渗预制件的程度取决于液态金属与增强材料的润湿性。润湿性通过液滴在固体衬底上的接触角(θ)表征(图 2.1)。

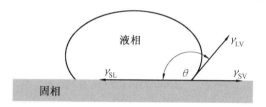

图 2.1 作用在液滴与衬底界面处的表面张力

液滴与衬底界面处表面张力的矢量关系如下:

$$\gamma_{SV} - \gamma_{SL} = \gamma_{LV} \cos \theta \qquad (2.1)$$

式中,γ_{SV}、γ_{SL}、γ_{LV}分别为固-气、固-液和液-气界面的表面能。

式(2.1)即为吉布斯[1]和约翰逊[2]先后从热力学上进行验证的杨氏方程。

金属-陶瓷复合材料的制备方法很多,复合过程中液态金属与固态陶瓷相均直接接触,因此液态金属在增强相表面的润湿性成为金属-陶瓷复合材料制备过程中最基本的问题。关于该问题的综述文章已有不少[3]。图 2.2 所示为熔融金属与陶瓷之间接触角和润湿性的表征方法。

液滴与衬底的接触角 $\theta < 90°$ 时即发生润湿。如果液体分子在固体表面的黏着功小于液体分子间的结合能,则液体与固体不润湿、毛细管内液体表面高度低于管外液面,如图 2.2(a)所示;而液体与固体润湿时,毛细管壁和液体分子黏着功更大,从而表现出明显的毛细作用和良好的润湿性,如图 2.2(b)所示。

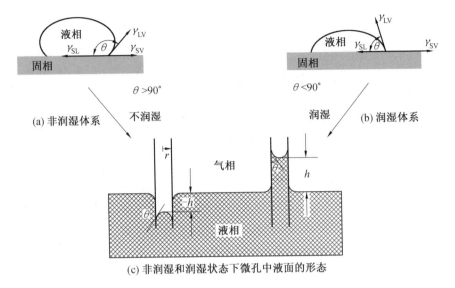

(c) 非润湿和润湿状态下微孔中液面的形态

图 2.2 液–固界面交点处的表面张力

2.2 表面张力与黏着功

惰性气氛中液体的表面张力(γ_{LV})直接表征了液体表面原子间的结合力。与之相关的一个术语是黏着功,可以理解为分开一个液柱、产生两个新的液/气界面时外力所做的功,可表示为

$$W_a = 2\gamma_{LV} \qquad (2.2)$$

通常认为表面和界面两个术语具有相近的内涵,即二者概念相同。

通过黏着功(W_a)可以更好地描述式(2.1),W_a的定义为

$$W_a = \gamma_{SV} + \gamma_{LV} - \gamma_{SL} \qquad (2.3)$$

W_a是反映固–液表面结合程度的有用参量[4]。结合式(2.1)与式(2.3)可得

$$W_a = \gamma_{LV}(1 + \cos\theta) \qquad (2.4)$$

由于γ_{SL}和γ_{SV}都难以测量,而γ_{LV}和θ更易于测量,因此式(2.4)更实用。据此可以通过实验测量接触角θ来确定黏着功。

液滴自发润湿的条件可由下式给出:

$$W_a \geqslant 2\gamma_{LV} \qquad (2.5)$$

这意味着自发润湿的条件是:陶瓷与熔融金属间的黏着功是液体表面张力的两倍以上[5]。

式(2.3)表明,固-液界面能(γ_{SL})越低,固-液间黏着力越大,结合力越强[4,6]。因此,凝固后固-液键合强度可以在某种程度上通过液态金属与固体间的 W_a 来估算[7]。

陶瓷的熔点越高,表面能越高,因而与金属的结合力越强[8]。一些纯金属在熔点温度下的表面张力见表2.1[9-11]。

表 2.1　纯金属在熔点温度下的表面张力

金属	表面张力 $\gamma_{SL}/(mJ \cdot m^{-2})$
Li	400
Mg	560
Zn	780
Al	870
Cu	1 300
Ti	1 650
Cr	1 700
Ni	1 780
Fe	1 880
Mo	2 250

碳化物陶瓷和金属间的黏着功,随着碳化物形成热的增加而减小。稳定碳化物形成热大,意味着原子间结合力强、碳化物与金属的作用力弱,即两者润湿性差。离子键陶瓷如氧化铝相对难以润湿,是由于氧化铝中的电子已成键,结合紧密。金属和共价键陶瓷在润湿特性上相似,与离子键陶瓷相比,共价键陶瓷更易于与金属润湿(同样更易于与金属发生界面反应)。高价电子浓度通常意味着更低的碳化物稳定性、更好的陶瓷和金属间的润湿性。提高温度或延长接触时间通常会诱发化学反应,因此可以促进润湿。

真空润湿的必要条件是 $W_a > \gamma_{LV}$;自发润湿铺展的条件是 $W_a > 2\gamma_{LV}$。这意味着,只有液-固界面能超过液体表面张力时,液态金属与固体才可能发生润湿。

分子在固体表面的吸附可以分为物理吸附和化学吸附:物理吸附受范德瓦耳斯力的影响,化学吸附与化学键的形成有关。

通过反应的吉布斯自由能(ΔG),可以得出化学反应对黏着功的贡献。通常,化学反应对黏着功的贡献在很大程度上取决于液-固两相间的物理交互作用。与物理交互作用不同,化学反应在本征上具有对温度的高度依赖性。

2.3　润湿体系

为了更好地理解润湿性,根据固相与液相接触时的反应状态和稳定性,可以将润湿分为两种类型:反应润湿体系和非反应润湿体系。

①反应润湿体系。反应润湿体系中液态金属与陶瓷相的润湿伴随着化学反应及固-液界面新相的形成。该类体系的特点是:润湿动力学过程明显(接触角随时间显著变化),接触角的变化具有强烈的温度依赖性[12]。

②非反应润湿体系。非反应润湿体系通常具有极快的润湿动力学特征,接触角在很窄的温度范围内变化,固体表面状态往往不会在与液相接触后改变,润湿程度仅仅取决于接触表面间自由价电子的化学平衡。此时,固-液结合键的建立并不伴随着原有物相中结合键的断裂。

当液滴与衬底接触时,发生的传质现象有:原子扩散、吸附、挥发或化学反应形成新相。上述现象一直持续直至进入平衡阶段。化学反应是否发生以及反应层厚度取决于液滴与衬底的润湿性以及反应动力学因素。然而,有时难以严格区分反应润湿和非反应润湿体系。一些显然不会发生反应的体系,也可能发生液滴与衬底间的化学相互作用。与液态金属润湿后的固体氧化物的还原现象,就是一个典型的例子。

总之,可以归纳得出如下结论:

1. 反应润湿体系

(1)润湿过程伴随着明显的化学反应。

(2)形成新界面。

(3)润湿动力学现象明显(接触角随时间变化明显)。

(4)润湿具有强烈的温度相关性。

2. 非反应润湿体系

(1)润湿动力学过程极快。

(2)接触角在非常窄的温度范围内发生改变。

(3)固体表面的性质不会因与液态金属接触而显著改变。

(4)润湿程度仅取决于接触表面的自由价电子饱和状态及其诱发的化学键的稳态结合能。

基于反应润湿和非反应润湿的概念,接触角可以分为两类:系统处于平衡状态的接触角和系统处于非平衡状态的接触角。当系统处于平衡状态时,接触角可以由杨氏方程和静态界面张力确定,如方程(2.1)。但是,如果系统处于非平衡状态,例如两相间发生化学反应,则会通过界面进行传质。

平衡状态的接触角与最终相组成有关,而最终相组成可能与液-固开始接触时的初始相组成有明显区别。在实际工作中,通常观察接触角随时间的变化规律,并确定接触角达到恒定值所经历的时间。因此大多数研究给出的接触角数据主要指平衡状态下的数据。一些作者给出的是液滴形成数小时后的测量数据,这是由于即使经过很长时间,系统仍可能尚未达到平衡状态。

一些作者通过测量实验全程中的接触角来研究动态润湿过程。然而,这些研究并没有证实阿克塞[13]提出的假设,即在强化学反应体系中,接触角在达到最终平衡数值之前,会先出现最小值(图2.3)。

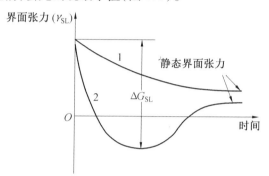

图2.3 非平衡状态下界面张力 γ_{SL} 随时间的变化关系

1—物理吸附;2—两相化学反应

奈迪奇[14]假设液体在固体表面发生化学吸附。两相之间结合的黏着功如方程(2.4)描述。黏着功等于系统总能量,因此,黏着功与化学反应过程释放的能量相当。

萨姆索诺夫[15]基于 d 轨道电子结构的差异解释金属与碳化物的润湿性。他认为,不润湿完全是金属中的空位或 d 轨道完全填满造成的,而自由电子是获得良好润湿性的决定性因素。例如,ⅣA ~ ⅥA 族元素的电子排布表明,碳化物可以提供自由电子。

2.4 润湿性测量技术

液体金属与固体的润湿性有许多测量方法。高温下适合测量润湿性的方法有座滴法和白金板法。

1. 座滴法

给定的固-液体系的润湿性可以通过测量液滴位于固体表面上的平衡力来获得,这种评价润湿性的方法被称为座滴法。在座滴法实验中,直接观察固体衬底上的液滴达到平衡的全过程,由此估算接触角与液滴实际几何形状(如形状、接触面积、高度等)的关系。座滴法的主要优点是实验操作相对简单且可以直接表征润湿体系的接触角。然而,由于接触角滞后、表面吸附效应及材料纯度等因素缺乏可重现性,接触角测量的准确性一直受到质疑。马斯喀特等[16,17]使用座滴法深入研究了铝与 TiC 的润湿性,结果表明接触角似乎难以达到稳定值,这印证了接触角随温度和时间而变化的动态特征。

2. 白金板法

白金板法(有时也称为盘重法)是将悬挂在天平上的平板部分浸入液体中测量接触角。该平板承受的由液-固-气界面处液体表面张力产生的附加力为

$$F = \gamma_{LV} X \cos \theta \tag{2.6}$$

式中,X 为润湿周长;θ 为接触角;γ_{LV} 为液-气表面张力。

根据式(2.6)给出的表面张力的表达式,接触角(θ)的值将决定这个附加力的大小。

如图 2.4 所示,若用类似白金板法将一固体棒浸入熔融金属中测量接触角,最初测得的接触角>90°(图 2.4(a))。随着时间的延长或温度的升高,液-固界面作用力方向会发生反转,接触角将小于90°(图 2.4(b))。

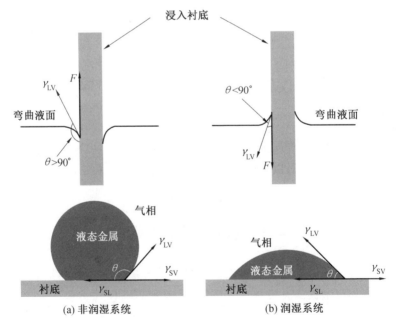

(a) 非润湿系统　　　　　　　　(b) 润湿系统

图 2.4　表面张力对接触角和附加力的瞬态影响效应

2.5　提高润湿性的技术

金属陶瓷复合过程的许多问题都与两者界面特征相关。熔融金属及其合金与陶瓷增强相的润湿性是决定复合材料界面性能的最重要参数之一。在很多情况下,增强相与金属的润湿性很差,因此工程上往往需要实施一些提高界面润湿性的措施。有效措施包括:①在陶瓷增强相表面涂覆可与金属表层氧化物反应的涂层;②在基体中添加降低表面张力和提高润湿性的合金元素。

在界面处形成强的化学键有利于润湿。此外,良好的润湿性意味着最终良好的界面结合强度。界面结合强度不足可能导致力学性能的降低,对复合材料性能不利。因此,需要在良好润湿和最小界面反应之间取得平衡。

根据杨氏方程(2.1),以下因素会减小液体与固体的接触角[18]:①增加固体的表面能(γ_{SV});②降低固-液界面能(γ_{SL});③降低液体表面张力(γ_{LV})。当$\gamma_{SV} > \gamma_{SL} + \gamma_{LV}\cos\theta$时,液体可以在固体表面润湿铺展,这意味着液体表面张力(γ_{LV})小,有利于润湿。形成稳定的固-液界面时,黏着功通常也较高。

此外,界面强烈的化学反应可以增加液态金属和非金属固体间的润湿性和界面结合能,而界面结合能提高的程度取决于固-液界面能量降低的幅度。

总之,以下途径可以降低接触角(θ):

(1)增加固体的表面能γ_{SV}($\gamma_{SV} > \gamma_{SL} + \gamma_{LV}\cos\theta$),从而促进液体铺展。

(2)降低界面能γ_{SL}。

(3)降低液体的表面张力γ_{LV}。

2.5.1　金属涂层

陶瓷表面涂覆金属涂层改性的方法已广泛用于改善液态金属与陶瓷的润湿性。金属涂层可以有效增加固体的表面能(γ_{SV}),促进其与液态金属的润湿[18],并使得浸渗过程更加容易。镍是最常用的金属涂层,该涂层特别适合Al/SiC和Al/Al$_2$O$_3$复合材料[19]。镍与铝可发生强烈反应,形成稳定的金属间化合物(NiAl$_3$、Ni$_2$Al$_3$等),从而诱导非常好的润湿行为。然而,这些金属间化合物的脆性较大,会对复合材料的力学性能产生不利影响。同时,银、铜和铬等金属也常常用作陶瓷增强相的表面涂层。例如银在铝中溶解度大且与铝不形成脆性金属间化合物,既促进了复合过程的良好润湿,又不降低复合材料的力学性能[20]。

2.5.2　添加合金元素

提高润湿性最常用的方式是在液态金属中添加合金元素。液态金属中添加合金元素可以通过三种机制促进固体表面的润湿性:①降低液体的表面张力;②降低固-液界面能;③促进固-液界面的化学反应。图 2.5 所示为 700 ~ 740 ℃下铝液的表面张力与合金元素添加量(质量分数,下同)的关系[21]。

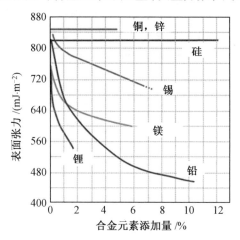

图 2.5　合金元素对 700 ~ 740 ℃下铝液表面张力的影响

如图 2.5 所示,Mg 可以显著降低 Al 液的表面张力。随着 Mg 添加量的增加,接触角会减小。然而,某些界面反应,如铝与碳反应形成碳化铝(Al_4C_3),对铝-镁合金润湿性的影响更大。

同时,Mg 在氧气氛中活性高,会发生如下反应:

$$Mg_{(l)} + 1/2O_{2(g)} \Longrightarrow MgO_{(s)}, \quad \Delta G_{(900℃)}^{\ominus} = -431.19 \text{ kJ/mol} \quad (2.7)$$

Mg 形成氧化镁(MgO)或镁铝尖晶石($MgAl_2O_4$)的反应均可以改善润湿性[22]。此外,Mg 通过如下反应还原氧化铝:

$$3Mg_{(l)} + Al_2O_{3(g)} \Longrightarrow 3MgO_{(s)} + 2Al_{(s)}, \quad \Delta G_{(900℃)}^{\ominus} = -123.86 \text{ kJ/mol} \quad (2.8)$$

热力学上 Mg 还原 Al_2O_3 是可能的。在反应过程中,铝液表面的 MgO 可能阻隔熔融铝与固体衬底间的真正接触,从而阻碍界面反应。

麦克沃伊等[23]报道了在 727 ~ 1 077 ℃ Al 与 MgO 反应形成镁铝尖晶石($MgAl_2O_4$),并通过以下反应形成 $Al_2O_{(g)}$:

$$2Al_{(l)} + MgO_{(s)} \Longrightarrow Mg_{(s)} + 2Al_2O_{(g)}, \quad \Delta G_{(900℃)}^{\ominus} = 236.26 \text{ kJ/mol} \quad (2.9)$$

这种反应在热力学上是不可能发生的;然而从熵的角度来说却是可能发生的。一些研究[23-26]报道称,$Al_2O(g)$ 的形成是破坏 Al 液表面的氧化铝层、促使

Al/TiC 界面直接接触,从而促进润湿的主要因素。在后一种情况下,根据埃林厄姆图[27]的报道,Mg 会形成比 Al_2O_3 更稳定的氧化镁(MgO),氧化镁层的形成会阻止铝与 TiC 的直接接触。洛佩斯等[28]研究了商业铝合金(2024、6061 和 7075)中的合金元素和环境气氛对氧化铝的影响,提出了破坏氧化铝层的机制。同样,马德莱诺等[29]提出了一种在真空下破坏 6061 合金表面氧化层的机制。

真空条件下镁由于能够快速挥发,可以更有效地改善润湿性。据报道,氧化铝与含 2.5% Mg 的铝合金的润湿实验中,Mg 在 700 ℃下熔化 3 min 后完全挥发,从而提高了润湿性[30]。佩奇-卡努尔等[31,32]提出了 Al-Mg-N 体系中由于 Mg 从铝合金挥发导致的一系列化学反应,他们认为润湿性测试应该在氮气气氛下进行,以此抑制 Mg 的挥发。

文献报道,铝中添加镁元素后,随着镁含量的增加,表面张力降低[21,33,34];而添加锌、铜、锰和硅元素几乎不影响铝液的表面张力(图 2.5)。纳西索等[35]研究了 Mg 和 Si 单独和组合添加对 SiC 衬底与 Al 液润湿性的影响,发现铝中单独添加的 Mg 和 Si 等元素似乎对 Al/SiC 体系的接触角没有影响。

液态金属中加入合适的合金元素可以降低液体的表面张力(γ_{LV})。活性元素通常偏聚在界面处,从而降低界面能。因此,根据杨氏方程,吸附比基体液体液-气表面张力(γ_{LV})更低的合金元素,可降低固-液界面能(γ_{SL})、促进润湿。研究人员已广泛利用了向液态金属中添加合金元素以提高液相(基体)和固相(增强相)之间润湿性的方法[18,36,37]。

根据吉布斯吸附方程,熔池中的镁元素(无论添加形式如何)可以在分散剂表面富集,在有利条件下,也可以与增强相表面的氧化物反应,在界面形成反应产物[38]。

由于金属-陶瓷或金属-大气界面吸附合金元素后,表面张力 γ_{LS} 和 γ_{LV} 降低,因此在熔融金属中添加合金元素可以改变黏着功(W_a)和接触角(θ)[39]。界面吸附合金元素可以同时提高黏着功和润湿性。然而,在 θ 初始值低于 90° 的情况下,表面吸附总是降低黏着功,仅提高润湿性。

2.5.3 增强相表面改性

另一种被广泛研究和应用的提高润湿性的方法是对增强相进行表面改性,措施有调节增强相的化学成分或通过热处理调整增强相的相组成。

2.5.4 超声波处理

已有报道表明,施加超声波可以去除陶瓷颗粒表面吸附的部分气体,从而提高陶瓷颗粒与熔融金属的润湿性[40]。

2.5.5　增强相预氧化处理

增强相表面改性对润湿性影响的研究,集中在 SiC/Al 体系。洛朗等[41]研究了 SiO_2 和氧化 SiC 与铝的润湿性,发现 Al 和 SiO_2 之间强烈的界面反应并不能改善铝与 SiC 的润湿性。巴达尔[42]通过 1 100 ℃下热暴露,在 SiC 颗粒表面形成氧化层,研究了浸渗条件下预氧化 SiC 颗粒和原始 SiC 颗粒与 $AlSi_6Mg$ 合金的润湿性,发现表面预氧化的 SiC 颗粒比原始 SiC 颗粒更容易与金属润湿。研究表明,系统中反应形成的镁铝尖晶石更容易被铝润湿。因此,含镁的铝合金可通过在界面形成镁铝尖晶石的方式来改善预氧化表面的润湿性。

2.6　氧气氛对润湿性的影响

在金属-陶瓷系统中,氧元素存在于大多数工艺过程,并且在低至 10^{-15} atm (1 atm＝101.325 kPa)下依然会影响许多金属的表面特性[43,44],氧气氛对润湿具有特别重要的意义。液态金属与氧气反应形成氧化物。例如铝在接近熔点时,液态铝的表面形成一层氧化铝,该氧化物可抑制铝-陶瓷界面的结合。氧化层在稳态惰性气氛下挥发受阻,而在高温下挥发会变得容易[45];此外,熔融铝中添加 Mg 或 Ca 可与表面氧化物层交互作用,从而降低氧化层对润湿性的影响。

即使氧气浓度可能低至百万分之一,金属中溶解的氧气也会增加氧化物与液态金属的润湿性。奈迪奇[3]解释了这种现象,他提出,金属中溶解的氧,通过电荷转移与金属原子可形成具有部分离子特性的基团。这些基团可以与具有离子-共价键的陶瓷产生库仑交互作用,从而强烈吸附在氧化物-金属的界面,这种吸附作用源于金属原子与氧阴离子的相互作用。

通常,纯金属与氧化物的润湿性较差。胡梅尼克[46]发现,液态金属在氧化物表面的黏着功(W_a)随金属与氧的亲和力的增加而提高。在二元合金中,表现为氧强烈吸附在最具正电性的金属表面。同理,W_a 随着金属与氧的亲和力的增加而提高,也随着固体中金属和氧结合强度的降低而增加。液态金属中氧浓度增加、W_a 急剧增大的事实说明,金属与氧化物交互作用的增强往往与氧化物在液态金属中的溶解度有关。氧化物界面的黏着功,约等于两种氧化物之间(离子)键断裂所做的功。

2.7　粗糙度对接触角的影响

温泽尔[47]首次预测粗糙度对表观接触角(ϕ)的影响,提出了以下关系:

$$\cos \phi = r\cos \theta \tag{2.10}$$

式中,r 为粗糙度因子,定义为固体的实际面积 A_r 与具有相同尺寸的物体的表观面积(A)之比;θ 为由杨氏方程定义的固有接触角。

杨氏方程很重要,它可以解释一个基本现象:$\theta<90°$时,粗糙的表面会改善润湿;而 $\theta>90°$时,粗糙的表面会导致更大的表观接触角。式(2.10)是根据热力学基本原理推导出来的。

Nakae 等[48]使用温泽尔粗糙度因子深入研究了粗糙度对润湿性的影响。虽然尚未厘清机理,但润湿的滞后效应主要源于粗糙表面、异质表面、表面杂质吸附以及溶剂诱发的表面原子排列或改变。由于粗糙表面会产生后退接触角,在测量粗糙表面的接触角时必须谨慎,否则会得到错误的测量结果。

2.8　液滴铺展动力学

液滴的铺展过程可以分为几个不同阶段。由于非反应体系中界面张力快速达到平衡,液滴铺展的第一阶段非常迅速。在第二阶段,液体溶解固体衬底并形成界面化合物。

接触角变化的动力学特征取决于液滴铺展的速率,文献[49-56]中已经提出了接触角和铺展速率间的几种关系。

动力学模型适用于液滴铺展过程中 $\ln r$ 与 $\ln t$ 符合线性关系的体系,其中 r 为液滴的瞬时半径,t 为时间。每个体系在液滴铺展过程中表现出不同的行为,有些遵循线性关系($r \sim t$)或($r^4 \sim t$),显示反应机制和受扩散控制的特征。然而,一些体系的液滴铺展动力学行为受实验条件的强烈影响,在相同体系中会获得迥异的液滴铺展动力学行为[57,58]。

在非反应体系中,液滴的铺展速率受黏性流动控制,这是由于熔融金属的黏度非常低,毫米级液滴达到毛细平衡所需的时间小于 10^{-1} s。该平衡时间比金属-陶瓷反应体系中观察到的铺展时间($10^1 \sim 10^4$ s)短几倍。因此,在反应体系中液滴铺展速率不受黏性流动阻力的控制,而是受界面反应过程的控制[9,49,13]。

2.8.1　润湿脊效应

润湿脊受表面张力的垂直分量控制,可以在液-固-气三相线上形成。接触角可利用杨-杜普雷方程来测量,该方程定义了由表面能决定的热力学平衡状态的液体与刚性固体在三相界面处的宏观接触角。当衬底不是完全刚性和惰性时,垂直力会导致固体在三相线处变形。在这些情况下,表面张力的垂直分量被固体的弹性变形所抵消。在高温系统(例如熔融金属在陶瓷表面的润湿)中,实验温度通常在$(0.2 \sim 0.5)T_m$(T_m 为金属的熔点,单位 K)之间,高温会导致局部扩散或固溶-沉淀现象。在这些条件下(图 2.6),三相界面处最终会形成润湿脊。

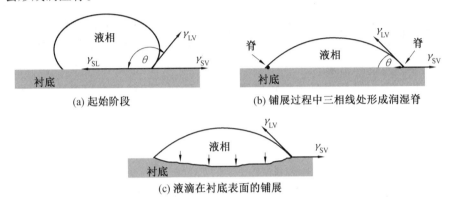

图 2.6　液滴几何形状随时间的演化

在某些铺展条件下,三相界面可以带动足够小的润湿脊迁移,从而产生如图 2.7 所示的宏观可变的接触角[59]。因此,三相线的运动会受到润湿脊的阻力拖拽,产生比黏性阻力控制过程慢几个数量级的铺展速率。

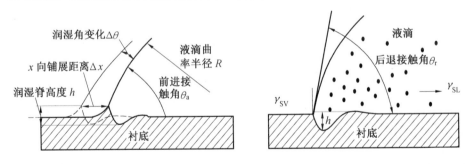

图 2.7　三相线处水平和垂直力引起的局部铺展诱发形成的润湿脊轮廓剖面

根据三相线处润湿脊的演化程度,液滴铺展过程可分为四个阶段[59]。第一阶段对应于经典的刚性(弹性)固体,液滴在短时间、高驱动力下迅速扩展,三相线处润湿脊变得不稳定,或在低温下只能形成弹性脊。第二阶段,润湿脊的存在使三相线界面处于二维平衡状态,同时润湿脊又足够小,可以随液体前沿迁移,建立的宏观接触角实际上遵循杨-杜普雷方程。第三阶段,润湿脊生长速率高于液滴铺展速率,这与润湿脊尺寸比液滴曲率半径更大且固体表面形态发生了明显的改变有关。此时液滴的铺展接触角无法采用杨氏方程来描述。最后,在足够长的时间内,固体表面发生更大的变形,润湿体系处于另一个过渡阶段,直到三相线以及恒定曲率半径完全平衡状态的建立为止(第四阶段)。

2.8.2　前进角和后退角

润湿行为对于两种材料的结合或黏着非常重要。润湿行为以及控制润湿行为的表面张力也会诱发其他效应,如毛细效应。润湿性取决于黏着力和内聚力的平衡。一个润湿体系涉及三相介质:气相、液相和固相。如图 2.1 所示,接触角(θ)是液-气界面与固-液界面的夹角。接触角的大小取决于黏着力和内聚力的相对大小。液滴在平坦的固体表面上易于铺展,则接触角小。因此,接触角的大与小和润湿性的好与坏呈相反的关系。

杨氏方程推导的假设是:固体表面光滑、均匀,是刚性的;与液体不发生化学反应和物理扩散。根据杨氏方程,理想情况下给定的润湿系统会产生唯一的接触角。然而,在实际系统中通常会获得一定范围的接触角。该范围的上限是前进角(θ_a),即液滴前缘的接触角;下限是后退角(θ_r),即后退边缘处的接触角。前进角和后退角的差值称为接触角滞后值(θ_{hyst})[60]:

$$\theta_{hyst} = \theta_a - \theta_r \tag{2.11}$$

实际上,所有固体表面都表现出接触角滞后。然而杨氏方程对滞后的解释比较复杂,并且并非所有实验测量或观察到的接触角都是可靠和适当的。尽管在过去的几十年中对接触角滞后进行了广泛的研究,但尚未揭示其根本原因及起源。一些研究者将接触角滞后归因于表面粗糙度[61-63]、不均匀性[64-66]或亚稳态表面的界面能[64,65]。还有一些研究发现接触角滞后值随着液体单分子层体积的增加而降低[67]。最新的研究发现接触角滞后与分子流动性和表面结构[68,69]、液体浸渗和表面膨胀[70]有关,并且接触角滞后强烈依赖于液体分子大小和固-液接触时间[60,71]。这些发现使人们认识到,液体吸附和液体滞留可能是产生接触角滞后的本质原因。

2.9　纯铝与 TiC 的润湿性

熔融金属在固体衬底上的润湿性成为影响复合材料制备的一个关键问题。针对熔融铝与 TiC 的润湿性问题已开展了深入研究。然而,由于不同温度下固-液的润湿性随实验条件而改变,熔融铝润湿 TiC 的温度尚未精确确定。

2.9.1　TiC 衬底制备与实验装置

采用平均粒径 1.2 μm 的 TiC 粉制备致密的 TiC 衬底,其平均理论密度达 96%。图 2.8(a)、(b)分别为 TiC 粉末的 SEM 照片和粒径分布图。TiC 衬底在直径为 25 mm 的石墨模具中、于 1 800 ℃下制备而成,制备压力为 30 MPa,保压时间为 30 min。真空炉使用石墨为加热器。图 2.9(a)、(b)为使用的热压炉示意图;图 2.9(c)、(d)分别为 TiC 衬底的抛光表面形貌和原子力显微镜(AFM)粗糙度测试图片,粗糙度在 2.6 ~ 2.8 nm。

(a) SEM 照片

(b)粒径分布图

图 2.8　供给态 TiC 粉末的 SEM 照片和粒径分布图

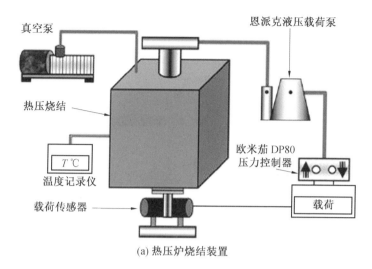

(a) 热压炉烧结装置

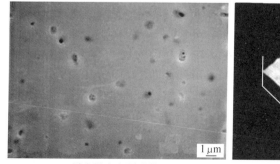

(b) 热压炉内腔示意图

(c) 衬底抛光表面形貌

(d) 衬底表面粗糙度测试图片

图2.9 热压烧结炉及 TiC 衬底形貌

利用纯度 99.99% 铝材和电解镁,在 800 ~ 1 000 ℃、静态惰性氩气气氛下,采用座滴法测试润湿性。润湿实验在密封的石英管内进行,石英管在电阻炉内加热,管内充入 99.99% 氩气防止熔体氧化。实验装置如图 2.10 所示。

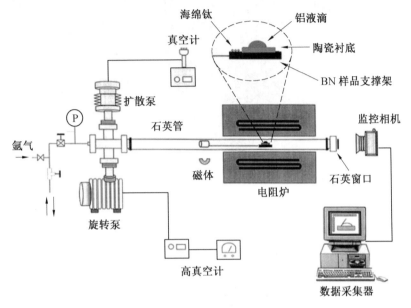

图 2.10　润湿性座滴法实验装置

2.9.2　润湿行为和接触角

杰哈等[72]认为熔融铝在 700 ℃ 以上的温度可以润湿 TiC($\theta = 118°$)。瑞伊[73]和科农恩科[74]首先使用座滴法研究了 TiC 与铝的润湿性,如图 2.11(a)所示。瑞伊[73]分析了 Al/TiC 和 Al/AlN 复合体系在 700 ~ 900 ℃ 下的润湿性,但没有给出界面相互作用行为。Al/TiC 体系在 750 ℃ 左右具有良好的润湿性。科农恩科[74]报道了 Al/TiC 体系在 1 050 ℃ 发生从非润湿到润湿转变的现象;萨姆索诺夫[15]报道了 Al/TiC 体系在 1 100 ℃ 时接触角为 148°,而在 1 150 ℃ 下保持 10 min 后变为 90°,在 1 200 ℃ 下保持 5 min 后变为 60°。

马斯喀特等[16]对 Al/TiC 体系进行了可能迄今为止最系统的研究。图 2.11(b)所示为纯铝在 860 ~ 960 ℃ 与 TiC 润湿的动力学过程,可以看出不同温度下的接触角不稳定,随着温度升高接触角下降速度加快,从而揭示了该复合体系在 860 ℃ 以上温度下的动态润湿行为和良好的润湿性。不同研究者报道的结果存在差异,可归因于实验过程中的主控条件不同。

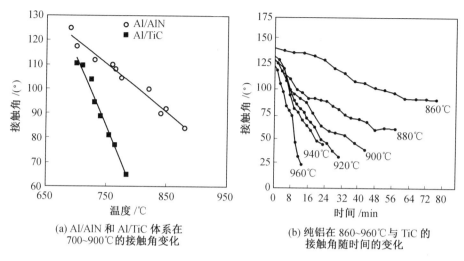

(a) Al/AlN 和 Al/TiC 体系在
700~900℃ 的接触角变化

(b) 纯铝在 860~960℃ 与 TiC 的
接触角随时间的变化

图 2.11　接触角随温度与时间的变化曲线

Al/TiC$_x$ 体系润湿性的提高可归因于 TiC 键性质的变化。x 值较小时，TiC$_x$ 键的金属特性更强。TiC$_x$ 与液态铝的相互作用、碳化物的最终溶解以及界面处 Ti 元素含量的增加可阻止 Al$_4$C$_3$ 的形成[75]。一些金属/陶瓷体系的接触角见表 2.2。

表 2.2　一些金属/陶瓷体系的接触角

金属	陶瓷	温度/℃	接触角/(°)	参考文献
Si	Si$_3$N$_4$	1 500	40	[12]
Si	石墨	1 450	0	[76]
Cu	石墨	1 100	157	[76]
Cu	石墨	1 135	144	[77]
Cu	TiB$_2$	1 135	139	[77]
Cu	TiC	1 135	130	[77]
Cu	SiO$_2$	1 135	131	[77]
Cu	TiO	1 150	75	[12]
Al	TiB$_2$	700	92	[76]
Al	TiB$_2$	900	37	[76]
Al	石墨	700	145	[12]
Al	石墨	1 100	57	[12]

续表 2.2

金属	陶瓷	温度/℃	接触角/(°)	参考文献
Al	AlN	700	160	[12]
Al	AlN	1 100	50	[12]
Al	Si_3N_4	1 100	60	[12]
Al	ZrO_2	1 100	87	[12]
Al	SiO_2	700	150	[12]
Al	SiO_2	1 100	50	[12]
Al	TiC	700	118	[76]
Al	TiC	900	59	[78]
Al	TiC	1 100	10	[77]
Al	Al_4C_3	1 100	60	[79]

2.9.3　陶瓷的化学计量比

　　液态金属在陶瓷材料表面的润湿性强烈地依赖于陶瓷（氧化物、碳化物陶瓷）的化学计量比。最近，弗鲁明等[75]研究了在 700 ~ 1 000 ℃ 范围内，化学计量比和亚化学计量比的 TiC_x(0.5<x<1)陶瓷与纯铝的润湿性，发现 TiC 在 Al 液中发生的非润湿到润湿转变现象与 TiC 的化学计量比有关；当 x 较小时转变开始的温度较低，结果如图 2.12 所示。该结果与其他体系中得到的现象类似。

　　研究指出，900 ℃ 以下 Al/TiC 不润湿的原因是形成了稳定的氧化铝层包围液滴；此外，x 值较小时 TiC 的金属键特征更明显，与铝液间化学交互作用更强。此外，当温度较高时(>900 ℃)，仅 x<0.90 的 TiC_x 可与 Al 液平衡共存；而 x 更大时，TiC 变得不稳定，会与 Al 形成碳化铝。

　　最近，林等[80]采用座滴法在 850 ~ 1 050 ℃ 下研究了液态 Al 与碳化钛($TiC_{0.7}$)的润湿性，在测量接触角的过程中使用了一种改进的防止铝氧化的静滴技术。结果表明，铝表面氧化程度和氧化膜厚度对润湿性具有显著影响，在低温条件下影响尤其明显。为了消除这种影响，实验温度必须超过一个临界值。与大气条件相比，真空条件更有利于降低临界温度值；采用改进的液滴法，特别是应用冲击滴模式，更有助于通过机械作用破坏和去除氧化膜，从而减弱氧化膜对润湿的影响。

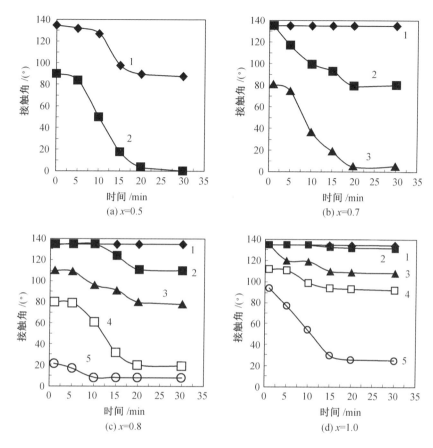

图 2.12　不同温度下纯 Al 与 TiC$_x$ 的接触角

1—700 ℃;2—800 ℃;3—900 ℃;4—1 000 ℃;5—1 100 ℃

图 2.13 所示为在真空和 Ar 气氛、1 000 ℃下,采用改进座滴法测量的 Al 在 TiC$_{0.7}$ 衬底上的接触角随时间的变化曲线[80]。显然两种气氛下的曲线存在相当大的差异。首先,改进座滴法得到的挤压液滴的初始接触角(78°)比非挤压法得到的初始接触角(125°)小。这显然是由于改进座滴法条件下,铝滴表面氧化膜被去除,从而产生了较小的接触角。其次,在氩气气氛中达到的最终平衡接触角为 43°;而在真空中,非挤压液滴达到的最终平衡接触角为 14°,挤压液滴则为 12°,这说明高真空有利于减小氧分压,从而使液滴表面更洁净。界面反应生成 Al$_4$C$_3$ 和 Ti 在固-液界面的吸附有利于显著改善润湿性。TiC$_{0.7}$ 的溶解以及与熔化铝的反应不仅使界面处形成 Al$_4$C$_3$ 和 Al$_3$Ti 相,而且增大了 TiC$_x$ 的化学计量比,降低了铝滴中 Ti 元素的含量。

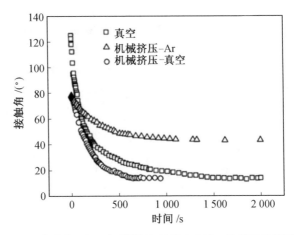

图 2.13　改进座滴法在 1 000 ℃测得的 Al 液与 $TiC_{0.7}$ 的接触角随时间的变化

2.9.4　界面反应

高温下的润湿性与原子键的性质以及固–液接触时的热力学稳定性有关。对于碳化物，随着碳化物形成热的增加，与金属的润湿性降低。高的形成热意味着较强的原子间结合以及与金属的弱相互作用，从而反映为较差的润湿性。对于氧化物而言，氧化物的形成自由能增加，润湿性降低。对于陶瓷这种离子化合物，如氧化铝，很难发生润湿。由于金属键和共价键的相似性，共价键陶瓷比离子键陶瓷更容易被金属润湿（更容易发生反应）。通常，提高温度和延长接触时间会诱发化学反应，进而提高润湿性[57,81]。

反应体系的润湿和铺展行为，会随固–液界面以及液–气界面的反应（如氧化）而变得更加复杂。

热力学数据表明，TiC_{1-x} 与铝在 800 ℃以下反应时，生成 Al_4C_3 和 $TiAl_3$。800 ℃下 TiC_{1-x} 与 Al_4C_3、$Al_{(1)}$、$TiAl_3$ 及 TiAl 可达到相平衡，但在 1 000 ℃时与 $TiAl_3$ 的平衡被打破[82]。由于碳化铝在复合材料制备中具有相当的重要性，Iseki 等[83]开展了针对该化合物一些最重要性能的研究。

几年前，班纳吉[84]报道了在 Al 液中 Ti 和 C 反应形成 TiC 颗粒的过程。在 1 000 ℃以下，Ti 与 C 反应形成 TiC 的过程如下：

$$Ti+C \Longrightarrow TiC \tag{2.12}$$

$$TiC+3Al \Longrightarrow TiAl_3+C \tag{2.13}$$

铝液与 TiC 润湿后，颗粒/金属界面可诱发以下反应：

$$3TiC+4Al \Longrightarrow Al_4C_3+3Ti, \quad \Delta G^{\ominus}_{973\ K}=350\ kJ/mol \tag{2.14}$$

$$9Ti+Al_4C_3 === 3Ti_3AlC+Al \tag{2.15}$$

Al_4C_3 和 TiC 二者在铝液中的相对稳定性取决于它们各自的吉布斯自由能（ΔG）。法恩和克鲁尼[85]认为有必要在 1 mol C 的基础上比较 Al_4C_3 和 TiC 的形成自由能。温度达到 1 800 ℃以上时，TiC 的形成自由能低于 Al_4C_3；可以预测反应（2.14）更有利于 TiC 的形成。由此，他们指出班纳吉和赖夫[84]所解释的在 1 000 ℃以下母合金中生成 Al_4C_3 和 Ti_3AlC 一定源于其他因素。

法恩和克鲁尼等[85]认为碳化铝是由动力学作用形成的，并在反应（2.15）的过程中消失。当然该反应在更高的温度下进行得更快。他们还认为，具有钙钛矿结构的 Ti_3AlC 相是由下面的反应形成的：

$$3Al_3Ti+C === Ti_3AlC+8Al \tag{2.16}$$

Ti_3AlC 相在 1 000 ℃以下处于亚稳态，稳定性介于 $TiAl_3$ 和 TiC 之间。在低于 1 450 K（1 177 ℃）的铝液中，TiC 是不稳定的，这有利于反应（2.14）的发生，其次是 Al/TiC 界面处的反应（2.15），结果将在 TiC 颗粒周围形成 Al_4C_3 和 Ti_3AlC 化合物。横川[86]针对 Al-Ti-C 系统的化学势研究表明 $Al_{(l)}$、TiC 和 $TiAl_3$ 可以在 1 000 ℃下平衡共存。然而，在 700 ℃时 $Al_{(l)}$ 与 TiC 接触时处于非平衡状态。这一过程可以用以下反应来解释：

$$3TiC+13Al === Al_4C_3+3TiAl_3, \quad \Delta G_{973\,K}^{\ominus}=-16.86\ kJ/mol \tag{2.17}$$

反应（2.17）的吉布斯自由能在 700 ℃时为-16.86 kJ/mol，在 1 000 ℃时为 55.95 kJ/mol。从这一点上说，TiC 与 Al 反应生成 Al_4C_3 的吉布斯自由能结果与相平衡有关，同时也说明，TiC 在液态铝中的稳定性存在很大的争议。

2.10　纯镁与 TiC 的润湿性

TiC 是最常用的复合材料制备陶瓷的原料之一，因此要研究 TiC 与铝和镁这两种常用金属的润湿性[87,88]。可采用座滴法研究铝和镁在 800~1 000 ℃范围内对 TiC 的润湿行为[87,88]。

熔融金属与陶瓷表面的润湿，是在液态法制备金属基复合材料中需要考虑的最重要的问题之一。在铝/陶瓷复合材料的制备过程中遇到的许多问题都与润湿特性相关。

在许多体系中，润湿过程取决于固-液界面的化学反应。然而，大多数陶瓷是离子或共价化合物，与金属不相容（不反应），因此陶瓷材料通常与液态金属不润湿。

大多数金属基复合材料的基体采用轻金属，如 Al 合金，这是由于铝合金具有高导电性和低密度。近年来,另一种轻金属 Mg 也成为制造金属基复合材料的重要基体,Mg 的密度约为 Al 的 2/3,并且与 Al 相比,Mg 具有很多明显的优势。Mg 通常不会形成稳定的碳化物,因此像 TiC 这样的碳化物也可以作为镁合金合适的增强相。

大多数陶瓷/金属体系从非润湿到润湿的转变发生在 900 ~ 1 000 ℃ 之间[16,76-78]。然而,也有人在 800 ℃ 下观察到了良好的润湿性[87]。

2.10.1　润湿和铺展动力学

在衬底上金属液滴成为良好形状的情况下,在不同时间间隔内拍摄记录接触角和液滴底部半径,直至达到稳定的润湿状态。图 2.14 所示为衬底上液滴的若干图像。使用图像处理软件分别在液滴左、右两侧测量接触角、液滴高度和液滴直径,以表征铺展动力学过程。

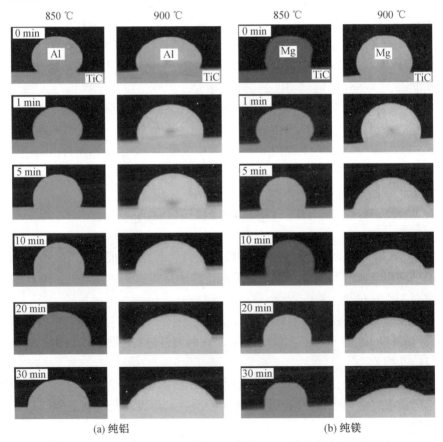

图 2.14　Al/TiC 和 Mg/TiC 体系座滴法测试过程中液滴形态的演化

完成实验后立即将样品从热区取出,进行快速冷却,然后对凝固液滴进行切片和抛光,并使用扫描电子显微镜(SEM)、能量色散 X 射线谱(EDS)和电子探针微区分析(EPMA)研究可能发生的界面反应。

通常 Al/TiC 体系的接触角需要 120 min 才能达到稳态,而纯 Mg/TiC 体系仅需 30 min 就能得到稳定的接触角。此后,由于 Mg 挥发,液滴的球形形态消失、顶部开始变平。为了获得稳定形状的液滴,在放入样品之前,可以在热区放置一块额外的镁锭以形成 Mg 的饱和蒸气。

图 2.15(a)、(b)所示分别为 Al/TiC 体系接触角和液滴底部半径随时间和温度的变化曲线[87,88]。接触角随时间变化可分为三个区域:区域 I 斜率较小(铝滴脱氧),区域 II 斜率增大(化学反应),区域 III θ 角几乎保持恒定。达到恒定的接触角通常需要 120 min 以上。所有测试温度下均可以观察到良好的润湿性。随时间延长,底部半径增加;这与接触角随时间而减小的趋势相对应,直至达到稳定平衡状态后接触角不再增加。

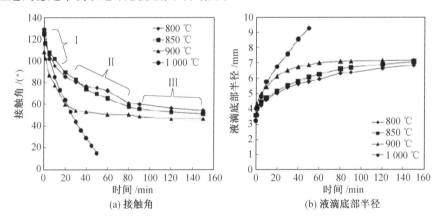

图 2.15 Al/TiC 体系接触角和液滴底部半径随时间和温度的变化曲线

铝液在 TiC 表面的铺展行为单纯由界面处的化学反应驱动。气态化合物 Al_2O 的形成是破坏铝液滴周围的氧化铝膜并减小接触角的主导因素。

劳伦等[89]指出,氧化铝膜去除的最可能机制是氧化铝在液态铝中分解为气态氧化物 Al_2O,该反应取决于保持温度和时间,反应式为

$$4Al_{(1)} + Al_2O_{3(s)} === 3Al_2O_{(g)} \qquad (2.18)$$

要使上述反应发生,氧化膜必须非常薄,并且氧化铝在铝合金刚熔化时并不致密。布伦南和帕斯克[90]认为,氧化层在大约 870 ℃ 完全消失。

图 2.16 所示为不同温度下 TiC 衬底上纯 Mg 的接触角和液滴底部半径随时间的变化曲线[87,88]。在 800 ℃ 和 850 ℃ 时属于非润湿行为,但当温度升高到 900 ℃ 时,将发生自发润湿现象,35 min 后接触角达到 10°。

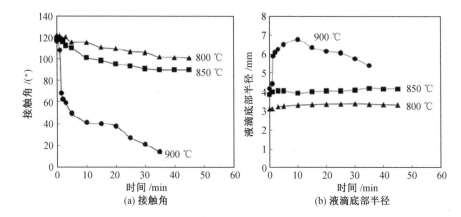

图 2.16　不同温度下 TiC 衬底上纯 Mg 的接触角和液滴底部半径随时间的变化曲线

　　实验时间缩短是由于镁的高度挥发性。即使利用氩气气氛将镁的挥发降低到最小化,Al-Mg 合金的化学成分仍会随时间而变化。在一个大气压的静态氩气气氛下,即使在 800 ℃也可以观察到镁的严重挥发。

　　在此过程中 θ 角减小,而液滴底部半径 R 增大,液滴高度减小。Mg/TiC 体系在 900 ℃下,接触角随时间的变化曲线包含两个主要阶段:第一阶段 θ 角随时间迅速减小;第二阶段 θ 角缓慢减小,但未达到"稳定状态"。这种情况属于无反应体系,铺展速率由黏性流动控制,R 值达到最大后由于镁的高度挥发开始减小。这些体系的特点是润湿动力学过程极快,接触角随温度变化小,在 850 ~ 900 ℃之间发生非润湿到润湿行为的转变,如图 2.17 所示[87,88]。根据目前的研究结果,Al/TiC 体系从非润湿到润湿行为的转变温度可低于 800 ℃。

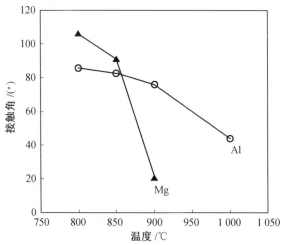

图 2.17　Al/TiC 和 Mg/TiC 体系接触 30 min 后接触角随温度变化曲线

2.10.2 界面特征

为了分析和表征 Al 液滴在固体 TiC 衬底上凝固后的界面状态,对液滴和衬底沿纵向剖开(图 2.18)。在反应体系(Al/TiC)中,液态金属在固体衬底上的润湿过程通常会发生明显的化学反应,并在金属/基体界面形成新的固体化合物。

图 2.19 所示为 Al/TiC 和 Mg/TiC 体系液滴-衬底界面的横截面照片。铝液滴下方的 TiC 衬底区域存在孔隙,这可能与 Al 溶解 TiC 以及 Ti 通过界面扩散有关。界面反应后,接触角从约 120°大幅度降至

图 2.18 在 TiC 衬底上凝固的铝液滴水平截面图

51°。在反应体系中,润湿过程经常伴随着化学反应和界面上新的固体化合物的形成。对于 Al/TiC 体系,可以观察到界面处形成了厚度 5～8 μm 的新化合物(图 2.19(a))。由于界面宽度较小,无法通过 X 射线衍射(XRD)精准检测金属-陶瓷横截面的物相。然而,通过 EPMA 沿着截面不同位置进行定量成分测定显示,反应物中存在 Al 和 C 元素,两元素的化学计量比表明其为 Al_4C_3 化合物。反应层厚度不均匀且随保温时间和温度而变化。

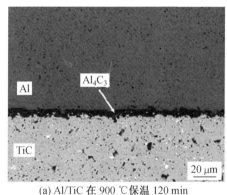

(a) Al/TiC 在 900 ℃保温 120 min

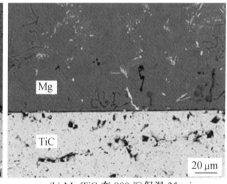

(b) Mg/TiC 在 900 ℃保温 35 min

图 2.19 液滴-衬底界面组织

Mg/TiC 体系中没有发生界面反应(图 2.19(b))。固体表面的性质没有在与金属相接触后发生显著改变。因此,润湿实验证实,镁不会形成稳定的碳化

物,说明 TiC 等碳化物可能是镁合金合适的增强相。

利用式(2.4)中接触角(θ)和表面张力(γ_{LV})的函数关系,可以计算金属-陶瓷体系的黏着功(W_a)。其中,γ_{LV} 的值可使用文献[91]中的数据计算得到。由于黏着功是可逆地分开单位面积界面时外力所做的功,因此可以作为界面相结合强度的度量[9,14,92]。两种体系黏着功的数据见表2.3。

表2.3　由表面张力和接触角的函数估算的黏着功

温度/℃	Mg/TiC 体系/(mJ·m^{-2})^a	Al/TiC 体系/(mJ·m^{-2})^b
800	435	1 317
850	527	1 349
900	904	1 405
1 000	—	1 608

注:a. 使用的接触角为 45 min 后的数值;除 900 ℃外,15 min 后接触角几乎恒定。

　　b. 使用的接触角为 120 min 后的数值;除 1 000 ℃外,50 min 后接触角几乎恒定。

在 800 ℃下,Mg/TiC 体系的 W_a 为 435 mJ/m^2,而镁的表面张力 γ_{LV} 为 538 mJ/m^2,即约为液态 Mg 内聚功的40%。这表明 Mg/TiC 界面结合较弱。因此,这种非反应体系的黏着力应主要源于范德瓦耳斯力。

在相同温度下,Al/TiC 的黏着功占液态 Al 内聚功的78%,表明界面结合很强。

可以通过断裂类型的分析,定性表征液滴凝固冷却过程中热应力对力学行为的影响。对凝固金属液滴的显微观察表明,在 Mg/TiC 体系中存在如图2.20(a)所示的黏聚断裂(对应于弱界面的界面断裂)。而在大多数情况下,Al/TiC 体系显示出黏聚断裂特征(界面附近 TiC 的本体发生断裂),对应于图2.20(b)所示的强界面。因此,Al/TiC 体系的黏着功与范德瓦耳斯力弱相互作用无关,而与强化学作用(如共价键)密切相关。

由于反应体系的润湿特征是 θ 随时间显著变化,并具有强烈的温度依赖性,因此可以基于阿伦尼乌斯方程研究液滴底部半径随时间的铺展动力学(dr/dt)行为,由此计算 Al/TiC 润湿过程的激活能[52,93,94]。一般来说,高激活能与化学相互作用有关[52,94,95]。研究获得的 Al/TiC 表观激活能为117 kJ/mol,证实润湿是由 Al 和 TiC 之间的反应驱动的。同时,Mg/TiC 体系的激活能为 360 kJ/mol。

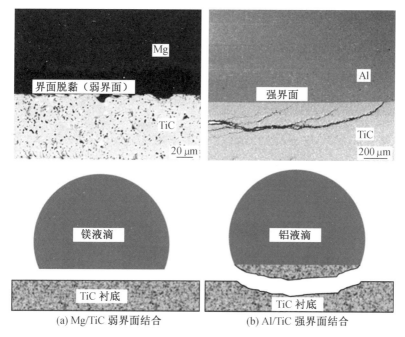

(a) Mg/TiC 弱界面结合　　　　(b) Al/TiC 强界面结合

图 2.20　液滴与衬底界面的断裂特征

2.11　纯铜与 TiC 的润湿性

在 1 100 ~ 1 130 ℃ 范围内, 通常采用座滴法研究熔融纯铜和固体 TiC 衬底之间的润湿行为[96]。本节在静态氩气气氛下, 采用座滴法测量液态铜在烧结 TiC 衬底上的接触角。

Cu/TiC 复合材料广泛应用于需要良好导电性和/或导热性的产品中[97,98]。为了改善复合材料的制备工艺和性能, 需要对一些性能如润湿性等进行分析。由于铜的熔点很高(1 083 ℃), 金属基复合材料很少以铜为基体, 对其润湿性的研究也比较困难。

阿赫塔尔等[99] 系统研究了 Cu/TiC 复合材料的制备、微观组织、力学性能、导电性和磨损行为。1970 年, 瑞伊首次研究了铜与 TiC 的润湿性[73], 发现在 1 100 ~ 1 180 ℃ 范围内, Cu/TiC 体系的接触角为 101° ~ 126°。在过去几年中, 铜和几种铜合金与 TiC 的润湿行为一直是研究较多的主题[56,81,100]。研究者采用座滴法研究了 Al-Cu/TiC 体系在整个 Al-Cu 合金浓度范围内的润湿行为。然而, 在大多数情况下, 都采用铜合金研究 TiC 的润湿性[88,96,101], 很少有纯铜与 TiC 的润湿性研究结果[56,73,81,88,96]。

2.11.1　润湿实验条件

TiC 衬底原料及制备见 2.10.1 节。小块立方形状（约 0.8 g）的电解铜利用氢氧化钠和丙酮进行清洗。抽至高真空（1.33×10^{-3} Pa）以最大限度除去氧气，然后在实验环境腔中充入氩气。

润湿实验在 1 000 ℃ 和 1 130 ℃ 的超高纯度氩气（99.99%）大气压气氛下，于专门设计的实验装置中进行，如图 2.10 所示。在 180 min 之前的不同时间间隔内，通过照片记录接触角和液滴底部半径的变化。图 2.21 所示为 180 min 内 1 100 ℃ 和 1 130 ℃ 温度下 Cu/TiC 体系的若干图像。

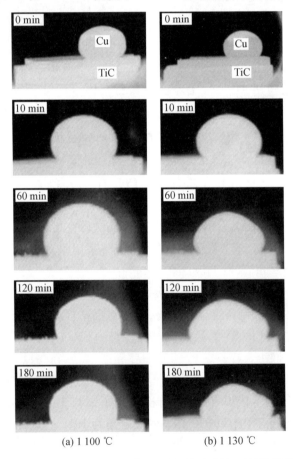

(a) 1 100 ℃　　　　　　　　(b) 1 130 ℃

图 2.21　Cu/TiC 体系在 180 min 内以不同时间间隔记录的接触角的变化

2.11.2 润湿和铺展动力学

在如前所述的润湿实验中,接触角和液滴底部半径随时间变化的结果如图 2.22 所示[96]。该体系在长时间(180 min)保温后显示非润湿行为,两种温度下的接触角均大于 105°。该结果与瑞伊[73]研究首次获得纯铜与 TiC 在 1 100 ℃、1 130 ℃和 1 170 ℃时的接触角分别为 126°、115°和 105°的结果类似。莫蒂默和尼古拉斯[101]于 1973 年研究了铜合金与碳和某些碳化物的润湿性。扎林法等[102,103]报告表明熔融铜和 TiC 之间润湿性较差,使得铜基陶瓷复合材料的制备非常困难。然而,之前有工作表明,在 900 ℃和 1 000 ℃下可以通过无压浸渗技术制备 Al-33Cu/TiC 复合材料[104]。Cu 的润湿性差可归因于其电子结构稳定,即具有完整的 3d 轨道,因此有人认为铜元素只能失电子,而不能得电子。弗鲁明等[100]研究表明氧化处理可以提高 Al-Cu 合金与 TiC 的润湿性,纯铜的润湿由 TiC 相的溶解控制,氧化处理增强了 Ti 向熔体中的扩散作用,从而改善了润湿性。

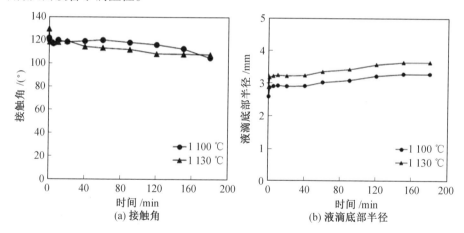

图 2.22 Cu/TiC 体系的接触角和液滴底部半径随时间的动态变化

莫蒂默和尼古拉斯[101]研究了低化学计量比范围内 Cu 与 TiC 的润湿性(图 2.23(a))。肖和德比[81]研究了铜和银在 TiC 衬底上的润湿行为,发现铜和银与亚化学计量比成分的 $TiC_{0.6}$ 可以发生润湿,如图 2.23(b)所示。这证明陶瓷的金属特性可以促进与金属润湿的假设。

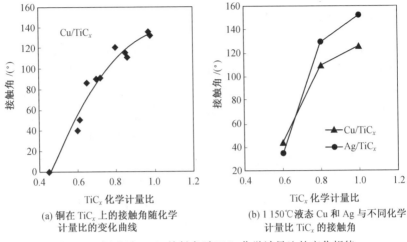

(a) 铜在 TiC$_x$ 上的接触角随化学
　　计量比的变化曲线

(b) 1 150℃液态 Cu 和 Ag 与不同化学
　　计量比 TiC$_x$ 的接触角

图 2.23　铜、银与 TiC$_x$ 接触角随 TiC$_x$ 化学计量比的变化规律

2.11.3　界面形态与黏着功

对凝固液滴进行切片和抛光,使用 SEM 检测可能发生的界面反应。在纯 Cu/TiC 体系未观察到界面反应,如图 2.24 所示,这与一些研究人员报告的结

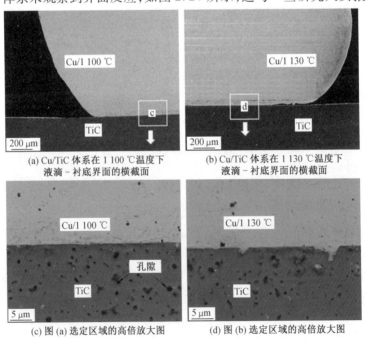

(a) Cu/TiC 体系在 1 100 ℃温度下
　　液滴－衬底界面的横截面

(b) Cu/TiC 体系在 1 130 ℃温度下
　　液滴－衬底界面的横截面

(c) 图 (a) 选定区域的高倍放大图

(d) 图 (b) 选定区域的高倍放大图

图 2.24　Cu/TiC 体系在 1 100 ℃ 和 1 130 ℃下液滴-衬底界面的横截面

果类似[56,73]。只有存在某些界面反应或向熔融 Cu 中添加 Ti 时,才会发生 Cu 与 TiC 的界面反应。因此,在熔融铜中添加 Ti 可改善其与 TiC 的润湿性。

黏着功计算结果见表 2.4。1 100 ℃下纯 Cu/TiC 体系的 W_a 计算结果为 723 mJ/m²。考虑到 $\gamma_{LV(Cu)} = 1\ 287$ mJ/m²,黏着功即约为液体 Cu 的内聚功的 28%(表 2.4),这表明 Cu/TiC 界面结合能较弱。在这种非反应体系中,界面黏着主要源于范德瓦耳斯力。

表 2.4 根据达到平衡状态(180 min)后的表面张力(γ_{LV})和接触角(θ)估算的黏着功和内聚功

润湿体系	温度/℃	γ_{LV}/(mJ · m^{-2})	θ/(°)	W_a/(mJ · m^{-2})	占内聚功的百分比/%
纯 Cu/TiC	1 100	1 287	116	723	28
	1 130	1 282	108	886	34

2.12 铝铜合金与 TiC 的润湿性

在 800 ℃、900 ℃、1 000 ℃下,采用座滴法研究了熔融铝铜(Al-Cu)合金 (Cu 含量(本书合金元素含量均指元素在合金中的质量分数)分别为 1%、4%、8%、20%、33% 和 100%)在固体 TiC 衬底的润湿行为和界面反应[96],揭示了润湿行为对界面反应的影响。为此,在静态氩气气氛下,采用座滴法测量了液态 Al-Cu 合金在烧结 TiC 衬底上的接触角,分析了反应产物性质与接触角的关系,表征了铺展动力学和黏着功。研究结果确定了时间和化学成分对界面反应的影响规律,使人们对 Al-Cu 合金与 TiC 的润湿过程有了新的认识,对其他液态金属陶瓷反应体系也有指导意义。此外,研究结果对 Al-Cu/TiC 复合材料的液相制备具有重要意义。

弗鲁明采用座滴法研究了 Al-Cu/TiC 体系在不同 Al-Cu 合金成分下的润湿行为[100]。法拉其等[56]对 Cu/TiC 体系的润湿性研究结果表明,熔融金属中溶解部分 Ti 可以获得接近 90° 的平衡接触角。该复合体系铺展动力学研究表明,同一体系在不同实验条件下表现出不同的动力学特征[93]。

2.12.1 衬底制备与润湿实验条件

TiC 衬底状态见 2.10.1 节。将合金切割成立方形状(约 0.6 g)并用氢氧化钠和丙酮清洗。将氩气反复充入真空腔以最大限度排除氧气,最终获得 1.33×10^{-3} Pa 的高真空。

润湿实验使用含 1%、4%、8%、20% 和 33% Cu 的 Al-Cu 合金,在 1 atm 超高纯度氩气(99.99%)气氛、800～1 000 ℃下进行,如图 2.10 所示。以不同的时间间隔拍照记录接触角和液滴底部半径的变化,直至达到稳定状态。将凝固后的液滴切片并抛光,使用 SEM、EDS 和 EPMA 确定可能的界面反应。

2.12.2　润湿铺展动力学

以不同时间间隔记录 150 min 内接触角和液滴底部半径的变化。图 2.25 所示为 Al-Cu/TiC 体系在 800 ℃、900 ℃、1 000 ℃下液滴的形貌,由图可见液滴形状和接触角的变化主要发生在 15～30 min。

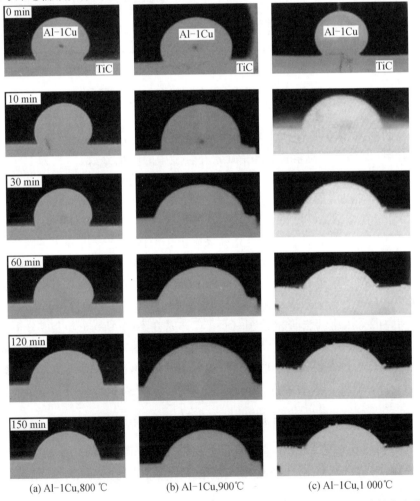

(a) Al-1Cu,800 ℃　　　　　　(b) Al-1Cu,900 ℃　　　　　　(c) Al-1Cu,1 000℃

图 2.25　Al-1Cu/TiC 和 Al-20Cu/TiC 体系在 150 min 内不同时间记录的接触角变化

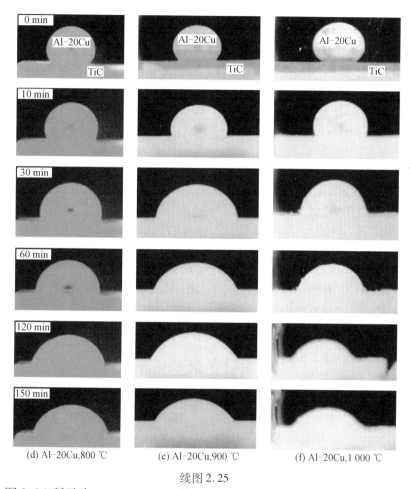

(d) Al-20Cu,800 ℃　　　(e) Al-20Cu,900 ℃　　　(f) Al-20Cu,1 000 ℃

续图 2.25

图 2.26 所示为 800 ~ 1 000 ℃范围内 TiC 衬底上 Al-Cu 合金的接触角和液滴底部半径与时间的关系曲线[96]。由图可见,接触角随时间变化行为与温度和铜含量有关,呈现三个特征区域:区域一以陡峭的斜率(Al 滴的脱氧)为主要特征,其中接触角以特定速率下降;区域二呈现较小的斜率(化学反应);区域三呈现几乎恒定的 θ 值。上述三区域特征在 900 ℃和 1 000 ℃时更为明显。三种温度下都需要超过 120 min 才能获得几乎恒定的接触角(50° ~ 60°)。在所有温度条件下都观察到良好的润湿,且随着接触角的减小,底部半径随着时间的推移而增加,直至达到几乎恒定的半径值。从图 2.26 中可以清楚地观察到低于 800 ℃下发生的从非润湿向润湿的转变[96]。然而,这种转变的时间不同。所有铜含量的合金在 800 ℃、60 min 后都获得良好的润湿,除了 Al-8Cu 需要 90 min 以上才能获得良好的润湿(θ<90°)。

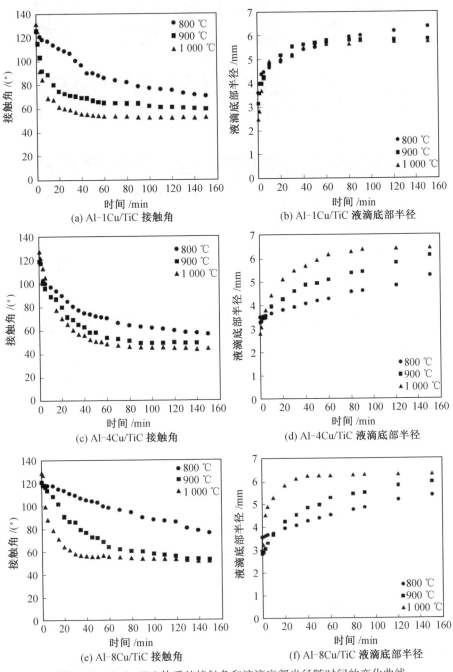

(a) Al-1Cu/TiC 接触角   (b) Al-1Cu/TiC 液滴底部半径

(c) Al-4Cu/TiC 接触角   (d) Al-4Cu/TiC 液滴底部半径

(e) Al-8Cu/TiC 接触角   (f) Al-8Cu/TiC 液滴底部半径

图 2.26 Al-Cu/TiC 体系的接触角和液滴底部半径随时间的变化曲线

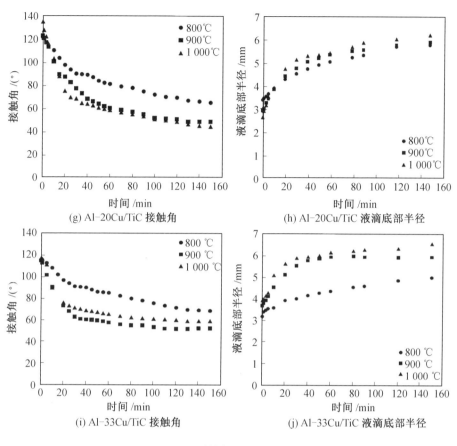

(g) Al-20Cu/TiC 接触角

(h) Al-20Cu/TiC 液滴底部半径

(i) Al-33Cu/TiC 接触角

(j) Al-33Cu/TiC 液滴底部半径

续图 2.26

在等温条件下,Cu 含量对接触角的影响如图 2.27 所示[96]。可以看出,Al-Cu 合金在不同温度和铜含量下表现出不同的行为。在较低温度(800 ~ 900 ℃)下,铜含量增加,润湿性提高;除了 Al-1Cu 外,所有情况下的润湿行为与纯铝相似。这与铝中的铜含量增加后,合金的熔点显著降低(从纯铝的660 ℃到共晶33% Cu 成分合金的 548 ℃)有关。这种熔点变化(ΔT 约为112 ℃)比表面张力增加的影响更明显[96]。

在较高温度(1 000 ℃)下,铜含量增加,润湿性略有降低,这可能与合金[105]的黏度和表面张力增加有关,此时熔点温度变化的影响较小。

由于润湿起始阶段接触角变化迅速,使用时间的对数关系可以更准确地确定初始接触角。图 2.28 所示为对数时间与接触角的关系曲线。在 800 ℃和900 ℃下,接触角分为两个阶段:Al 液滴的脱氧阶段(Ⅰ)和界面反应润湿阶段

（Ⅱ）。其中,阶段Ⅱ尚未达到平衡状态,这可能与在此温度下尚未达到稳态润湿有关,即需要更长的时间才能达到平衡状态。在 1 000 ℃时,接触角的降低似乎有三个阶段:Al 液滴的脱氧(Ⅰ,该阶段比 800 ℃和 900 ℃时短,取决于化学成分),通过界面反应润湿(Ⅱ),以及达到几乎恒定的接触角(Ⅲ)。

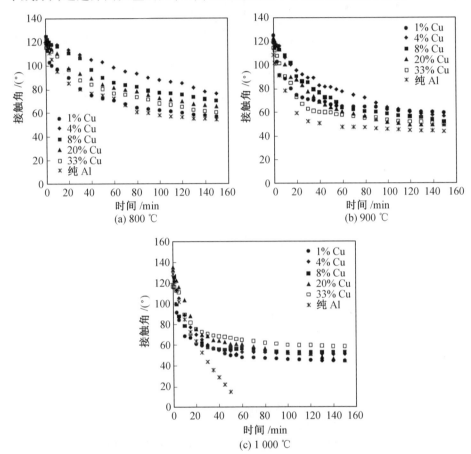

图 2.27　等温条件下 Cu 含量对 Al-Cu 合金与 TiC 衬底接触角的影响

根据图 2.28,阶段 Ⅰ 的时间取决于合金的温度和化学成分[96]。Al-Cu/TiC 在 800 ℃下阶段 Ⅰ 较长。因此,从阶段 Ⅰ 到阶段 Ⅱ 的变化对应于界面反应程度的变化过程。

座滴实验结果表明,液滴铺展速率随时间延长而增加,并与所用合金和实验温度有关。金属及合金与陶瓷表面的润湿性受各种化学和物理过程所控制。反应程度取决于润湿体系化学成分和实验温度。通过添加某些合金元素诱发与衬底反应、形成连续的化学物层,可以显著降低接触角[49-55,75,106]。

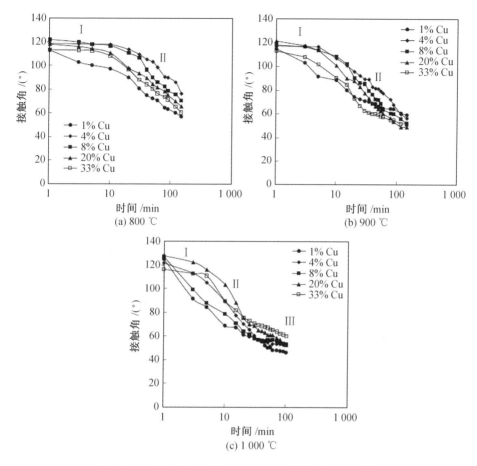

图 2.28　对数时间坐标下 Al-Cu/TiC 接触角的变化曲线

　　金属熔体与陶瓷表面的润湿性在很大程度上取决于陶瓷的化学计量比。TiC 物理化学稳定性高,其化学、物理和力学性能在很大程度上取决于化学计量比[75,81,102]。

　　反应体系的特点是接触角(θ)随时间变化显著并与温度紧密相关。这些结果可以用于通过阿伦尼乌斯方程,解析液滴底部半径随时间铺展的动力学(dr/dt),进而计算 Al-Cu 合金与 TiC 润湿过程的激活能,结果如图 2.29 所示[96]。大的激活能表明,液滴铺展不是由简单的黏度控制,而是受控于化学反应过程[94,50-55]。该工作确定的 Al-Cu/TiC 体系的平均表观激活能为 86 kJ/mol,证实润湿是由界面处的化学反应控制的。从图 2.29 的阿伦尼乌斯图中获得的激活能数值见表 2.5。

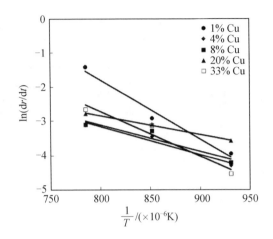

图 2.29　由液滴铺展动力学得到的 Al–Cu/TiC 体系的阿伦尼乌斯曲线

表 2.5　Al–Cu/TiC 体系的激活能

合金	激活能 $E_a/(\text{kJ} \cdot \text{mol}^{-1})$
Al–1Cu/TiC	145
Al–4Cu/TiC	68
Al–8Cu/TiC	63
Al–20Cu/TiC	45
Al–33Cu/TiC	108

2.12.3　界面形貌与反应层

在反应体系中,良好的润湿往往与金属/衬底界面新相的产生同时发生。在非反应体系[87,106]中,铺展速率由黏性流动控制,并可由液滴底部半径与时间的幂函数描述(对于 $\theta < 60°$)[49]。

图 2.30 所示为 Al–Cu/TiC 体系衬底界面的横截面照片。由图可见,所有体系中都能清楚地观察到反应产物。反应层的厚度随样品成分的变化而不同,并且本质上是不连续的,特别是在高铜含量的情况下。

图 2.31 所示为反应层的厚度与 Cu 含量的关系[96]。在高铜含量(20%)下,界面处的反应程度更明显;铜的存在促进了 Ti 和 C 向界面的扩散,在液滴下形成大量的孔隙,如图 2.30(d)所示。一些研究指出,Ti 不仅可以通过增加 Cu 接受电子的倾向来改善润湿性,而且 Ti 元素本身可溶解到熔体中[102,103]。

在铝界面附近发现了少量 Ti 元素,表明存在 TiC 的溶解或分解,以及 Ti 向界面的扩散现象。一些界面上存在的钛铝和含 Cu 化合物,证实了上述现象,见表 2.6。

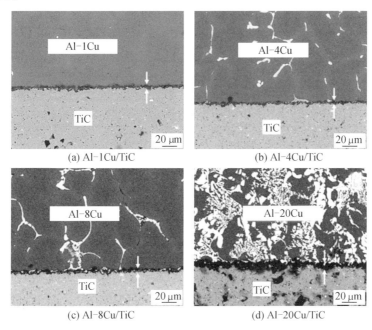

(a) Al-1Cu/TiC

(b) Al-4Cu/TiC

(c) Al-8Cu/TiC

(d) Al-20Cu/TiC

图 2.30　900 ℃下 Al-Cu/TiC 液滴-衬底界面的横截面形貌

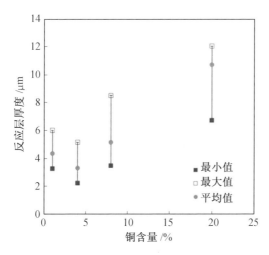

图 2.31　Cu 含量对 900 ℃时 Al-Cu/TiC 界面反应层厚度的影响

表 2.6 900 ℃ Al-Cu/TiC 润湿试样的界面元素和产物分析

合金	界面元素	可能的反应产物
Al-1Cu	Al、C、Cu、O	Al_4C_3、Al_2O_3、$CuAl_2$、$TiAl_3$
Al-4Cu	Al、C、Cu、O	Al_4C_3、Al_2O_3、$CuAl_2$、$TiAl_3$、Ti_3AlC
Al-8Cu	Al、C、Cu、O	Al_4C_3、Al_2O_3、$CuAl_2$、$CuAl_2O_4$、$TiCu_3$、$TiCu_4$
Al-20Cu	Al、C、Cu、O、Ti	Al_4C_3、$CuAl_2O_4$、Ti_3Al、$TiAl_3$、$CuAl_2$、$TiCu_3$、$TiCu_4$、$TiCu$
Al-33Cu	Al、C、Cu、O、Ti	Al_4C_3、$CuAl_2O_4$、Ti_3Al、$TiAl_3$、$CuAl_2$、$TiCu_3$、$TiCu_4$、$TiCu$

通过电子探针微区分析(EPMA)沿着界面的不同区域定量分析元素 Al 和 C,化学计量比表明形成了 Al_4C_3 化合物,表明长时间润湿可诱发衬底与熔融金属发生反应。Al_4C_3 在界面处的形成提高了润湿性,但也有不少不良影响,包括 Al_4C_3 容易水解,使复合材料耐蚀性降低等[107]。

通过观察 Al_4C_3、$CuAl_2O_4$、$CuAl_2$ 和 $TiCu_x$ 的形成,可以分析铝液滴的铺展过程以及接触角减小的现象。

由于 TiC 分解形成 Al_4C_3,陶瓷表面在测试后变得平坦和光滑。在液滴下方 $100 \sim 1\,000$ μm(取决于样品和测试温度)厚度区域中,可以在粗糙的衬底中观察到克肯达尔效应留下的大量微孔,如图 2.30(d)所示;而远离该区域的衬底平坦、不存在微孔。研究认为界面处形成 Al_4C_3 受 TiC 分解时碳扩散行为的影响很大,这种分解和扩散行为受测试温度和时间的影响。在较高温度下,显然扩散会更容易;此外高含量铜也会促进扩散。因此,可以在具有高铜含量的体系中观察到更粗糙和含有大量微孔的衬底(图 2.30(d))。测试时间同样影响这些化合物和碳化物的形成,而且在冷却过程中反应也能在固态下继续进行。此外,金属化合物相的析出延迟了 Al_4C_3 的形成。在所有润湿体系中,界面中存在的 Al_4C_3 有助于体系获得更好的润湿性。一些研究者确认,在这种情况下的润湿发生在反应层产物表面,而不是陶瓷衬底表面[107-109]。

通过观察 Al/TiC 体系的断裂特征,分析了凝固后液滴的力学性能以及冷却过程中产生的热应力。在某些情况下(尤其是高 Cu 含量),可以观察到与强界面相对应的黏聚断裂(界面附近 TiC 发生整体断裂),如图 2.32 所示。金属和陶瓷衬底之间的热膨胀系数差异是造成这种类型断裂的原因。

黏着功计算结果见表 2.7。由于润湿 120 min 后接触角几乎恒定,用于计算黏着功的接触角选用润湿 120 min 后获得的数值。

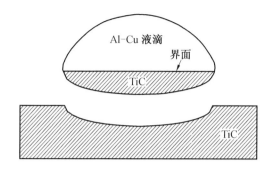

图 2.32　高铜含量润湿体系的典型黏聚断裂示意图

表 2.7　以表面张力(γ_{LV})和达到平衡(120 min)后获得的接触角(θ)计算的黏着功

合金	800 ℃			900 ℃			1 000 ℃		
	γ_{LV}/(mJ·m^{-2})	θ/(°)	W_a/(mJ·m^{-2})	γ_{LV}/(mJ·m^{-2})	θ/(°)	W_a/(mJ·m^{-2})	γ_{LV}/(mJ·m^{-2})	θ/(°)	W_a/(mJ·m^{-2})
Al-1Cu/TiC	876	60	1 314	860	61	1 277	844	53	1 352
Al-4Cu/TiC	956	86	1 023	938	60	1 407	920	45	1 571
Al-8Cu/TiC	962	76	1 195	944	56	1 472	926	53	1 483
Al-20Cu/TiC	977	70	1 311	963	49	1 595	949	51	1 546
Al-33Cu/TiC	997	61	1 480	930	52	1 503	919	65	1 307

　　界面处发生的化学反应可以提高液态金属和非金属固体间的润湿性和黏着功。图 2.33 所示为 Al-Cu/TiC 体系的黏着功随铜含量和温度的变化规律。可以清楚地观察到,黏着功随温度升高而增加,接触角随时间延长而减小。

　　在 1 000 ℃下计算得到的 Al-1Cu/TiC 体系的 W_a 为 1 352 mJ/m^2。考虑到 $\gamma_{LV(Cu)}$ 为 844 mJ/m^2,即表面张力占液态合金内聚功的 80%,表明界面为强界面。因此,Al-1Cu/TiC 体系的黏着与弱相互作用的范德瓦耳斯力无关,而与强化学相互作用(如共价键)相关。

　　表 2.8 数据显示,良好的润湿并不一定意味着界面结合强度高[110]。良好的润湿意味着界面能在能量上几乎与液体本身的内聚功一样强[111]。

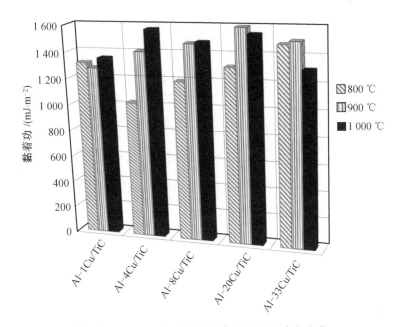

图 2.33　Al–Cu/TiC 黏着功随铜含量和温度的变化

表 2.8　Al–Cu/TiC 体系界面表面张力占内聚功的百分比　　　　　　　%

合金	界面表面张力占内聚功的百分比		
	800 ℃	900 ℃	1 000 ℃
Al–1Cu/TiC	75	74	80
Al–4Cu/TiC	53	75	85
Al–8Cu/TiC	63	78	80
Al–20Cu/TiC	67	83	81
Al–33Cu/TiC	74	81	74

2.13　铝镁合金与 TiC 的润湿性

　　孔特雷拉斯研究了 Mg 含量分别为 1%、4%、8% 和 20% 的铝镁(Al–Mg)合金与 TiC 衬底间的润湿性和界面反应,使用座滴法测试了 Al–Mg 合金在氩气气氛、不同温度(750 ℃、800 ℃、900 ℃)下与 TiC 陶瓷衬底的润湿性[112]。

熔融金属与陶瓷的润湿通常涉及界面反应[113,114]。界面反应在界面处会产生新的化合物并改变液态金属和陶瓷的成分,从而影响所有的固-液、液-气和固-气界面自由能,因此会影响液体成分、液滴体积和反应区的大小。界面反应不仅取决于温度,还取决于时间,在等温条件下润湿过程会随着时间的推移而变化。在反应体系中,界面反应通常会随着时间的推移改变并影响润湿程度,这使得许多研究人员不准确地描述了某些润湿问题[115]。

Mg 元素的主要作用之一是降低铝合金的表面张力和黏度[21]。TiC 增强相与熔融态的纯镁接触时,热力学是稳定的[87]。然而,如果 Mg 与 Al 等元素形成合金,则会反应形成 MgO 或 $MgAl_2O_4$[107,108]。化学反应程度和反应产物的类型取决于制备温度、压力、气氛、基体成分和增强相的表面化学成分。

上述研究确定了时间和化学成分对界面反应的影响。下面通过座滴技术测量液态 Al-Mg 合金在烧结 TiC 衬底上的接触角,并研究反应产物的性质与接触角之间的关系。此外,还将研究系统中 Mg 元素挥发对润湿动力学的影响。这些结果可增进人们对 Al-Mg 合金与 TiC 润湿过程的认识,并适用于发生化学反应的任何液态金属-陶瓷系统。

2.13.1 衬底制备与润湿实验条件

TiC 衬底制备见 2.10.1 节。使用粒径 1 μm 的金刚石抛光膏对衬底的表面进行抛光,并最终在丙酮中超声清洗。原子力显微镜(AFM)结果表明,在 TiC 衬底上沿抛光路线产生了粗糙度为 2.6 ~ 2.8 nm 的表面。采用纯铝(99.99%)和电解镁配制 Al-Mg 合金(Mg 含量分别为 1%、4%、8% 和 20%),切成立方体形状(约 0.6 g),并以与衬底相同的方式进行表面处理,为润湿测试做准备。

实验在 1 atm 超高纯氩气(99.99%)和 750 ℃、800 ℃、900 ℃下进行,实验装置如图 2.10 所示。以不同的时间间隔记录接触角和液滴底部半径的变化,直至达到稳定状态。实验结束后,立即将样品从热区移出,进行快速冷却。使用 SEM、EDS 和 EPMA 对凝固的液滴进行切片和抛光,以检查界面组织。

2.13.2 润湿铺展动力学

以不同的时间间隔在最长时间 120 min 内照相记录液滴形状,测量接触角和液滴底部半径的变化。图 2.34 所示为 Al-Mg/TiC 体系在 750 ℃、800 ℃、900 ℃下的液滴图像。

图 2.35 所示为 Al-Mg 合金在 TiC 衬底上的接触角和液滴底部半径随时间和温度的变化[112]。这些曲线在温度和 Mg 含量不同时,表现出的行为不同,接触角随时间变化呈现三个特征区域:区域一以陡峭的斜率(Al 液滴的脱氧)为代表,其中接触角以特定速率下降;区域二呈现较小的斜率(化学反应);区域三呈现几乎恒定的 θ 值,这种行为在 900 ℃时更为明显,通常需要超过 120 min 才能获得几乎恒定的接触角。在较高温度下,润湿性良好,液滴底部半径随时间增加,与此同时接触角减小。然而,在较低温度(750 ℃)下,含 1% 和 4% Mg 的合金,即使在长时间(150 min)后也呈现出非润湿行为。

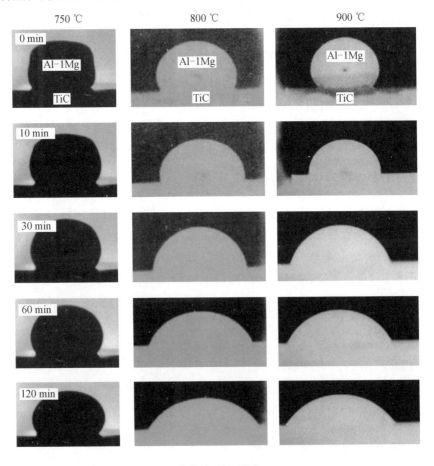

(a) Al-1Mg/TiC

图 2.34　Al-1Mg/TiC 和 Al-20Mg/TiC 在 120 min 内不同时间间隔拍摄记录的
　　　　接触角变化

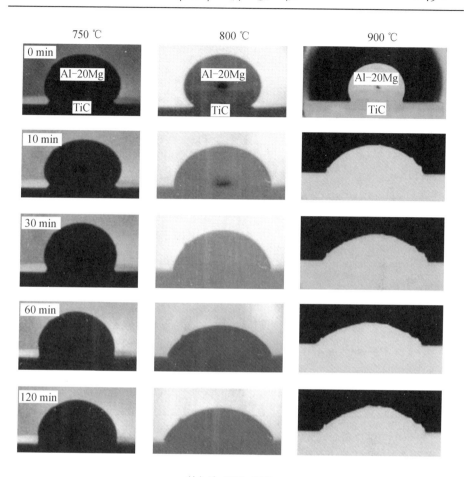

（b）Al-20Mg/TiC

续图 2.34

　　等温条件下 Mg 对接触角的影响如图 2.36 所示[112]。随着 Mg 含量的增加，接触角减小。以纯铝的接触角曲线考察镁在铝中的作用，发现增加 Mg 含量后表面张力显著降低，因此润湿性增加（Al-1Mg）。然而，Mg 含量增加至 4% 和 8% 后，氧化作用大于表面张力降低的作用，润湿性变差。但将 Mg 增加至 20%，表面张力的影响更大，利用这种合金获得了最佳润湿效果。添加 1% Mg 的合金表面张力降低非常迅速，随着 Mg 含量进一步增加，表面张力降幅变得微不足道[22]。

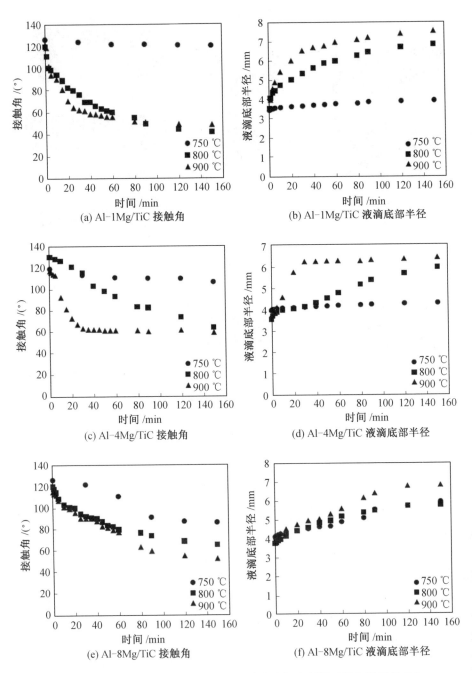

(a) Al-1Mg/TiC 接触角

(b) Al-1Mg/TiC 液滴底部半径

(c) Al-4Mg/TiC 接触角

(d) Al-4Mg/TiC 液滴底部半径

(e) Al-8Mg/TiC 接触角

(f) Al-8Mg/TiC 液滴底部半径

图 2.35 Al-Mg/TiC 体系的接触角和液滴底部半径随时间和温度的变化

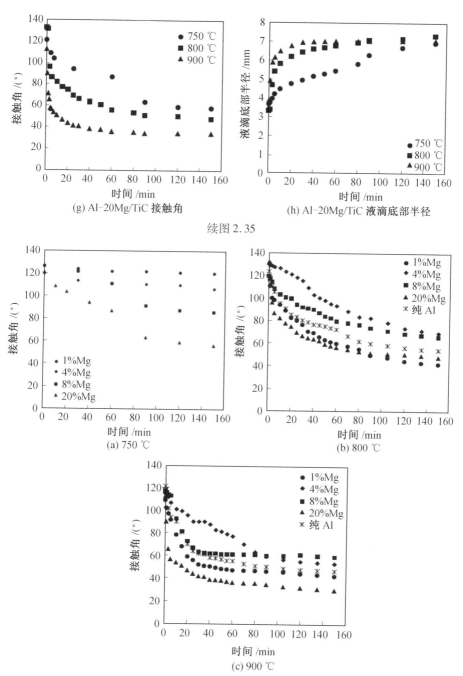

(g) Al-20Mg/TiC 接触角

(h) Al-20Mg/TiC 液滴底部半径

续图 2.35

(a) 750 ℃

(b) 800 ℃

(c) 900 ℃

图 2.36 Mg 含量对 Al-Mg/TiC 体系接触角的影响

　　图 2.37 所示为以对数时间为横坐标的接触角曲线[112]。在 750 ℃ 和 800 ℃ 以对数时间绘制的接触角曲线如图 2.37(a) 和(b) 所示，可以看出接触角变化有两个阶段：Al 液滴的脱氧阶段(Ⅰ)和界面反应润湿阶段(Ⅱ)。其中，阶段Ⅱ未达到平衡，这可能与此温度下尚未达到稳态有关，需要更长的时间才能达到平衡。在 900 ℃(图 2.37(c))，接触角的降低过程存在三个阶段：Al 液滴的脱氧阶段(Ⅰ)、界面反应润湿阶段(Ⅱ)和稳态平衡阶段(Ⅲ)。

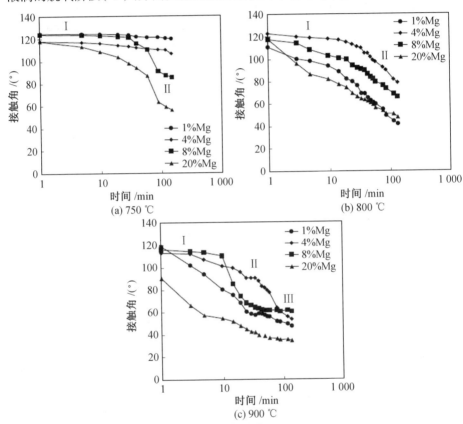

图 2.37　750 ℃、800 ℃ 和 900 ℃ 下 Al-Mg/TiC 体系的接触角-时间曲线

　　根据图 2.37(a)，阶段Ⅰ的时间长短取决于温度和所用合金的化学成分。Al-4Mg 合金阶段Ⅰ较长。因此，从阶段Ⅰ向阶段Ⅱ的变化对应于界面反应的特定过程。

　　从图 2.35 和图 2.36 可以清楚地观察到 750~800 ℃ 间发生的从非润湿向润湿转变。然而，如图 2.38 所示，这种转变与时间有关[112]。此外，这种转变取决于所用合金的化学成分，且在温度不同时，表现出不同的行为。所有合金在

750 ℃下 30 min 时都表现出非润湿行为(图 2.36)。然而,在 800 ℃温度下添加 1% 和 20% 的镁元素后,合金润湿性提高;在 900 ℃下保持 30 min 和 60 min 后获得了良好的润湿性。

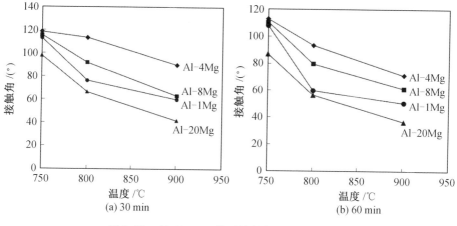

图 2.38　Al–Mg/TiC 体系接触角与温度的关系

2.13.3　润湿热力学和镁元素挥发

控制金属和合金与陶瓷表面润湿的化学和物理过程多种多样,这使得润湿的理论和实验研究变得困难。特别是镁和镁合金在氧气存在下反应活性高,部分过程可以由以下反应描述:

$$Mg_{(1)} + 1/2O_{2(g)} \Longrightarrow MgO_{(s)}, \quad \Delta G_{(900\,℃)} = -473 \text{ kJ/mol} \quad (2.19)$$

基体与熔体间的反应改变了熔体的表面张力,这是因为镁等具有高氧亲和力的元素与周围大气中的残余氧发生了反应。氧化铝(Al$_2$O$_3$)在纯铝中是稳定的,但在 Al–Mg 合金中会与镁发生以下反应:

$$3Mg_{(1)} + Al_2O_{3(s)} \Longrightarrow 3MgO_{(s)} + 2Al, \quad \Delta G_{(900\,℃)} = -123 \text{ kJ/mol} \quad (2.20)$$
$$3Mg_{(1)} + 4Al_2O_{3(s)} \Longrightarrow 3MgAl_2O_{4(s)} + 2Al, \quad \Delta G_{(900\,℃)} = -256 \text{ kJ/mol} \quad (2.21)$$
$$MgO_{(s)} + Al_2O_{3(s)} \Longrightarrow MgAl_2O_4, \quad \Delta G_{(900\,℃)} = -44 \text{ kJ/mol} \quad (2.22)$$

当反应(2.20)发生时,Al–Mg 合金表面除了形成 Al$_2$O$_3$ 层外,Mg 还倾向于形成氧化物(MgO),抑制 TiC 与铝之间的接触。根据热力学预测,反应(2.22)即使在固体状态下也有可能发生。

虽然这些热力学分析表明了反应发生的可能性,但更为重要的是反应动力学和反应程度。当熔融铝与 TiC 表面真正接触时,铺展完全由界面处的化学反应驱动。

反应(2.20) ~ (2.22)在热力学上是可能发生的,但每一种反应都取决于所使用的温度和合金化学成分。在镁含量高且温度低的情况下,可以形成 MgO,而 $MgAl_2O_4$ 则会在镁含量很低的情况下形成[22,107,108]。

　　如图 2.39 所示,Al-Mg 合金在 TiC 衬底上进行了较长时间的润湿实验后,可观察到 Mg 的挥发现象,即使在 750 ℃、1 atm 氩气气氛下,部分 Mg 蒸气仍以 Mg 或 MgO 的形式凝结在管壁上[112]。当使用的合金镁含量较高时,液滴顶部由于 Mg 的挥发留下大量的气孔,如图 2.39(a)所示。然而,在低镁含量时没有观察到这种效应(图 2.39(b))。

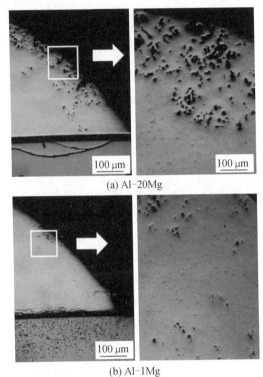

(a) Al-20Mg

(b) Al-1Mg

图 2.39　Al-Mg/TiC 体系液滴顶部 Mg 的挥发效应

　　在不同的时间间隔进行中断实验,表征镁挥发对润湿动力学的影响,见表 2.9。为了量化润湿过程中镁元素的损失,在 0 min、5 min、30 min、120 min 中断实验,分析液滴样品中的镁含量。

　　高镁含量合金中镁的损失更为明显。Al-20Mg 合金在 900 ℃下保温 30 min 后,镁的损失量(质量分数)约为 30%。同时,该条件下接触角趋于稳定值。

　　经过长时间保温后,镁的挥发更为显著,通过与表 2.10 数据对比,采用缩短实验时间或降低实验温度的方法将 Mg 的挥发降至最低。

表 2.9　900 ℃不同时间中断实验后 Al-Mg/TiC 体系镁元素含量的化学分析

合金	0 min		5 min		30 min		120 min	
	Mg 含量/%	θ/(°)	Mg 含量/%	θ/(°)	Mg 含量/%	θ/(°)	Mg 含量/%	θ/(°)
Al-1Mg	1.09	121.30	1.05	93.60	1.03	62	1.02	49
Al-4Mg	4.14	114.80	3.84	106.60	3.76	90	2.09	55.3
Al-8Mg	8.36	117.00	8.03	113.00	7.56	63.1	3.73	61.3
Al-20Mg	20.75	112.30	19.97	56.80	13.94	41.8	6.26	35

表 2.10　800 ℃和 900 ℃下 Al-Mg/TiC 体系镁元素含量的对比

合金	120 min(800 ℃)		120 min(900 ℃)	
	Mg 含量/%	θ/(°)	Mg 含量/%	θ/(°)
Al-1Mg	1.03	49	1.02	44.5
Al-4Mg	3.84	73.6	2.09	55.3
Al-8Mg	5.17	68.8	3.73	61.3
Al-20Mg	13.55	50.8	6.26	35

　　Al-20Mg 在 800 ℃和 900 ℃下保温 120 min 后,镁元素的损失量分别约为35% 和 70%。图 2.40 所示为不同 Al-Mg 合金中镁元素损失量随时间的变化。

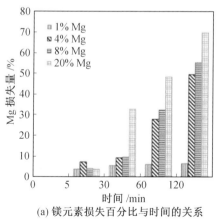

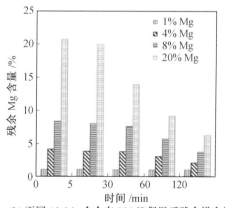

(a) 镁元素损失百分比与时间的关系　　(b) 不同 Al-Mg 合金在 900 ℃保温后残余镁含量

图 2.40　Al-Mg 合金中镁元素损失量随时间的变化

　　Al-Mg/SiC 体系的系列化学反应过程研究表明,通过在熔体中循环添加镁元素,保持镁元素成分的稳定,可以保持较低的熔体表面张力并增强润湿性[31,32]。另外,由于镁铝尖晶石($MgAl_2O_4$)的形成,镁也被消耗,可以推导出预测镁损失量的模型[108]。也有报道称,由于镁的饱和蒸气压高,镁在实验温度下保温期间容易挥发。在润湿实验[31,87,88,106,112]和浸渗实验[78,104,116,117]中也观察到了镁的损失。

预计在高镁含量下润湿体系中镁的损失不会显著影响润湿动力学,这是由于镁损失较大时接触角趋于恒定值。反应体系的特征是 θ 随时间显著变化以及强烈地依赖于温度。这些结果可以应用于阿伦尼乌斯方程(图 2.41[112])对液滴底部半径随时间的铺展(dr/dt)动力学的研究,从而计算 Al-Mg/TiC 体系润湿的激活能。激活能高表明铺展不是简单地由黏度控制的,而是由化学反应过程控制的[52,93,94]。本章研究获得的 Al-Mg/TiC 体系的平均激活能为133 kJ/mol,证实润湿是由界面反应驱动的。根据图 2.41 的阿伦尼乌斯曲线获得的激活能值见表 2.11。

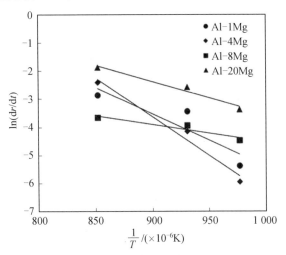

图 2.41　不同 Al-Mg 合金与 TiC 反应的阿伦尼乌斯曲线

表 2.11　从阿伦尼乌斯曲线获得的 Al-Mg/TiC 反应激活能

合金	激活能 $E_a/(kJ \cdot mol^{-1})$
Al-1Mg	157
Al-4Mg	230
Al-8Mg	52
Al-20Mg	97

2.13.4 界面反应产物与黏着功

在铝镁合金等反应体系中,润湿通常伴随着明显的化学反应,以及金属/衬底界面上新的化合物的形成。图 2.42 所示为 900 ℃下获得的 Al-Mg/TiC 体系液滴-衬底界面的横截面照片。反应层厚度在样品中是变化且不连续的,特别是高镁含量的情况下。对于所有 Al-Mg/TiC 体系,可以清楚地观察到 5 ~ 10 μm 厚的新界面反应层。通过 EPMA 沿界面不同区域进行的定量测定表明,存在元素 Al 和 C,其化学计量比表明存在 Al_4C_3 化合物。偶尔在界面检测到其他成分的 Al_xC_y 碳化物,其铝碳比不同于常见的 Al_4C_3 化合物。在靠近铝的界面上发现了微量钛,表明存在一些钛铝化合物。EDX 结果显示其他可能的界面化合物见表 2.12。这些元素在界面上的存在表明反应层由不同的产物组成。

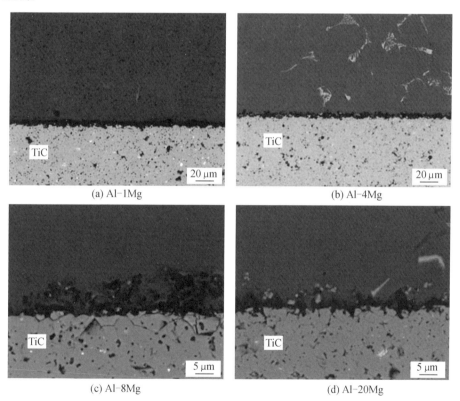

(a) Al-1Mg   (b) Al-4Mg

(c) Al-8Mg   (d) Al-20Mg

图 2.42　900 ℃下获得的 Al-Mg/TiC 体系液滴-衬底界面的横截面照片

表 2.12　900 ℃下 Al–Mg/TiC 体系测试样品界面处的元素分析结果

合金	界面检测到的元素	可能反应产物
Al–1Mg	Al、C、Mg、O	Al_4C_3、Al_2O_3、$MgAl_2O_4$
Al–4Mg	Al、C、Mg、O	$MgAl_2O_4$、Al_4C_3、Al_2O_3、MgO
Al–8Mg	Al、C、Mg、O、Ti	MgO、Al_4C_3、Ti_3AlC、$MgAl_2$
Al–20Mg	Al、C、Mg、O、Ti	MgO、Al_4C_3、Ti_3Al、$TiAl_3$、$MgAl_2$

热力学预测表明,TiC 在 752 ℃以上的液态 Al 中可能是稳定的。班纳吉和赖夫[84]指出,TiC 在 1 177 ℃以下的铝中不稳定,而中道和弗莱明斯[118]指出,Al、$TiAl_3$ 和 Al_4C_3 之间形成 TiC 的反应始于 877 ℃。其他研究表明,在 Ti–C–Al 体系中,Ti 与 C 摩尔比为 1∶1.3 可以完全消除脆性 $TiAl_3$ 相的形成,并且当 Ti 与 C 摩尔比为 1∶1 时,$TiAl_3$ 相始终存在于复合材料中[119]。

润湿实验后,TiC 衬底表面由最初的平坦光滑变得粗糙,这与 TiC 的分解导致 Al_4C_3 形成有关。在液滴正下方 100 ~ 1 000 μm 的区域(取决于试样和实验温度),可在粗糙的衬底中观察到扩散效应留下的大量微孔,如图 2.43 所示。远离该区域的衬底则保持平坦状态,没有微孔。因此,通常认为,TiC 分解时界面上 Al_4C_3 的形成受到碳扩散的极大影响,而碳扩散过程受实验温度和时间的影响。可能导致 Al_4C_3 和 $TiAl_3$ 形成的反应有

$$13Al+3TiC \Longrightarrow 3TiAl_3+Al_4C_3$$

$$\Delta G_{(750\,℃)} = -2.14 \text{ kJ/mol}, \Delta G_{(800\,℃)} = 9.71 \text{ kJ/mol}, \Delta G_{(900\,℃)} = 33.62 \text{ kJ/mol}$$

$$(2.23)$$

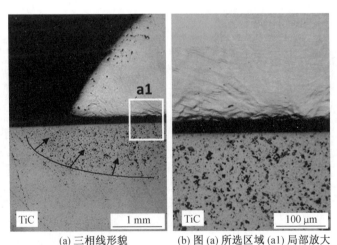

(a) 三相线形貌　　　(b) 图 (a) 所选区域 (a1) 局部放大

图 2.43　Al–1Mg/TiC 体系在 900 ℃下保温 120 min 后 TiC 衬底的剖面形貌

分析表明该反应在热力学上可在低于 752 ℃的温度下发生,因此在 900 ℃实验后观察到 Al_4C_3 的形成。实验时间、TiC 分解和扩散会影响碳化物的形成;冷却过程中形成固态后反应也可能继续进行。

假设由于钛的氧化,衬底表面形成一薄层 TiO_2,则 $TiAl_3$ 和 Al_2O_3 的可能反应如下:

$$13Al+3TiO_2 \Longrightarrow 3TiAl_3+2Al_2O_3$$

$$\Delta G_{(750 ℃)} = -780 \ kJ/mol, \Delta G_{(800 ℃)} = -765 \ kJ/mol, \Delta G_{(900 ℃)} = -735 \ kJ/mol$$

$$(2.24)$$

在研究的所有温度下,上述反应在热力学上都是可能发生的。因此,可以认为通过该反应产生了界面产物。

金属间化学物相的析出可延迟 Al_4C_3 的形成。在高镁含量下,观察到随着镁含量的增加反应层厚度减小,如图 2.44(a)所示[112]。此外,降低实验温度和缩短保持时间,反应层的厚度减小,如图 2.44(b)和(c)所示[112]。受温度和冷却时间的影响,实验时间延长时界面反应层的厚度不同程度地增加。

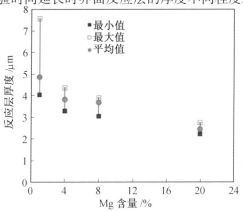

(a) 900 ℃时镁含量对界面反应层厚度的影响

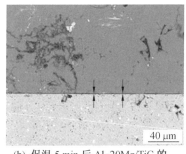

(b) 保温 5 min 后 Al-20Mg/TiC 的
界面形貌

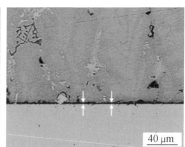

(c) 保温 30 min 后 Al-20Mg/TiC 的
界面形貌

图 2.44　Al-20Mg/TiC 体系 900 ℃保温不同时间后的界面形貌

　　然而,如果反应剧烈,消耗了液态合金中的反应元素,也会改变液态合金的成分,因此,反应层的厚度也会影响接触角。此外,一些研究认为,$MgAl_2O_4$ 尖晶石可以改善润湿性[22,107,108,120]。

　　反应产物取决于基体合金成分:基体为纯铝时反应产物为 Al_2O_3,基体为铝-镁合金时形成 MgO 和 $MgAl_2O_4$,因此反应产物取决于合金的镁含量。使用低镁含量的基体合金可以抑制镁铝尖晶石反应。界面反应会产生一些不利影响:Al_4C_3 易于水解降低耐蚀性能;$MgAl_2O_4$ 预计不会直接影响耐蚀性能,但会改变基体成分;此外,界面反应产物也可能改变界面的力学性能。

　　通过断口观察,可以定性地描述液滴凝固后的力学性能和冷却过程产生的热应力。在某些情况下(尤其是在高镁含量下),观察到与强界面对应的黏聚断裂(界面附近 TiC 中的整体断裂),如图 2.45 所示。

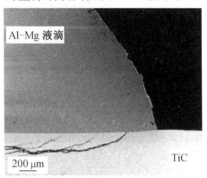

图 2.45　900 ℃润湿实验后 Al-8Mg/TiC 体系观察到的典型黏聚断裂

　　基于接触角(θ)和表面张力(γ_{LV}),使用式(2.4)计算的黏着功的结果见表 2.13。

表 2.13　根据接触角和表面张力计算的 Al-Mg/TiC 体系的黏着功　　mJ/m^2

复合材料	黏着功[a]		
	750 ℃	800 ℃	900 ℃
Al-1Mg/TiC	455	1 359	1 457
Al-4Mg/TiC	604	1 151	1 250
Al-8Mg/TiC	939	1 201	1 356
Al-20Mg/TiC	1 289	1 367	1 465
纯 Mg/TiC	416	435	904
纯 Al/TiC	—	1 317	1 405

注:a. 使用的接触角是在 750 ℃、800 ℃、900 ℃下保温 120 min、60 min、30 min 后获得的
　　值。此时接触角几乎是恒定的。超过此时间后,镁的挥发量过大。

当润湿性良好时,一般需要 $W_a \geqslant 2\gamma_{LV}$,这意味着陶瓷和熔体之间的黏着功应大于液体表面张力的两倍。在 800 ℃ 下计算的 Mg/TiC 体系的 W_a 为 435 mJ/m²。考虑到 $\gamma_{LV(Mg)}$ 为 538 mJ/m²,即约等于液态 Mg 内聚功的 40%,这表明 Mg/TiC 界面结合能较弱。在这种非反应体系中,黏着力主要归因于范德瓦耳斯力。相同温度下,Al-1Mg/TiC 的黏着功为液态 Al 内聚功的 90%,表明界面结合很强。因此,Al-1Mg/TiC 的黏着功不能用范德瓦耳斯力的弱相互作用来解释,而应当采用强化学作用如共价键来解释。

润湿不仅可以在具有液-固相互作用(离子、共价、金属或它们的一些混合物)强的体系中获得,也可以在液-固相互作用(例如范德瓦耳斯力)弱的体系中获得,前提是液-液相互作用也很弱。

从上述结果可以看出,在热力学意义上,良好的润湿性并不意味着界面结合强[110],而是表明界面结合能几乎与液体的黏聚能相近[111]。

2.14 商业铝合金与 TiC 的润湿性

熔融金属与陶瓷表面的润湿对金属-陶瓷复合材料的液态制备过程至关重要。一般来说,在正常熔融温度下金属与陶瓷不容易润湿。因此需要采用一些方法增强金属与陶瓷的润湿性,如在熔体中添加合适的合金元素[9,18,20,76,106,112,121]。在 900 ℃ 下,采用座滴法研究合金元素对商用铝合金(1010、2024、6061 和 7075)对 TiC 润湿性的影响[122],以及接触角和液滴铺展随温度和时间的变化规律,从而确定合金元素对润湿行为的影响。

2.14.1 TiC 衬底的制备

采用 TiC 粉末为原料制备 TiC 衬底,粉末的粒径为 0.3 ~ 3 μm,制备条件见 2.10.1 节,化学成分见表 2.14。

表 2.14 TiC 粉末的化学成分(质量分数) %

Ti	C(总)	C(游离)	O	N
79.70	19.26	0.51	0.49	0.04

采用 5 g 供给态原料,在 ϕ2.5 cm 的石墨模具中热压制备致密的 TiC 衬底(图 2.9)。制备条件为:温度 1 800 ℃、保温 30 min,真空压力约 20 Pa,施加压力 30 MPa。通过阿基米德法(ASTM C 373-88)确定烧结后复合材料的致密度达 96.8%。SEM 显示残余孔隙(闭合孔隙)尺寸小于 1 μm。使用粒径 1 μm 金刚石抛光膏将衬底抛光成镜面,获得光滑表面以测量接触角,以便减小粗糙度,

避免接触角滞后。原子力显微镜(AFM)粗糙度测量显示,平均粗糙度(Ra)为 2. 12 ~ 2. 76 nm。

2.14.2　润湿实验装置与实验过程

座滴法润湿实验装置如图 2. 10 所示。该设备主要由石英管式电阻炉组成,专门用于座滴实验,实验时的真空压力为 1.33×10^{-3} ~ 1.33×10^{-2} Pa。所有合金的润湿实验均在 900 ℃、真空和氩气气氛下进行。为了获得真空条件,通过氩气反复冲洗和在热区附近放置海绵钛吸气剂来降低氧分压。对于氩气中的润湿实验,首先将腔体抽真空,然后充入 0. 35 kPa 的超高纯度氩气 (99. 99%)。

润湿实验铝合金(1010、2024、6061 和 7075)的化学成分见表 2. 15。在测试之前,金属样品先在氢氟酸中浸泡腐蚀,然后在丙酮中清洗。加热前,在炉内 TiC 衬底上放置约 0. 8 g 铝合金。炉内热区温度稳定后,将铝合金/TiC 推入炉内热区。当金属液滴形状达到良好状态后,记录接触角随时间的变化,直到接触角达到稳态、不再明显变化。在不同的时间拍摄记录接触角和液滴底部半径,通过软件直接在液滴截面图像中精确测量接触角。

表 2. 15　商业铝合金的化学成分(质量分数)　　　　　　　　%

合金	Si	Fe	Cu	Mn	Mg	Cr	Ni	Zn	其他
Al-1010	0. 2	0. 65	0. 005	0. 002	0. 014	0. 012	0. 009	0. 002	0. 89
Al-2024	0. 35	0. 36	4. 46	1. 08	1. 86	0. 017	—	0. 047	8. 17
Al-6061	0. 61	0. 4	0. 25	0. 06	0. 82	0. 18	<0. 009	0. 07	2. 39
Al-7075	0. 25	0. 6	2. 21	0. 26	2. 32	0. 22	—	5. 52	11. 38

实验完成后,立即将样品从热区取出快速冷却。采用电子探针微区分析 (EPMA)和波长分散谱仪(WDS)定量分析金属-陶瓷界面成分,进行元素的能谱面分析和线扫描,定量分析物相并建立结构和成分间的直接关联。

2.14.3　润湿和铺展动力学

不同铝合金与 TiC 的接触角如图 2. 46 所示[122]。图 2. 46(a)和(b)分别为 900 ℃、真空气氛和氩气气氛下铝合金与 TiC 的接触角。在真空和氩气环境中,润湿性从低到高的顺序为:6061<7075<2024<1010。

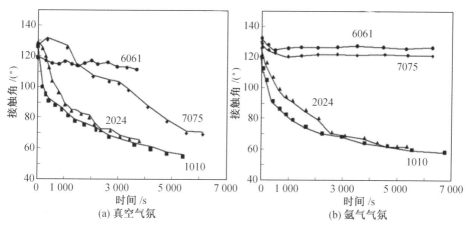

图 2.46 900 ℃下铝合金与 TiC 在不同气氛中的接触角

900 ℃时，纯铝与 TiC 表面可以润湿，接触角小于 60°。在达到平衡润湿状态后，接触角与马斯喀特和德鲁[16]报告的值没有显著差异。科诺年科[74]和弗鲁明[75]报道了该体系在约 1 050 ℃时发生从非润湿到润湿的转变。由于在 900 ℃时即满足润湿条件，有人指出铝合金/TiC 体系润湿温度应该低于科诺年科[74]和弗鲁明[75]提出的温度（1 050 ℃），即其他文献报道的低于 900 ℃[78,87]。

对于 6061 和 7075 合金，气氛对润湿行为的影响最明显，其中 6061 铝合金液滴铺展动力学速率最小。在真空条件下测试合金润湿性时（图 2.46(a)），可观察到合金元素的挥发现象，即在石英管壁较冷的部位沉积了一层金属薄膜。同时，6061 合金的接触角(θ)随时间变化非常小，而 7075 合金的接触角随时间逐渐减小，直至达到平衡态。

低沸点元素 Zn(907 ℃)和 Mg(1 120 ℃)饱和蒸气压高和持续挥发的现象，在一定程度上减小了液滴体积。6061 和 7075 铝合金在真空条件下，润湿曲线存在波动（图 2.46(a)）。同时，在氩气条件下（图 2.46(b)），6061 和 7075 呈现非润湿行为，与 2024 和 1010 呈现不同的润湿行为。接触角(θ)初始值略有下降后，在 2 h 内几乎不变；两种合金的稳态 θ 值大于 118°，这种现象与氩气气氛下元素从液滴的挥发减弱有关。

1010 和 2024 铝合金的润湿曲线表现出非平衡体系的特征，在初始几秒内 θ 急剧下降，然后进入过渡区，最后达到稳态。θ 的主要变化发生在前 10 min 内。1010 铝合金的润湿曲线与气氛条件关系不大，真空条件下 θ 值略低。这是由于氧化膜在氩气中可以稳定存在并延迟液滴的铺展。液态合金与 TiC 表面直接接触时，发生的化学反应可降低界面张力，使得界面铺展受界面化学反应驱动[16]。因此，接触角的减小与化学反应速率成正比，而化学反应速率受合金元素的轻微影响。

　　由于 1010 纯铝铺展动力学过程比铝合金快,接触角迅速接近稳态值。图 2.47 为真空和氩气中铝合金在 TiC 表面的铺展情况。液滴底部半径演化曲线如图 2.47 所示,表明合金元素改变了液滴表面氧化层的性质,使得元素挥发过程更为复杂并延迟液滴的铺展。尤斯塔索普洛斯[44]认为,只有改变氧化物层致密性的合金元素才对接触角有显著影响。一般认为,由于镁快速挥发在真空下破坏了金属表面氧化膜,可以改善铝合金的润湿性,因此,实验所用的 2024 和 7075 铝合金中 Mg 含量较高,可以改善真空下的润湿行为。用含 2.5% Mg 的铝合金润湿氧化铝时,镁在 700 ℃熔化 3 min 后完全挥发,从而改善了润湿性[30]。另外,镁也具有很高的活性,其氧化物的生成自由能比氧化铝的生成自由能更负。这说明 Mg 能充分捕获并破坏氧化膜的完整性,从而有利于润湿和铺展。据报道,镁含量低的铝合金形成镁铝尖晶石(MgAl$_2$O$_4$),而 Al—Mg 共晶合金会形成 MgO[123]。

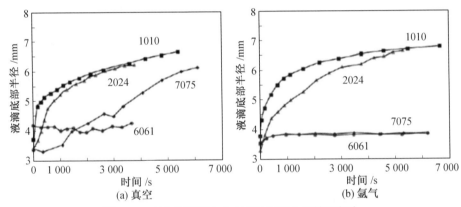

图 2.47　900 ℃下铝合金在 TiC 衬底上的铺展行为

　　如同预期,6061 和 7075 合金在氩气中合金元素的挥发减少,直接参与形成氧化膜并增大了氧化膜的稳定性[44],促使形成了稳定、致密的氧化物组成复杂的膜层。该膜层在制备工艺条件下更为稳定,即使延长保温时间也很难使膜层破碎,因此会延迟润湿过程。利用热重分析研究 Al/TiC 复合材料制备过程中商用铝合金挥发结果表明[116,117],高饱和蒸气压元素 Zn(907 ℃)和 Mg (1 120 ℃)在真空条件下挥发尤其明显。

　　在真空条件下,Zn(7075)和 Mg(2024)的挥发促进覆盖铝滴的氧化膜破裂,从而改善润湿性。6061 铝合金的挥发过程较为缓慢且不强烈,这可能与该合金中 Mg 含量较低(0.82%)有关。

2.14.4 界面组织与黏着功

在反应体系中,接触角的变化通常意味着在铝合金/TiC 界面发生了化学反应。通过 EDS 分析界面元素,并通过化学计量分析估计了所有样品中 Al_4C_3 化合物在界面的不同含量。该碳化物主要存于 1010/TiC 中,厚度可达 $6\sim7~\mu m$。EDS 结果表明,在 1010/TiC 和 7075/TiC 润湿体系中,Ti-Al-C 化合物界面与 $AlTiC_2$ 和 Al_5TiC_4 的形成最为匹配。界面处测定的化学元素组成见表 2.16。可以在整个界面检测到具有与常见的 Al_4C_3 化合物不同 Al-C 比例的其他 Al_xC_y 碳化物。

表 2.16 EDS 化学计量分析确定的可能反应相 %

合金成分(质量分数)			可能反应相
Al	C	Ti	
56.5	42.2	1	Al_4C_3
25.7	47.9	26.4	$AlTiC_2$
50.8	39.4	9.6	Al_5TiC_4

图 2.48 所示为真空下测试样品的典型界面形貌[122]。所有样品中均存在界面反应产物。由于 TiC 分解生成 Al_4C_3,陶瓷原本平整、光滑的表面变得粗糙。在样品内部反应层的厚度不同且不连续,尤其是 7075/TiC 和 6061/TiC。这两种体系与 1010 和 2024 体系相比,润湿性偏差。在 2024/TiC 和 7075/TiC 界面附近观察到了 $CuAl_2$ 等金属间化合物。

液滴切片检测表明,化合物在陶瓷表面的析出减少了金属/陶瓷界面处 Al_4C_3 的含量。固-液界面发生化学反应时,TiC 分解促进 Al_4C_3 生成。然而,在铝中没有发现 Ti 的痕迹,也没有发现 $TiAl_3$ 或任何其他钛铝化合物。由于镁无法形成碳化镁,存在镁的界面,不会发生反应辅助润湿,但在界面处通常会析出 $CuAl_2$ 和 Mg_2Si 相。

弗鲁明等[100]指出,在 TiC 存在的情况下,Cu 合金化降低了 Ti 在熔融铝中的溶解度。这将会减少钛在熔体中的溶解量,从而降低液滴的润湿性。

利用[124]给出的表面张力数据和 1 h 对应的接触角数据,1010/TiC 和 2024/TiC 黏着功的计算结果见表 2.17。1010 和 2024 铝合金黏着功数据表明,在真空条件下其黏着功略高,尤其是 2024 合金。这可以利用液滴氧化程度较低来解释,最重要的是,这表明了靠近界面区域铜的析出物对黏着能的贡献。

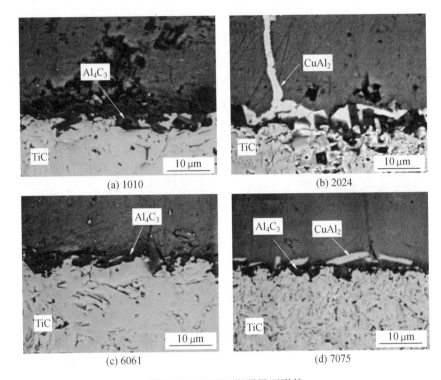

(a) 1010　　　　　　　　　　　(b) 2024

(c) 6061　　　　　　　　　　　(d) 7075

图 2.48　Al/TiC 润湿界面形貌

表 2.17　根据表面张力(γ_{LV})和接触角(θ)计算的铝合金/TiC 体系的黏着功

铝合金	气氛	黏着功/($\text{mJ} \cdot \text{m}^{-2}$)
1010	氩气	1 190
1010	真空	1 224
2024	氩气	1 207
2024	真空	1 254

本章参考文献

[1] Gibbs J W (1878) On the equilibrium of heterogeneous substances. Trans Conn Acad 3:343-524.

[2] Johnson R E (1959) Conflicts between Gibbsian thermodynamics and recent treatments of interfacial energies in solid-liquid-vapor. J Phys Chem 63: 1655-1658.

［3］Naidich J V（1981）In：Cadenhead D A, Danielli J F（eds）Progress in surface and membrane science, vol 14. Academic Press, Cambridge, pp 353-484.

［4］Gallois B M（1997）Overview：wetting in nonreactive liquid metal-oxide systems. JOM 49（6）:48-51.

［5］Kaptay G（1996）Interfacial phenomena during melt processing of ceramic particle-reinforced metal matrix composites. Mater Sci Forum 215-216：459-466.

［6］Ruhle M（1996）Structure and composition of metal/ceramic interfaces. J Eur Ceram Soc 16（3）:353-365.

［7］Savov L, Heller H P, Janke D（1997）Wettability of solids by molten metals and alloys. Metall 51（9）:475-486.

［8］Dalgleish B J, Saiz E, Tomsia A P, Cannon R M, Ritchie R O（1994）Interface formation and strength in ceramic/metal systems. Scr Metall Mater 31（8）:1109-1114.

［9］Delannay F, Froyen L, Deruyttere A（1987）The wetting of solids by molten metals and its relation to the preparation of metal-matrix composites. J Mater Sci 22（1）:1-16.

［10］Nowok J W（1994）Analysis of atomic diffusion in liquid metals at melting temperatures in capillary like Media-2. Acta Metall Mater 42（12）:4025-4028.

［11］Eustathopoulos N（1998）Dynamics of wetting in reactive metal/ceramic systems. Mater Sci Eng 249A（1）:176-183.

［12］Li J G（1994）Wetting of ceramic materials by liquid Si, Al and other metallic melts containing Ti and other reactive elements. Rev Ceram Int 20（6）:391-412.

［13］Aksay I A, Hoge C E, Pask J A（1974）Wetting under chemical equilibrium and non-equilibrium conditions. J Phys Chem 78（12）:1178-1183.

［14］Naidich Y V, Taranets N Y（1988）Wettability of aluminum nitride by tin-aluminum melts. J Mater Sci 33:393-397.

［15］Samsonov G V, Panasyuk A D, Kozina G K（1968）Wetting of refractory carbides with liquid metals. Porosk Metall 71（11）:42-48.

［16］Muscat D, Drew R A L（1994）Modeling the infiltration kinetics of molten aluminum into porous titanium carbide. Metall Mater Trans 25A（11）:2357-2370.

[17] Muscat D, Harris R L, Drew R A L (1994) The effect of pore size on the infiltration kinetics of aluminum in TiC preforms. Acta Metall Mater 42(12): 4155-4163.

[18] Banerji A, Rohatgi P K, Reif W (1984) Role of the wettability in the preparation of metal-matrix composites (a review). Metall 38:656-661.

[19] León C A, Drew R A L (2000) Preparation of nickel-coated powders as precursors to reinforce MMC's. J Mater Sci 35(19):4763-4768.

[20] León C A, Bourassa A M, Drew R A L (2000) Processing of aluminum matrix composites by electroless plating and melt infiltration. Adv Technol Mater Mater Process J 2(2):96-106.

[21] Hatch J E (1984) Aluminum properties and physical metallurgy. ASM International, Geauga.

[22] Pai B C, Ramani G, Pillai R M, Satyanarayana K G (1995) Review: Role of magnesium in cast aluminum alloy matrix composites. J Mater Sci 30: 1903-1911.

[23] Mcevoy A J, Williams R H, Higginbotham I G (1976) Metal/non-metal interfaces. The wetting of magnesium oxide by aluminum and other metals. J Mater Sci 11:297-302.

[24] Brewer L, Searcy A W (1951) The gaseous species of the Al-Al$_2$O$_3$ system. J Am Chem Soc 73:5308-5314.

[25] Brennan J J, Pask J A (1968) Effect of nature of surfaces on wetting of sapphire by liquid aluminum. J Am Ceram Soc 51(10):569-573.

[26] Porter R F, Schissel P, Inghram M G (1955) A mass spectrometric study of gaseous species in the Al-Al$_2$O$_3$ system. J Chem Phys 23(2):339-342.

[27] Rao Y K (1985) Stoichiometry and thermodynamics of metallurgical processes. CBLS Publishers, Marietta.

[28] López Morelos V H (2000) Mojabilidad del TiC por el Aluminio y sus Aleaciones. Thesis of Master degree, IIM-UMSNH, Morelia Mich., México.

[29] Madeleno U, Liu H, Shinoda T, Mishima Y, Suzuki T (1990) Co MPatibility between alumina fibres and aluminum. J Mater Sci 25:3273-3280.

[30] Lijun Z, Jimbo W, Jiting Q, Qiu N (1989) An investigation on wetting behavior and interfacial reactions of aluminum α-Alumina system. In:Lin RY et al (eds) Proceeding of interfaces in metal-ceramics composites. TMS, Warrendale, pp 213-226.

[31] Pech-Canul M I, Katz R N, Makhlouf M M (2000) Optimum parameters for wetting silicon carbide by aluminum alloys. Metall Mater Trans 31A: 565-573.

[32] Pech-Canul M I, Katz R N, Makhlouf M M (2000) The combined role of nitrogen and magne-sium in wetting SiC by aluminum alloys. In: Memoria X XII Congreso Internacional de Metalurgia y Materiales, Saltillo Coah. , México, pp 232-241.

[33] García-Cordovilla C, Louis E, Pamies A (1986) The surface tension of liquid pure aluminium and aluminium-magnesium alloy. J Mater Sci 31 (21): 2787-2792.

[34] Goicoechea J, García-Cordovilla C, Louis E, Pamies A (1992) Surface tension of binary and ternary aluminum alloys of the systems Al-Si-Mg and Al-Zn-Mg. J Mater Sci 27:5247-5252.

[35] Narciso J, Alonso A, Pamies A, García-Cordovilla C, Louis E (1994) Wettability of binary and ternary alloys of the system Al-Si-Mg with SiC particulates. Scr Metall Mater 31 (11):1495-1500.

[36] Manning C R, Gurganus T B (1969) Wetting of binary aluminum alloys in contact with Be, B_4C, and graphite. J Am Ceram Soc 52(3):115-118.

[37] Pai B C, Ray S, Prabhakar K V, Rohatgi P K (1976) Fabrication of a-luminum-alumina/magnesia/particulate composites in foundries using magnesium additions to the melts. Mater Sci Eng 24:31-44.

[38] Dean W A (1967) In: Horn V (ed) Aluminum, vol 1. ASM Pub, Metals Park, Ohio, pp 163.

[39] Suresh S, Mortensen A, Needleman A (1993) Fundamentals of metal matrix composites. Butterworth-Heinemann, Boston.

[40] Banerji A, Rohatgi K (1982) Cast aluminum alloy containing dispersions of TiO_2 and ZrO_2 particles. J Mater Sci 17(2):335-342.

[41] Laurent V, Chatain D, Eustathopoulos N (1991) Wettability of SiO_2 and oxidized SiC by aluminum. Mater Sci Eng 135:89-94.

[42] Bardal A (1992) Wettability and interfacial reaction products in the AlSiMg surface-oxidized SiC system. Mater Sci Eng 159A:119-125.

[43] Eustathopoulos N, Drevet B (1998) Deter mination of the nature of metal-oxide interfacial interactions from Sessile drop data. Mater Sci Eng A 249 (1):176-183.

[44] Eustathopoulos N, Joud J C, Desre P, Hicter J M (1974) The wetting of carbon by aluminum and aluminum alloys. J Mater Sci 9(8):1233-1242.

[45] Pique D, Coudurier L, Eustathopoulos N (1981) Adsorption du cuivre a l'interface entre Fe solide et Ag liquide a 1100 C. Scr Metall 15(2):165-170.

[46] Humenik M, Kingery W D (1954) Metal-ceramic interactions III: surface tension and wettability of metal-ceramic systems. J Am Ceram Soc 37(1): 18-23.

[47] Wenzel R N (1936) Resistance of solid surfaces to wetting by water. Ind Eng Chem 28(8):988-994.

[48] Nakae H, Inui R, Hirata Y, Saito H (1998) Effects of surface roughness on wettability. Acta Metall Mater 46(7):2313-2318.

[49] Eustathopoulos N (1998) Dynamics of wetting in reactive metal/ ceramics systems. Acta Mater 46(7):2319-2327.

[50] Dezellus O, Eustathopoulos N (2010) Fundamental issues of reactive wetting by liquid metals. J Mater Sci 45:4256-4264.

[51] Dezellus O, Eustathopoulos N (1999) The role of Van der Waals interactions on wetting and adhesion in metal/carbon systems. Scr Mater 40(11): 1283-1288.

[52] Dezellus O, Hodaj F, Eustathopoulos N (2002) Chemical reaction-limited spreading:The triple line velocity versus contact angle relation. Acta Mater 50:4741-4753.

[53] Dezellus O, Hodaj F, Eustathopoulos N (2003) Progress in modelling of chemical-reaction limited wetting. J Eur Ceram Soc 23(15):2797-2803.

[54] Dezellus O, Hodaj F, Mortensen A, Eustathopoulos N (2001) Diffusion-limited reactive wetting. Spreading of Cu-Sn-Ti alloys on vitreous carbon. Scr Mater 44:2543-2549.

[55] Mortensen A, Drevet B, Eustathopoulos N (1997) Kinetic of diffusion-limited spreading of sessile drops in reactive wetting. Scr Mater 36(6):645-651.

[56] Frage N, Frou min N, Dariel MP (2002) Wetting of TiC by non-reactive liquid metals. Acta Mater 50(2):237-245.

[57] Asthana R, Sobezak N (2000) Wettability, spreading and interfacial phenomena in high temperature coatings. JOM 52(1):1-19.

[58] Starov V M, Velarde M G, Radke C J (2007) Wetting and spreading dynamics, vol 138. CRC Press, Boca Raton.

［59］Saiz E, Tomsia A P, Cannon R M (1998) Ridging effects on wetting and spreading of liquids on solids. Acta Mater 46(7):2349-2361.

［60］Lam C N C, Wu R, Lia D, Hair M L, Neumann A W (2002) Study of the advancing and receding contact angles: liquid sorption as a cause of contact angle hysteresis. Adv Colloid Interface Sci 96:169-191.

［61］Eick J D, Good R J, Neumann A W (1975) Thermodynamics of contact angles. II. Rough solid surfaces. J Colloid Interface Sci 53(2):235-248.

［62］Oliver J F, Huh C, Mason S G (1980) An experimental study of some effects of solid surface roughness on wetting. Colloids Surf 1:79.

［63］Oliver J F, Mason S G (1980) Liquid spreading on rough metal surfaces. J Mater Sci 15(2):431-437.

［64］Neumann A W, Good R J (1972) Thermodynamics of contact angles. I. Heterogeneous solid surfaces. J Colloid Interface Sci 38:341-358.

［65］Marmur A (1997) Line tension and the intrinsic contact angle in solid-liquid-fluid systems. J Colloid Interface Sci 186(2):462-466.

［66］Decker E L, Garoff S (1997) Contact line structure and dynamics on surfaces with contact angle hysteresis. Langmuir 13(23):6321-6332.

［67］Fadeev A Y, McCarthy T J (1999) Binary monolayer mixtures: modification of nanopores in silicon supported tris (trimethylsiloxy) silyl monolayers. Langmuir 15:7238-7243.

［68］Fadeev A Y, McCarthy T J (1999) Trialkylsilane monolayers covalently attached to silicon surfaces: wettability studies indicating that molecular topography contributes to contact angle hysteresis. Langmuir 15:3759-3766.

［69］Youngblood J P, McCarthy T J (1999) Ultrahydrophobic polymer surfaces prepared by simultaneous ablation of polypropylene and sputtering of poly (tetrafluoroethylene) using radio frequency plasma. Macromolecules 32:6800-6806.

［70］Sedev R V, Petrov J G, Neumann A W (1996) Effect of swelling of a polymer surface on advancing and receding contact angles. J Colloid Interface Sci 180:36-42.

［71］Lam C N C, Wu R, Li D, Hair M L, Neumann A W (2002) Study of the advancing and receding contact angles: Liquid sorption as a cause of contact angle hysteresis. J Colloid Interface Sci 96:169-191.

［72］Jha A K, Prasad S V, Upadhyaya G S (1990) In: Bhagat RB (ed)

Metal & ceramic matrix composites. CRC Press, Boca Raton, pp 127-135.

[73] Rhee S K (1970) Wetting of ceramics by liquid aluminum. J Am Ceram Soc 53(7):386-389.

[74] Kononenko V Y, Shvejkin G P, Sukhman A L, Lomovtsev V I, Mitrofanov B V (1976) Chemical compatibility of titanium carbide with aluminum, gallium, and indium melts. Poroshk Metall 9:48-52.

[75] Fru min N, Frage N, Polak M, Dariel M P (1997) Wettability and phase formation in the TiC_x/Al system. Scr Mater 37(8):1263-1267.

[76] Asthana R, Tewari S N (1993) Interfacial and capillary phenomena in solidification processing of metal-matrix composites. Compos Manuf 4(1):3-25.

[77] Kaptay G, Bader E, Bolyan L (2000) Interfacial forces and energies relevant to production of metal matrix composites. Mater Sci Forum 329-330: 151-156.

[78] Contreras A, López V H, León C A, Drew R A L, Bedolla E (2001) The relation between wetting and infiltration behavior in the Al-1010/TiC and Al-2024/TiC systems. Adv Technol Mater Mater Process 3(1):33-40.

[79] Ferro A C, Derby B (1995) Wetting behavior in the Al-Si/SiC system: interface reactions and solubility effects. Acta Metall Mater 43(8):3061-3073.

[80] Lin Q, Shen P, Yang L, Jin S, Jiang Q (2011) Wetting of TiC by molten Al at 1123-1323 K. Acta Mater 59:1898-1911.

[81] Xiao P, Derby B (1996) Wetting of titanium nitride and titanium carbide by liquid metals. Acta Mater 44(1):307-314.

[82] Schuster C J, Nowotny H, Vaccaro C (1980) The ternary systems: Cr-Al-C, V-Al-C, and Ti-C-Al and the behavior of H-phases (M_2AlC). J Solid State Chem 32:213-219.

[83] Iseki T, Kameda T, Maruyama T (1983) Some properties of sintered Al_4C_3. J Mater Sci Lett 2:675-676.

[84] Banerji A, Reif W (1986) Development of Al-Ti-C grain refiners containing TiC. Metall Trans 17A:2127-2137.

[85] Fine M E, Conley J G (1990) On the free energy of formation of TiC and Al_4C_3. Metall Trans 21A:2609-2610.

[86] Yokokawa H, Sakai N, Kawada T, Dakiya M (1991) Chemical potential diagram of Al-Ti-C System: Al_4C_3 formation on TiC formed in Al-Ti liquids containing carbon. Metall Trans 22A:3075-3076.

[87] Contreras A, Leon C A, Drew R A L, Bedolla E (2003) Wettability and spreading kinetics of Al and Mg on TiC. Scr Mater 48:1625-1630.

[88] Contreras A (2002) Fabricación y estudio cinético de materiales compuestos de matriz metálica Al-Cux y Al-Mgx reforzados con TiC:Mojabilidad e infiltración. Thesis, Universidad Nacional Autónoma de México.

[89] Laurent V, Chatain D, Chatillon C, Eustathopoulos N (1998) Wettability of monocrystalline alumina by aluminum between its melting point and 1273K. Acta Metall 36(7):1797-1803.

[90] Brennan J J, Pask J A (1968) Effect of composition on glass-metal interface reactions and adherence. J Am Ceram Soc 56(2):58-62.

[91] Keene B J (1993) Review of data for the surface tension of pure metals. Int Mater Rev 38(4):157-192.

[92] Muscat D (1993) Titanium carbide/Aluminum composites by melt infiltration. Thesis, Department of mining and Metallurgical Engineering, McGill U-niversity, pp 48-51.

[93] Kumar G, Narayan K (2007) Review of non-reactive and reactive wetting of liquids on surfaces. Adv Colloid Interface Sci 133:61-89.

[94] Toy C, Scott W D (1997) Wetting and spreading of molten aluminium against AlN surfaces. J Mater Sci 32:3243-3248.

[95] Narayan K, Fernandes P (2007) Deter mination of wetting behavior, spread activation energy, and quench severity of bioquenchants. Metall Mater Trans B 38:631-640.

[96] Contreras A (2007) Wetting of TiC by Al-Cu alloys and interfacial char-acterization. J Colloid Interface Sci 311:159-170.

[97] Li L, Wong Y S, Fuh J Y H, Lu L (2001) Effect of TiC in copper-tungsten electrodes on EDM performance. J Mater Process Technol 113:563-567.

[98] Leong C C, Lu L, Fuh J Y H, Wong Y S (2002) In-situ formation of copper matrix composites by laser sintering. Mater Sci Eng A 338:81-88.

[99] Akhtar F, Javid-Askari S, Ali-Shah K, Du X, Guo S (2009) Microstructure, mechanical properties, electrical conductivity and wear behavior of high volume TiC reinforced Cu-matrix composites. Mater Charact 60:327-336.

[100] Froumin N, Frage N, Polak M, Dariel M P (2000) Wetting phenomena in the TiC/(Cu-Al) system. Acta Mater 48:1435-1441.

[101] Mortimer D A, Nicholas M (1973) The wetting of carbon and carbides

by copper alloys. J Mater Sci 8:640-648.

[102] Zarrinfar N, Kennedy A R, Shipway P H (2004) Reaction synthesis of Cu-TiC$_x$ master-alloys for the production of copper-based composites. Scr Mater 50: 949-952.

[103] Zarrinfar N, Shipway P H, Kennedy A R, Saidi A (2002) Carbide stoichiometry in TiC$_x$ and Cu-TiC$_x$ produced by self-propagating high-temperature synthesis. Scr Mater 46:121-126.

[104] Contreras A, Albiter A, Bedolla E, Perez R (2004) Processing and characterization of Al-Cu and Al-Mg base composites reinforced with TiC. Adv Eng Mater 6:767-775.

[105] Shoutens J E (1992) Some theoretical considerations of the surface tension of liquid metals for metal matrix composites. J Mater Sci 24:2681-2686.

[106] Aguilar E A, Leon C A, Contreras A, Lopez VH, Drew RAL, Bedolla E (2002) Wettability and phase formation in TiC/Al-alloys assemblies. Compos Part A 33:1425-1428.

[107] Lloyd D J (1994) Particle reinforced aluminium and magnesium matrix composites. Int Mater Rev 39:1-24.

[108] McLeod A D, Gabryel C M (1992) Kinetic of the grow spinel MgAl$_2$O$_4$ on alumina particulate in aluminum alloys containing magnesium. Metall Trans A 23:1279-1283.

[109] Saiz E, Tomsia A P (1998) Kinetics of metal-ceramic composite formation by reactive penetration of silicates with molten aluminum. J Am Ceram Soc 81(9):2381-2393.

[110] Yosomiya R, Morimoto K, Nakajima A, Ikada Y, Suzuki T (eds) (1990) Adhesion and bonding in composites. Marcel Dekker, New York, pp 23.

[111] Eustathopoulos N, Nicholas M G, Drevet B (1999) In:Cahn RW (ed) Wettability at high temperatures, Pergamon materials series, Vol 3. Elsevier Science & Technology, Oxford, pp 45.

[112] Contreras A, Bedolla E, Perez R (2004) Interfacial phenomena in wettability of TiC by Al-Mg alloys. Acta Mater 52:985-994.

[113] Yoshimi N, Nakae H, Fujii H (1990) A new approach to estimating wetting in reaction system. Mater Trans JIM 31(2):141-147.

[114] Nakae H, Fujii H, Sato K (1992) Reactive wetting of ceramics by liquid metals. Mater Trans JIM 33:400-406.

[115] Fujii H, Nakae H (1990) Three wetting phases in the chemically reactive MgO/Al system. ISIJ Int 30(12):1114-1118.

[116] Contreras A, Salazar M, León C A, Drew R A L, Bedolla E (2000) Kinetic study of the infiltration of aluminum alloys into TiC. Mater Manuf Process 15 (2):163-182.

[117] Contreras A, Albiter A, Perez R (2004) Microstructural properties of the Al-Mg$_x$/TiC composites obtained by infiltration techniques. J Phys Condens Matter 16:S2241-S2249.

[118] Nukami T, Fle mings M (1995) In situ synthesis of TiC particulate-reinforced aluminum matrix composites. Metall Mater Trans 26A:1877-1884.

[119] Yang B, Chen G, Zhang J (2001) Effect of Ti/C additions on the formation of Al$_3$Ti of in situ TiC/Al composites. Mater Des 22:645-650.

[120] Rajan T P D, Pillai R M, Pai B C (1998) Review:Reinforcement coatings and interfaces in aluminium metal matrix composites. J Mater Sci 33: 3491-3503.

[121] Asthana R (1998) Reinforced cast metal part II evolution of the interface. J Mater Sci 33(8):1959-1980.

[122] Leon C A, Lopez V H, Bedolla E, Drew R A L (2002) Wettability of TiC by commercial aluminum alloys. J Mater Sci 37:3509-3514.

[123] Lumley R N, Sercombe T B, Schaffer G B (1999) Surface oxide and the role of magnesium during the sintering of aluminum. Metall Mater Trans 30A: 457-463.

[124] Orkasov T A, Ponezhev M K, Sozaev V A, Shidov K T (1996) An investigation of the temperature dependence of the surface tension of aluminum alloys. High Temp 34:490-492.

第3章 金属基复合材料的制备工艺

3.1 液相制备工艺

液相法是目前制备金属基复合材料最常用的方法,液相法通常比固相法工艺成本更低、更容易制备。尽管液相法具有这些优点,但是一些基体和增强相体系会发生化学反应,有时对复合材料的力学性能是不利的,具体来说是由于基体和增强相之间很强的黏结力。液相法制备的复合材料具有界面结合好的特点,但可能导致不利的基体–增强相界面反应,产生脆性界面层。液相法主要分为浸渗法和搅拌铸造法,如图3.1所示。浸渗法制备过程可以无须压力,也可以借助压力(通过机械、气体或真空施加压力)进行。

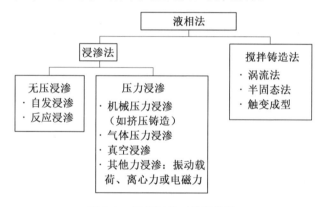

图3.1 液相制备工艺的分类

3.1.1 浸渗法

熔融金属通过浸渗进入陶瓷预制件中制备复合材料的方法即浸渗法,其是金属基复合材料最常用的制备方法之一。这一方法是将熔融金属渗入多孔陶瓷预制件的孔隙、填充孔隙并使其凝固而制备复合材料。液态金属浸渗到增强相预制件中可以自发进行或在外力辅助下进行(当增强相和基体之间的润湿性较差时),其中外力可能是机械压力、惰性气体或真空压力、机械振动力、离心力或电磁力。这种制备工艺的优点包括:预制件的尺寸和形状接近所需产品、可实现净近形制备、制备成本相对较低、残留孔隙率低、产品形状复杂。

外力作用下,浸渗过程的关键参数是初始基体成分和浸渗温度,增强相的初始成分、体积分数、预热温度和形貌,以及施加在金属上以克服毛细力和浸渗阻力的外力的性质和大小(需要施加外力的情况)[1]。

1. 无压浸渗

根据增强相与熔融金属之间的润湿性,无压浸渗过程可分为自发浸渗和反应浸渗。

(1)自发浸渗。

如果增强相与基体之间具有良好的润湿性,则可能发生自发浸渗。如果增强相与基体之间润湿性不佳,可以在增强相表面涂覆一些合金或化合物,以改善润湿性,从而使液态金属自发渗入陶瓷预制件。常用的增强相包括 TiC 和 SiC 等,基体合金包括铝、镁及其合金等。铝合金由于兼具低密度和高导热性的优点,成为大多数金属/陶瓷复合材料的基体合金,但其缺点是强度低、热膨胀系数高。引入 TiC 或 SiC 提高了铝、镁合金的力学性能和耐高温性能。另外,镁及其合金由于质量轻,在汽车工业中备受关注。与传统合金相比,镁合金具有较低的电阻率。一些合金如 Mg-AZ91E 具有优异的铸造性、良好的切削加工性和良好的耐蚀性。

适合于自发浸渗的复合材料体系包括:铝合金(如 2024、6061 和 7075[2]合金)或镁合金[3]浸渗的烧结后的 TiC 预制件,或镁[4]与镁合金[5]浸渗的 AlN 预制件。由于合金元素减少了固-液间的接触角,使用铝合金具有一定的优势,可导致更大的浸渗率。此外,这些合金可以热处理强化,进一步提高了复合材料的力学性能[6,7]。

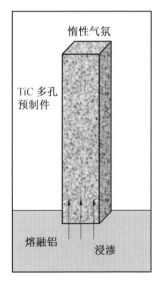

图 3.2 无压浸渗示意图（Al/TiC 体系）

Al/TiC 体系的制备过程如图 3.2 所示。在浸渗过程中,预制件烧结温度和铝合金浸渗温度对浸渗动力学起着非常重要的作用。因此,将预制件在 1 250 ℃、1 350 ℃、1 450 ℃条件下烧结 1 h,研究预制件致密度对浸渗过程和复合材料性能的影响。利用热重分析仪(TGA)在 900~1 200 ℃下对获得的多孔预制件进行浸渗实验,获得浸渗曲线,并在惰性气氛中连续检测部分浸在熔融铝合金中的预制件的质量变化。

　　图 3.3 所示为浸渗实验设置。将多孔预制件用线悬挂在 TGA 臂上，置于炉内热区。装有铝合金的坩埚放置在预制件的下方。当铝合金熔化并达到浸渗温度后，利用热电偶支撑杆将坩埚抬高，将预制件末端部分浸入坩埚中。由于复合材料的力学性能取决于陶瓷含量和制备条件，这些预制件中增强相的体积分数较高，因此复合材料具有良好的物理和力学性能。

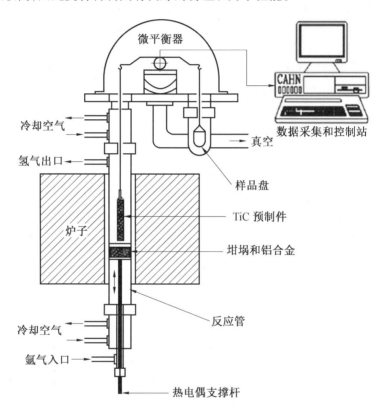

图 3.3　用于浸渗研究的热重分析仪（TGA）

　　无压浸渗制备过程无须施加外力，成为制备大尺寸高陶瓷含量复合材料的最有应用前景的方法之一。然而，要实现自发浸渗，熔化的金属必须润湿陶瓷，两种材料表面之间的接触角应小于 90°，即存在毛细现象，以便驱动金属进入多孔预制件的孔隙中。如果接触角大于 90°，熔融的金属不会润湿陶瓷材料，因此不会渗入多孔预制件，此时需要施加外力或添加合金元素来改善润湿性。润湿性对自发浸渗的影响如图 3.4 所示。

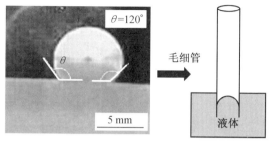

(a) **液－固接触时不润湿、不发生自发浸渗**

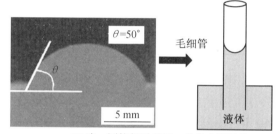

(b) **液－固接触时润湿、发生自发浸渗**

图 3.4　润湿性现象与自发浸渗

增强相和基体之间良好的润湿性,对它们之间形成较强的界面结合是非常重要的。然而,在较高温度下应用液态法制备复合材料的过程中,在某些情况下(取决于温度和时间条件),合金与增强相会发生界面反应,产生脆性化合物[6-8],这将使基体和增强相形成弱的界面结合。

Mg/AlN 或镁合金复合材料作为一种功能材料,在电子封装等行业具有良好的应用性能。多晶 AlN 的导热系数为 80~200 kW/(m·K),热膨胀系数为 $4.4×10^{-6}℃^{-1}$(接近 SiC 热膨胀系数值 $3.2×10^{-6}℃^{-1}$)。与其他导热系数低、热膨胀系数高的陶瓷衬底相比,这两种特性使 AlN 成为制造集成电路的合适材料。因此,AlN 与镁及镁合金良好性能的结合,为电子封装和承载结构件提供了一种轻质且导热性好的复合材料。

AlN 预制件在 1 450~1 500 ℃、氮气环境下烧结 1 h,孔隙率为 48%~51%,随后在 870~900 ℃温度进行浸渗处理。将烧结后的预制件置于水平管式炉内的石墨坩埚中,在浸渗温度、惰性气氛下与镁/镁合金接触 10 min 后,使熔化的合金渗入预制件中,即得到复合材料。图 3.5 所示为无压浸渗法制备 Mg/AlN 复合材料的示意图。

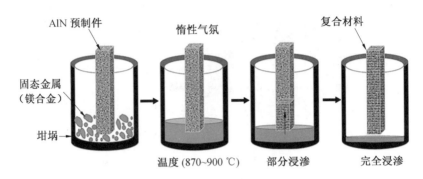

图 3.5　Mg/AlN 体系浸渗过程示意图

（2）反应浸渗。

反应浸渗工艺已用于制备 NiAl 及纤维增强 NiAl 复合材料[9]。镍丝预制件中可以加入钨纤维,采用熔融铝合金进行浸渗。铝与镍发生放热反应合成镍铝化物。该过程如图 3.6 所示。连续纤维可以是钨、氧化铝或钼,它们与 NiAl 具有良好的热力学稳定性。通过该工艺制备了具有良好蠕变性能的高致密 NiAl/W 复合材料。复合材料在 715 ℃ 和 1 025 ℃ 蠕变性能优异。在 715 ℃时,NiAl/W 表现为次级蠕变,初级蠕变和三级蠕变不明显;在 1 025 ℃ 时, NiAl/W 表现为三级蠕变。

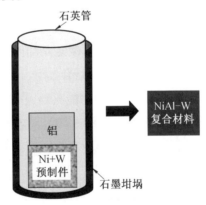

图 3.6　NiAl/W 体系反应浸渗过程

反应浸渗过程的另一个例子是制备 Cu/AlN 复合材料[10]。采用这种工艺是因为 AlN 和熔融铜之间的润湿性很差。添加 Y_2O_3 和 $CaSO_4$ 的 AlN 预制件在 N_2-5% H_2 混合气氛下、1 200 ~ 1 400 ℃范围内,使用管式炉浸渗 1 h,形成一些 Cu 的化合物,使得熔融铜浸渗到 AlN 预制件中。图 3.7 所示为用于浸渗过程研究的装置,获得的 Cu/AlN 复合材料热导率为 100 W/(m·K)。

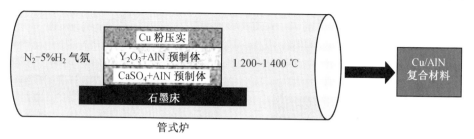

图 3.7　反应浸渗法制备 Cu/AlN 复合材料

2. 压力浸渗

当增强相与基体之间没有良好的润湿性时,就需要应用外力促使熔体浸渗到多孔预制件中。这种外力可以是机械类型的力,或由气体或真空、振动、离心力或电磁力引起的驱动力。

(1)机械压力浸渗。

机械压力浸渗是使用或运用外力(受控制的较低压力)通过压头迫使熔融金属渗入多孔陶瓷预制件而不损坏它。浸渗完成后施加高压,以消除凝固时液态金属收缩导致的缩松和缩孔,从而制备复合材料。图 3.8 所示为该制备过程的方案。增强材料包括碳化物、氧化物、氮化物、碳和石墨,它们可以是连续或不连续的纤维或颗粒。所用的金属材料可以是铝、铜、镁和银。根据具体的应用需要,增强相的体积分数从 10% 到 70% 不等。此外真空可以辅助浸渗过程。机械压力浸渗可获得良好的润湿性、较高的致密度和较低的孔隙率,从而制备具有优异力学性能的金属基复合材料。然而,该工艺需要价格昂贵的模具和大吨位的压力机。

(2)气体压力浸渗。

气体压力浸渗也称为压力浸渗铸造(PIC)。气体压力浸渗与机械压力浸渗铸造相似,只是前者用气体压力代替机械压力来辅助致密化。在此过程中,金属的熔化和浸渗是在一个合适的压力容器中进行的,熔融金属与惰性气体从外部注入多孔预制件所在容器。通常利用氩气等惰性气体,压力为 150～1 500 psi(1 psi＝6.895 kPa)。有两种方法来实现这一浸渗过程:第一种方法是将加热后的预制件浸入熔化的金属中,然后将气体压力施加于熔化的金属表面,从而促进浸渗,如图 3.9 所示。浸渗压力取决于基体-增强相的润湿性以及增强相的体积分数等因素。在第二种方法中,气体压力垂直施加到熔融金属表面,促进熔融金属浸渗到预制件中。采用这种方法可以得到完全致密的复合材料,基本没有气孔存在。由于浸渗时间相对较短,反应时间少,该工艺可以适应于大多数反应体系。

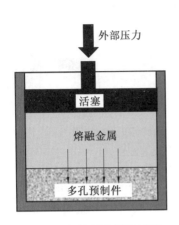

图 3.8　机械压力浸渗过程

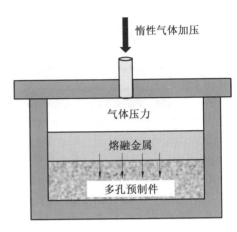

图 3.9　气体压力浸渗过程

(3)真空浸渗。

真空浸渗是在增强相周围产生负压差,促使液体克服表面张力、黏性阻力和重力,从而渗入预制件孔隙,如图 3.10 所示。该工艺已被用于 Al (AVCO 特种材料)和 Al-Li 合金(杜邦公司)浸渗 SiC 和 Al_2O_3 预制件。真空浸渗的另一个例子是镁浸渗 Al_2O_3 或 SiC 预制件。通常,真空浸渗工艺需要与润湿性改善方法相结合[12]。在 Li 与 Al_2O_3 接触时,Li 可以还原氧化铝,但这种还原过程会降低 Al_2O_3 含量,因此 Li 的用量必须严格控制。在镁浸渗 SiC 或 Al_2O_3 预制件的情况下,熔融金属或其蒸气与预制件上方的空气反应形成 MgO,产生的真空可以驱动浸渗。

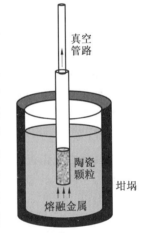

图 3.10　真空浸渗过程

(4)其他力浸渗。

其他用于促进液态金属在多孔预制件内浸渗的驱动力包括振动载荷、离心力、电磁力等。例如:在 Al-Si 合金浸渗 Al_2O_3 预制件时施加的 3 kHz 频率振动载荷、制备管状增强复合材料时施加的离心力以及电磁力等[13,14]。

3.1.2　搅拌铸造法

(1)涡流法。

搅拌铸造法是在液态轻金属基体中添加固体颗粒作为增强相,如图 3.11 所示。由于增强相与金属之间的润湿性有时较差,需要利用机械搅拌来混合两种材料。搅拌铸造法是目前大批量制备复合材料最经济的方法,可以对制备的复合材料进行挤压或铸造加工。最简单的搅拌方法是涡流法,它包括强烈搅拌熔体和在涡流中加入颗粒。该工艺已用于生产 Al/SiC 复合材料,真空和弱涡流条件可限制杂质、氧化物或气体的混入。颗粒可以通过搅拌桨的搅拌混入熔融金属,也可以通过气体注入到熔融金属表面下。增强相可以是颗粒、晶须或短纤维。

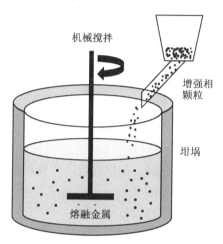

图 3.11　搅拌铸造法示意图

(2)半固态法。

当金属处于固-液两相温度区时,可以加入颗粒形成半固态浆料,这种方法称为半固态法。将熔融金属与固体增强相颗粒大力搅拌,促使颗粒均匀悬浮在液体中。在凝固过程中继续搅拌,直到金属本身成为半固态,并将增强相颗粒留在均匀的浆料中。产生的浆料可以通过重力、离心、压铸等方式进行铸造。压铸工艺可以获得均匀的增强相分布,并在颗粒和金属基体之间实现良好的结合。该工艺是制备非连续纤维增强金属基复合材料最经济的方法之一。

(3)触变成型。

若向半固态金属中添加颗粒的过程中,金属和颗粒通过注射成型装置被挤压出来实现混合,则这种工艺称为触变成型[15-17]。

3.2　固相制备工艺

固相制备工艺相对于液相制备工艺具有一些优势,如可以减少增强相和基体之间的成分偏析以及硬脆产物的生成量。固相制备更适合于反应体系,因此通常可以获得最高力学性能的非连续金属基复合材料，但制备成本相对较高。固相制备工艺包括粉末冶金(PM)，扩散黏结、轧制黏结[23-31]与共挤压，高速率烧结或机械合金化(MA)[32]，如图 3.12 所示。

图 3.12　固相制备工艺的分类

3.2.1　粉末冶金(PM)

粉末冶金法是制备金属−陶瓷和金属−金属复合材料最常用的方法，比其他方法更经济。粉末冶金法通常被用于高熔点的基体，由于避免了成分偏析效应，最大限度地减少了液相法制备过程中的反应产物以及凝固收缩产生的高残余应力，该工艺可以获得高性能的非连续增强金属基复合材料，其力学性能优于某些液相制备工艺得到的复合材料。

一般情况下，粉末冶金工艺由金属基体粉末与增强相完全混合和致密化两个过程组成。混合粉末通常由气雾化基体合金制备，增强相可以是颗粒(粉末)、片状或晶须。混合可以在干燥或液体悬浮液中进行。如何实现均匀混合是一个关键问题，因为不连续的增强相往往会以团聚体的形式存在，而团聚体的间隙太小，金属无法进入这些孔隙。这些团聚体的形成是金属粉末和增强相的尺寸差异较大导致的，金属粉末的粒径通常在 25 ~ 30 μm 之间，而陶瓷颗粒通常更小，在 1 ~ 5 μm[20]之间。将得到的混合物放入所需形状的模具中，然后利用冷压将均匀混合物压实，得到致密度为 75% ~ 80% 的素坯(预制件)。可以添加有机黏结剂，以帮助保持预制件的形状，然而这些黏结剂经常导致残留污染，使材料力学性能恶化，因此应谨慎选择黏结剂配方。将具有开放、相互连通孔隙结构的预制件装在一个密封的容器中，彻底排气后加热至较低温度(400 ~ 500 ℃)，以去除挥发性污染物(润滑剂和混合添加剂)、吸附气体及困住的空气和水蒸气，这个步骤需要 10 ~ 30 h。最后，将预制件加热到较高的温度，该温度低于熔点但足够高以驱动固相扩散(称为烧结)，同时施加压力以促进金属粉末的致密化以及促进金属与增强相的结合。制备温度一般要高于金属的固相温度，以实现与增强相的良好润湿与结合。复合粉末混合后，可以在高于金属熔点的温度下，通过真空单轴热压或热等静压(Hot Isostatic Pressing,

HIP）直接进行烧结，得到致密的复合材料，但增强相可能会在压力作用下发生破坏。对复合材料坯料进行二次加工以获得最终产品。二次加工包括所有常用的金属加工过程，如锻造、挤压、轧制或拉拔。图 3.13 所示为粉末冶金工艺制备金属基复合材料的流程。

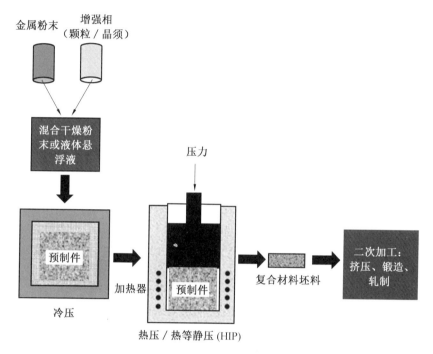

图 3.13　粉末冶金工艺制备金属基复合材料的流程

　　粉末冶金可用于获得具有优异性能的高体分的颗粒复合材料并使复合材料性能接近各向同性。但粉末冶金方法也有其缺点：粉末通常价格较高，混合步骤也是一种耗时、昂贵和存在潜在危险的操作；热压烧结后得到的复合材料坯料需要二次加工以获得最终产品。

　　粉末冶金已被用于制备 SiC 颗粒或晶须、Al_2O_3 颗粒和 Si_3N_4 晶须增强铝基复合材料[12,21,22]。传统的 2×××（如 2124）、6×××（如 6061、6092）和 7×××（如 7091、7090）系列铝合金均可用于制备该类复合材料。其他合金包括研发中的高温 Al-Ce-Fe 和轻质 Al-Li-Cu-Mg[33] 等也可以制备该类复合材料。

3.2.2　扩散黏结、轧制黏结与共挤压

1. 扩散黏结
扩散黏结是一种固态蠕变变形过程，它用于金属基体材料薄板（称为箔）

与增强层(纤维)的致密化,交替排列的箔和纤维层形成三明治夹层结构
(图 3.14)。这种工艺也称为箔-纤维-箔工艺。纤维层被放置在两个箔层之间
做成不同三明治结构。然后在金属纤维复合层施加压力(箔片有助于将纤维
保留在其位置上),并加热到金属熔点以上。通过加热与加压,使金属箔熔化
并向纤维内扩散,从而润湿纤维并使金属分布在整个材料中。扩散连接可以通
过在热压机中真空加载或通过脱气、热等静压来完成。

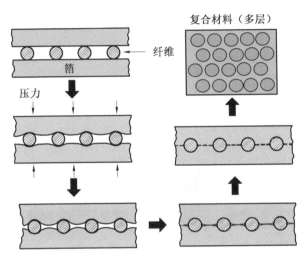

图 3.14　箔-纤维烧结过程(扩散黏结过程)步骤和复合材料截面示意图

　　扩散黏结过程的温度比热压烧结低,并减少了纤维/基体的相互作用。但
其也有一些缺点,如施加的压力会损害纤维,因此在黏结过程中应尽量保持低
压。此外,在纤维背板和两侧箔片间的空间内,液相充分流动是非常困难的。
高温会引起纤维与基体之间的界面反应,导致界面性能恶化,降低其承载能力。
涂层可以减少纤维和基体之间的热膨胀不匹配,这种热膨胀不匹配通常会引起
残余应力,导致基体在冷却过程中开裂。在 TiAl(基体)和 SiCf 纤维界面上可
使用 Ta、Nb 或其他金属涂层。箔-纤维-箔工艺的另一些缺点是纤维分布较
差,部分纤维之间直接接触,对复合材料力学性能造成不利影响,特别容易诱发
疲劳裂纹的形核;此外,这种方法仅能成形简单形状的零件。由于箔或金属涂
层的表面容易氧化,会阻碍扩散过程,即氧化使扩散黏结更加困难,因此扩散黏
结通常需要真空环境。

　　采用扩散黏结工艺可以制备 SiC、B 或其他纤维增强铝或钛合金复合材料。
由于具有良好的高温性能(强度和刚度),这些复合材料可应用于燃气轮机。

　　复杂形状的零件通常利用单层复合板的扩散黏结制备。单层复合板可以

通过许多方法制备,最常用的是纤维缠绕法,其中通过在纤维排之间铺设薄金属片或电弧喷涂技术将基体复合在三明治结构中。所得到的单层板通常具有一定的孔隙度,但孔隙可以通过扩散黏结或热等静压过程消除。这种方法制备的复合材料包括 W 纤维增强镍基合金复合材料,已用于制造高性能发动机的轻型空心涡轮叶片。该过程涉及在弯曲的钢芯周围放置单层板,然后进行扩散黏结。当钢芯被酸除去后,可获得近净形叶片。该方法已被应用于制备纤维增强钛基复合材料,但需要改善纤维分布,以便提高复合材料的力学性能。

2. 轧制黏结

轧制黏结也被用于金属箔和纤维以及金属基体中的陶瓷颗粒的固相扩散连接[23-31]。粉末混合物在容器中密封并排空气体后,可以采用这些方法进行致密化。层状复合材料是典型的利用金属箔或合金通过高温轧制结合方法制备的材料。在轧制连接过程中,变形和扩散都有利于引起表面粗糙化和相互扩散,从而产生强界面结合。

3. 共挤压

将复合金属粉体进行包套后,在高温下进行塑性变形,借助金属粉体的变形、蠕变扩散等过程实现致密化的方法称为共挤压。共挤压工艺参数主要包括挤压比、变形速率和加热温度。其中加热温度一般在 $0.5 \sim 0.7\ T_m$(T_m 为金属的熔点,单位 K)范围内。多层 Cu-Nb 复合材料即可以通过轧制制备,Cu 和 Ni(或 W、Nb)棒材也可以通过共挤压(使两种金属相都发生变形)形成硬相的细小纤维来制备[26,27]。

3.2.3　高速率烧结与机械合金化

1. 高速率烧结

高速率烧结这种粉末共混致密化工艺最适合于快速凝固金属和难变形金属。粉末-颗粒界面摩擦加热引起局部熔化和烧结,温度较低的颗粒快速热散诱发快速凝固,因此该方法可以更好地形成快速凝固细小组织。高速率烧结可引起合金的强化(由于位错密度高),但降低了材料塑性[32]。

2. 机械合金化

机械合金化(MA)是一种固相加工工艺,它可以应用于颗粒复合材料、金属间化合物以及其他标准冶金方法(如铸造和锻造)无法获得的具有细小组织的合金,所制备的合金粉体可进行高速率烧结以保留合金的细小组织。该过程包括大塑性变形、冷焊、断裂以及粉末混合物在新的内表面暴露时反复重新焊合等。连续的断裂过程促进成分完全混合,随后的热压和挤压过程可被用来致密化或制备新的合金和复合材料。

机械合金化过程需要使用高能球磨机,包含有磨球、静止滚筒和转轮(图 3.15)。转子由驱动轴组成,驱动轴上安装有一系列的臂或旋转的叶轮。电动机带动转子转动,叶轮带动钢球和滚筒内的粉末晃动。使用这种设备可以得到比传统球磨大十倍的磨速。这个过程中使用的其他设备还有:振动和行星球磨机、大型球磨机、高速搅拌机和激振器(如高能 Spex)。

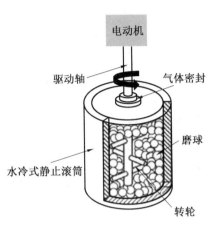

图 3.15　机械合金化的高能球磨机

在研磨过程中,粉末经历一系列的变形过程。粉末位于磨球之间时,会被磨平、打碎并与其他颗粒黏合。当磨球发生碰撞时,两者间的金属粉末会发生变形,并创造出新的表面。这些新表面具有很大的氧化倾向;因此,应在没有空气的情况下,使用真空或惰性气氛进行磨粉。在第一阶段的研磨过程中,金属粉末颗粒是柔软的、有韧性的,被磨球压碎后,有可能冷焊成具有层状结构的粉末颗粒。因此,在这一阶段,粉末的尺寸往往会增大。随着球磨过程的进行,由于大量的变形能量以塑性变形的形式引入,金属粉末变硬、变脆;进而,大的金属粉末有可能由于裂纹合并并在被钢球击中时发生破碎。这种冷焊和断裂在球磨过程中反复发生。因此,金属粉末不断发生细化和均匀化。最后,冷焊和断裂的倾向达到稳态,在一个狭窄的尺寸范围内实现动态平衡。

目前,机械合金化作为一种将陶瓷相更均匀地分散在金属基体中的方法得到了广泛的研究。通过磨球的反复冲击和破碎,新的金属表面不断暴露出来,并嵌入陶瓷颗粒。结果表明,该方法可以极大地改善颗粒分布。采用该工艺制备了含 Al_2O_3、Y_2O_3、ThO_2 和 AlN 颗粒的 NiAl 和 Ni_3Al 复合材料。将获得的粉末装模,再进行挤压,以制备块状复合材料铸锭。该工艺还被用于生产超细 AlN 分散粉体,具体方法是使用铣削 NiAl 作为原料,与细小分散的 Y_2O_3 一起在液氮中进行冷冻处理,该工艺被称为冷冻磨铣或反应磨铣,因为在磨铣过程中,铝与氮通过化学反应形成了 AlN 增强相[34]。

机械合金化与快速凝固(RS)具有相似的优点,如增大溶解度、产生新结构、细化微观结构(细化到纳米尺寸范围),并且能够形成弥散的第二相颗粒。然而,机械合金化的一个难点是需要将磨碎的粉末从未磨碎的粉末中分离出来,以获得粒径细小均匀的粉末。机械合金化的缺点还有:①磨粉机中使用的容器、球、锤或表面活性剂会造成污染;②会与磨粉机内的气氛发生化学反应;

③容器材料必须具有塑性并且与粉末混合物不反应[34];④制备成本相对昂贵、生产率较低,限制了它的工业应用潜力;⑤碾磨某些非常硬的材料粉末时,可能会引入废料与来自磨球和容器壁的杂质。产品中出现氧化物、碳化物、铁或钨等污染问题的影响降到最低是有可能的,如用比合金更硬的容器和磨球进行研磨。

　　然而,在某些情况下,成本并不是那么重要,特别是机械合金化生产的材料比其他方法制造的材料具有更好的性能。例如,采用机械合金化制备的 6061/SiC 和 6061/Si_3N_4 颗粒复合材料中,陶瓷颗粒弥散分布且晶粒尺寸细小（<1 μm）,使得复合材料具有良好的超塑性[21,22]。

3.3　气相制备工艺

　　气相制备工艺可主要分为两类,即喷射沉积工艺和气相沉积工艺,如图3.16所示。

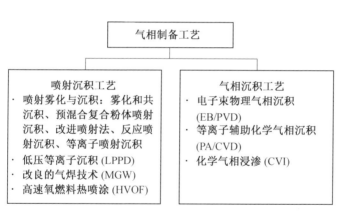

图 3.16　气相制备工艺的分类

3.3.1　喷射沉积工艺

　　喷射沉积工艺过程（图 3.17）包括:熔融金属小液滴（300 μm 或更小）的破碎（通过高速冷惰性气体喷射,惰性气体通常为氩气或氮气）;小液滴与增强相（增强相为颗粒）一起喷射到衬底或模具上;当液滴在熔融或部分凝固状态下以极高的速度撞击衬底或模具时,它们会变形（变薄）成碎片并结合在一起形成复合材料[33,35]。图 3.18 所示为金属基体和陶瓷颗粒热喷涂共沉积过程[34]。尽管高能冲击有助于粉末凝固和致密化,但沉积态材料中通常仍具有较高的孔隙率,因此需要后续锻造或其他二次加工以形成完全致密的产品。孔隙率取决于热条件、冲击速度和喷射密度或流量。

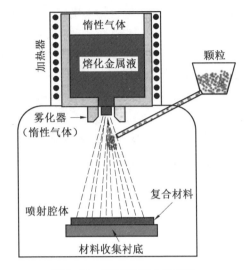

图 3.17　喷射沉积工艺过程

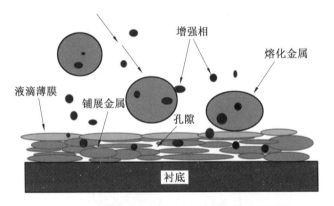

图 3.18　金属基体和陶瓷颗粒热喷涂共沉积过程

　　喷射沉积过程是一种混合快速凝固方法,在此过程中金属先经历从液相线到固相线的快速冷却凝固,然后经历从固相线到室温的缓慢冷却[12,20,34]。

　　喷射沉积过程的另一种情形是通过气-液反应形成反应性喷雾,即喷嘴延伸至反应区内,将反应性气体输送到流动的液体中[36,37],如图 3.19 所示。气体与熔融液滴反应形成增强相。金属基体中的碳化物、氧化物、硅化物和氮化物增强相就是以这种方式产生的[34]。

　　还可将增强相涂覆在衬底上,然后将熔融金属喷射到衬底表面。另外可以通过在雾化金属中加入增强相并进行共沉积来制备复合材料铸锭。这种方法需要仔细控制雾化和增强相输送参数,以确保颗粒在复合材料中均匀分布。

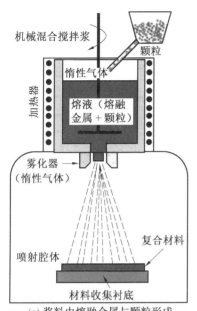

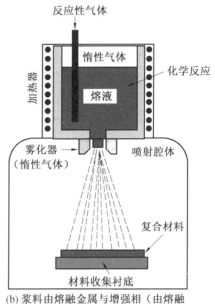

(a) 浆料由熔融金属与颗粒形成

(b) 浆料由熔融金属与增强相（由熔融金属与气体之间化学反应产生）形成

图 3.19　预混合浆料喷射沉积制备金属基复合材料

喷射沉积态复合材料的致密度在 90% ~ 98% 之间,具有均匀分布的细小等轴晶粒,并且没有颗粒边界或明显的宏观偏析。制备的复合材料通常具有各向同性、力学性能达到或超过原料铸锭。该工艺的金属沉积速率最大可达 0.2 ~ 2.0 kg/s[12,20]。

喷射沉积作为一种通过喷射冷气体雾化熔融金属流来生产块体材料的方法,在 20 世纪 70 年代末和 80 年代由 Osprey 公司实施商业化。该工艺通过向喷雾中注入陶瓷粉末生产颗粒复合材料。Osprey 法包括四个步骤:①金属熔化和组分调整;②气体雾化;③沉积;④收集处理。金属熔化和供给过程在真空室中进行,使用感应加热熔化,随后使熔体流入气体雾化器。利用放置在飞行路径上的衬底收集雾化金属流体,过量的喷射物质则由旋风分离器分离并收集[20]。

几种基于喷射的复合工艺在熔融金属喷射方式和增强相与熔融金属混合方式(通常是专有的)上有所不同。大多数这类工艺都有专利或许可,其中包括雾化和共沉积、预混合复合粉体喷射沉积、改进喷射法、反应喷射沉积、等离子喷射沉积、低压等离子沉积(LPPD)、改良的气焊技术(MGW)和高速氧燃料热喷涂(HVOF)[33]。这些工艺大多利用气体将熔融金属雾化成细小液滴(直径通常可达 300 μm)。喷射雾化和共沉积是制备复合材料最早也是最常用的方法。共沉积指金属基体和增强相同时沉积在衬底上。在预混合 MMC 的喷射沉积过程中,雾化和沉积的起始材料是复合材料,通过使用图 3.19 所示的其中一种方法添加增强相。LPPD 工艺不同于在大气压下执行的常规雾化工艺,而是在低压环境下使用预合金粉末,通过等离子喷涂进行净成形制备而开发的。在 MGW 工艺中,对气体金属电弧(GMA)焊炬进行了改进,其中焊丝原料在惰性气体中熔化并与增强相结合,然后将混合物沉积在衬底或模具中凝固成复合材料。在 HVOF 工艺中,粉末流量和进给速度是自动控制的[33]。

喷射过程的控制参数有熔融金属液滴的初始温度、尺寸分布和速度,增强相(同步注入时)的速度、温度和进给率,以及衬底的位置、性质和温度[1,20]。应用喷射沉积工艺时需要了解和控制的几个独立参数包括:熔体过热度、金属流速、气压、喷射运动模式(喷射扫描频率和角度)、喷射高度(气体喷嘴和衬底之间的距离)和衬底运动方式(衬底旋转速度、取出率和倾斜角度)[12]。

增强相的添加方式包括:在液滴流内或液流与雾化气体之间加入增强相(如 Osprey 工艺),或将冷金属连续送入增强相的快速热注入区域(如热喷涂工艺)[38]。

喷射沉积工艺已用于制造 SiC、Al_2O_3 或石墨颗粒增强铝基复合材料(铝硅铸造合金和 2×××、6×××、7××× 和 8××× 系列锻造合金)。通过喷射沉积生产的产品包括实心和空心挤压件、锻件、薄板和重熔压模铸件[12,20]。电弧熔化、火焰喷射或两者的结合已被用于制备源自铝线的熔融金属液滴。对于高温材料,可利用等离子熔化和喷涂金属粉末[39](如 Ni_3Al 增强 TiB_2 颗粒,以及各种低温和高温基体,例如 SiC、TiC 或 TiB_2 颗粒增强的铝合金、Ti_3Al 或 $MoSi_2$),也可通过等离子喷涂[39,40]制备连续纤维和钛基复合材料带材,以便在固态下进一步加工,如 3.2.2 节所述的扩散黏结。这些单层条带由连续纤维间距受控地缠绕在芯轴上,然后将金属基体喷射到纤维上制成。随后通过热压制成复合材料。通过调整纤维间距和层数,控制纤维体积分数和分布。然而,连续的陶瓷纤维与金属基体之间的热膨胀失配,以及初始暴露于等离子射流时产生的热冲击和机械应力可能导致纤维位移和断裂,尤其是易脆断的陶瓷纤维缠绕在芯轴上时弯曲成大曲率的情况下[34]。

由于喷射沉积过程中液滴的凝固速率高($10^3 \sim 10^6$ K/s),所制备复合材料几乎没有成分偏析,增强相性能衰减很小,氧化物含量非常低,基体晶粒细小,具有沉淀析出相组织,并且溶质溶解度没有明显增加。由于液态金属和增强相仅短暂接触(不超过几十毫秒),有可能产生热力学上处于亚稳态的两相材料(如铝合金中的铁颗粒),因此可以获得很少甚至没有界面反应层的强界面黏

结。即使是小颗粒,增强相和熔融金属之间的化学相互作用也不会改变界面的
成分和性质,然而仍然可能通过扩散相互作用形成反应化合物(如金属间化合
物)的薄界面层,从而提高界面黏结强度和复合材料的性能[34]。可以通过上述
工艺生产铸锭或管材,但要考虑零件形状的通用性[1,20]。喷射沉积工艺的缺点
包括:①增强颗粒分布不均匀,导致富陶瓷层垂直于生长方向,出现约为5%的
明显的残余孔隙度(需要后续处理以实现完全致密化);②由于工艺时间较长,
比铸造或浸渗工艺更昂贵;③使用的气体成本高;④需要收集和处理大量的废
料粉末[1,12,20]。

3.3.2　气相沉积工艺

(1)电子束物理气相沉积。

电子束物理气相沉积(EB/PVD)是一种可用于制造 MMC 的气相沉积技
术[41-43]。该制备过程是将纤维通过待沉积熔体形成的高蒸气压区域,蒸气在
该区域冷凝,在纤维表面产生相对较厚的涂层。蒸气是利用约 10 kW 的高功
率电子束促使具有 5 ~ 10 μm/min 沉积速率的固体棒料端部蒸发而产生的。
如果合金中元素的蒸气压彼此相对接近,可以使用单一的电子束挥发源;如果
不是,则应使用多挥发源。由于不同溶质之间挥发速率存在差异,可以调整合
金成分,通过改变固体棒料端部形成的熔池成分进行补偿,直至达到稳定状态,
即沉积物的合金含量与原料的合金含量相同[38]。这种工艺的一个例子是 SiC
纤维增强钛基复合材料[20]。

(2)等离子辅助化学气相沉积。

等离子辅助化学气相沉积(PA/CVD)用于在碳纤维上形成 TiB_2、TiC、SiC、
B_4C 和 TiN 等涂层,这些涂层用于制造 MMC 的前驱体纤维[44]。由于 TiB_2 和熔
融铝之间具有极好的润湿性,TiB_2 涂层非常受欢迎。图 3.20 所示为铝浸渍
TiB_2 涂层包覆前驱体纤维的制造装置。TiB_2 涂层使用锌蒸气还原 $TiCl_4$ 和
BCl_3 气体来合成[45]。

为了提高界面强度和横向强度,应首选低模量涂层。通过控制等离子辅助
化学气相沉积(PA/CVD)中的等离子电压,可以获得不同模量(19 ~ 285 GPa)
的 SiC 涂层。通过化学气相沉积的 SiC 涂层模量值达到 448 GPa。用涂覆 SiC
涂层的碳纤维增强铝基复合材料中,随着 SiC 涂层模量的降低,界面强度和横
向强度增加[45]。

(3)化学气相浸渗。

化学气相浸渗(CVI)是利用反应物蒸气浸渗到多孔预制件中,并在孔隙内

沉积基体(固体产物)[46]。这一过程进行缓慢,可能需要数百小时才能完成,但具有净成形潜力并且制备温度较低。

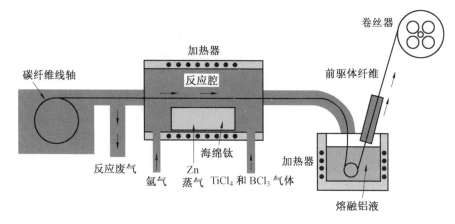

图 3.20　化学气相沉积法制备铝浸渍 TiB_2 涂层包覆前驱体碳纤维

总体来说,气相沉积工艺具有以下优点:①可使用的合金成分广泛;②界面区域少有或几乎没有机械性能损失,特别是纤维表面具有扩散阻挡层或已处理调整过的界面化学特性;③纤维含量高达 80% 左右时,可产生非常均匀的纤维分布;④沉积涂层的厚度可以很好地控制纤维的体积分数,并且纤维的分布通常是非常均匀的;⑤扩散连接所需时间较短;⑥涂覆后的纤维相对柔软,可以纺成复杂形状的零件[20]。

采用气相沉积技术制造复合材料时,通常将涂层纤维组装成束或列,并利用 HIP 来进行致密化。

3.4　原位制备工艺

如图 3.21 所示,原位制备工艺主要可分为两类:一类是通过熔体凝固获得复合材料,即众所周知的受控凝固或定向凝固过程[47-50];另一类是通过相(熔体和固相或气相)之间的化学反应获得复合材料[51-55]。在这些过程的最后阶段,内部呈放热或自蔓延高温合成(SHS)状态[56-60]。液态或固态下的原位制备过程仍处于研究过程中。

原位复合的概念最初用于通过定向凝固制造光学和电子材料,但由于在高温下生长速率低和组织粗化的问题,其应用受到限制。近年来,由于耐热复合材料的制备需求,原位复合材料的研究出现了新的动力。原位制备过程示意图如图 3.22 和图 3.23 所示。

图 3.21　原位制备工艺的分类

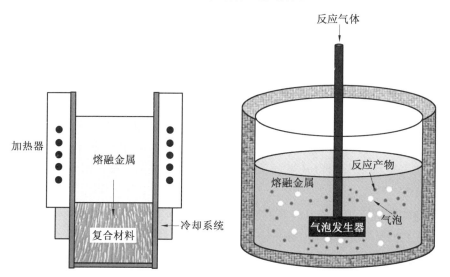

图 3.22　共晶合金的受控凝固或定向凝　　图 3.23　气体−熔融金属化学反应原位
　　　　固原位制备过程　　　　　　　　　　　　制备过程

原位复合材料的一个主要优点是增强相分布均匀,并且在某些情况下可以通过凝固或反应时间调整增强相的间距或尺寸。因为增强相在原位形成,而不是由外加的材料复合而成,界面干净且相容性好。然而,复合体系和增强相种类的选择受到限制,此外制备的动力学过程(存在反应情况下)或增强相的形状有时难以调控。

3.4.1　受控凝固或定向凝固工艺

如前所述,生产原位复合材料的方法之一是通过受控凝固或定向凝固制备含有原位增强相的两相或多相合金(图 3.22)[47-50]。在受控凝固过程中,其中一种形态的相是金属基体内以纤维状或棒状结构(增强相)的形式凝固而得到的。

通常,对于二元共晶合金,棒或薄层之间的间距取决于冷却速度和合金中增强相的体积分数。增强相的取向与其生长或凝固方向一致。考虑到表面能因素,对于低体积分数的单一析出相,棒状形貌更为有利。对于由三个或更多相组成的合金,随着冷却速度的增加,增强相间距减小,可以调控各种增强相的形状和成分。此外,通过添加合金元素可以控制增强相类型。例如,向 TiAl/B 熔体中添加 Nb 或 Ta 可形成 TiB 棒,而未添加合金的 TiAl/B 熔体的凝固会产生 TiB$_2$ 等轴颗粒。

由于定向凝固材料是在接近平衡的条件下产生的并且通常界面能低,它们本质上是稳定的。尽管如此,当材料暴露在变化的温度或温度梯度下时,会发生晶粒粗化,棒状析出相会发生粗化而变厚和变短,从而改变复合材料的力学性能。粗化的机制通常与晶界缺陷处由相溶解度变化引起的氧化和界面扩散或体扩散有关[47-50]。

原位复合材料的一些例子有:共晶体系如 Nb-NbC 合金;Ni 基或 Co 基共晶超合金;基于 Cr 和 Ta 的共晶体系;Fe-Ti-C 熔体凝固生成的 Fe-TiC 复合材料;含有 TiAl、Ta 和 B 的熔体凝固生成的含有 TiB 棒的 TiAl 基体;Ti 混合物生成的 Ti/TiC 复合材料以及添加了 Al 的碳化物和 Ni-Al 金属间化合物(Ni$_3$Al 和 NiAl)[47-50]。

定向凝固已被用于开发具有双相微结构且具有优良韧性、塑性和蠕变强度的材料(如镍基复合材料,其中定向排列的相以三明治结构夹在两个塑性相之间)。NiAl-X 复合材料就是一个例子,其中 X 可以是 Mo、W、Cr 和 Fe。

原位复合材料韧性的提高是由于抑制了第二相中的裂纹形核、韧性相塑性桥接(裂纹桥接)导致的裂纹扩展以及韧性相导致的裂纹钝化[34]。定向凝固 NiAl/W 和 NiAl-Cr 合金中分散的第二相即为此情况,其通过防止裂纹扩展来提高这些合金的韧性。

添加少量合金元素(如 Mo、Cr、W 和 Nb)的定向凝固被广泛应用于改善 NiAl 的蠕变抗力、室温塑性、韧性和强度。与单相 NiAl 相比,Ni-43Al-9.7Cr 和 Ni-48.3Al-1W 合金具有定向排列双相组织,使得合金的压缩屈服强度和塑性得到改善,其中含 W 合金在室温下强度改善最大。定向凝固制备的 Ni 基合金在室温下的塑性大于 NiAl 合金(塑性几乎为零)。其中 Cr 对断裂应变的改善最大,其次是 W。

改变生长速度(冷却速率)可以控制棒或片层析出相的间距、晶胞尺寸和第二相形态,例如 NiAl 和 Ni$_3$Al 的定向凝固情况。例如,在 25 mm/h 的冷却速度下定向凝固的 Ni$_3$Al 合金,在室温下具有柱状晶粒单相结构,拉伸延伸率约为 60%。然而,在 50 mm/h 以上的冷却速度下,该材料的塑性降低。

在原位复合材料的生长过程中加入陶瓷纤维作为增强相,可以提高复合材料的高温强度和抗蠕变性能。例如,通过各种定向凝固制备蓝宝石纤维增强含 Cr 或 W 的 NiAl 合金复合材料,获得了较高的界面剪切强度、高温强度和室温韧性。定向凝固过程中,在共晶区中形成了含有蓝宝石纤维的粗大 NiAl 柱状晶粒。由于细小 Cr 沉淀相可产生显著强化效果,Cr 可提高蠕变强度。Re、Cr 和 Mo 可产生取向排列的第二相从而提高材料强度。

受控凝固或定向凝固工艺的缺点有:由于生长前沿需要保持稳定,所需的温度梯度较大,因此生长速度缓慢,为 1～5 cm/h。此外,在增强相性质和体积分数以及与温度梯度相关的组织形态不稳定性方面,也存在局限性。这些因素降低了人们对这类复合材料的兴趣。

3.4.2　化学反应制备工艺

原位复合材料也可以通过金属熔体与气、固相发生化学反应获得。这类过程的控制机制包括确定可能发生的反应种类,从热力学和反应动力学方面估算反应驱动力。上述反应动力学取决于温度和合金、气体或固体成分和浓度,以及跨反应层或边界层的扩散机制[51-55]。

利用氧化铝和 TiC 增强 Al-Cu 合金,通过化学反应原位制备 Al_2O_3/Al 复合材料,方法是将甲烷和氩气注入 Al-Cu-Ti 熔体,如图 3.23 所示。这种气体注入方法可用于生产含碳化物和氮化物增强相的合金。其他例子包括:放热分散(XD)工艺制成的 TiB_2 增强铝合金复合材料,其中 Ti、B 和 Al 粉末在 800 ℃ 下加热,反应生成 TiB_2;Ti 和 ZrB_2 粉末经激光熔化获得的 TiB 晶须;将熔融铝压力浸渗到 TiO_2 粉末或短纤维预制件后获得的 TiAl 合金。

原位制备常用的工艺之一是 XD 方法,即利用两种反应物之间的高放热反应,生成第三种化合物。XD 方法也称为"燃烧合成"或自蔓延高温合成(SHS)[56-60]。这个名字源于制备过程利用放热反应(温度高达 3 000 K)从能量上有效地维持反应进行。过程是:将含有高体分增强相的中间合金与基体合金混合并重新熔化,并将其置于氩气气氛下的特殊反应器中,然后使用激光束或其他高能热源点火以启动反应,合成过程借助反应自身释放的热量持续进行,直到原料燃烧并反应成为所需的增强相。这种 XD 工艺应用的一个例子是铝、钛和硼的混合物,它们被充分加热后发生放热反应,生成的 TiB_2 混合物分布在钛铝化合物基体中,在室温下的强度高于 690 MPa。

原位工艺的一些优点如下:①由于其中一些反应是高度放热的,制备过程具有快速和自蔓延的特征;②反应产物(增强相)热力学稳定,在高温下性能衰减较少;③增强相与基体之间的界面干净、界面结合强度高;④生成的增强相尺寸更小且在基体中的分布更均匀[20,38]。

原位工艺的一些缺点是:最终产品中开孔率较高(<50%),高性能的应用场合下需要通过二次加工(如热压烧结、固态致密化和浸渗)以生产高致密度的复合材料。例如,液相铝可通过以下反应形成:

$$3TiO_2+3C+(4+x)Al \Longrightarrow 3TiC+2Al_2O_3+xAl \tag{3.1}$$

反应产生的液相铝浸渗到多孔陶瓷相的孔隙中,促进了多孔陶瓷的致密化。燃烧合成过程中液相增加了反应物之间的接触面积,促使更快的扩散和反应,因此液相的形成是有益的。例如 Ti-C 与铝体系中,液相的形成增加了表面积以及反应速率和传质速率[34]。

总之,原位制备工艺的选择取决于几个因素,包括:基体和增强相的性质;增强相的含量、分布以及应用所需的强度;最大限度地减少增强相损伤;促进增强相和基体之间的润湿和黏结;可灵活调控基体内增强相的支撑、取向和排列间距;可选复合材料类型多;生产成本低;工艺效率高及产品质量高等。

本章参考文献

[1] Suresh S, Mortensen A, Needleman A (eds) (1993) Fundamental of metal matrix composites. Butterworth-Heinemann, Boston.

[2] Contreras A, Salazar M, León C A et al (2000) Kinetic study of the infiltration of aluminum alloys into TiC preforms. Mater Manuf Process 15(2):163-182.

[3] Contreras A, López V H, Bedolla E (2004) Mg/TiC composites manufactured by pressureless melt infiltration. Scr Mater 51(3):249-253.

[4] León CA, Arroyo Y, Bedolla E et al (2006) Properties of AlN-based magnesium-matrix composites produced by pressureless infiltration. Mater Sci Forum 509:105-110.

[5] Bedolla E, Lemus-Ruiz J, Contreras A (2012) Synthesis and characterization of Mg-AZ91/AlN composites. Mater Des 38:91-98.

[6] Albiter A, León C A, Drew R A L et al (2000) Microstructure and heat-treatment response of Al-2024/TiC composites. Mater Sci Eng A 289:109-115.

[7] Reyes A, Bedolla E, Pérez R et al (2016) Effect of heat treatment on the mechanical and microstructural characterization of Mg-AZ91E/TiC composites. Compos Interfaces:1-17.

[8] Aguilar E A, León C A, Contreras A et al (2002) Wettability and phase

formation in TiC/Al alloys assemblies. Compos Part A 33:1425-1428.

[9] Venkatesh T A, Dunand D C (2000) Reactive infiltration processing and secondary compressive creep of NiAl and NiAl-W composites. Metall Mater Trans A 31:781-792.

[10] Hsu H C, Chou J Y, Tuan W H (2016) Preparation of AlN/Cu composites through a reactive infiltration process. J Asian Ceramic Soc 4:201-204.

[11] Kainer K U (ed) (2006) Metal matrix composites custom-made materials for automotive and aerospace engineering. Wiley-VCH Verlag GmbH & Co. KGaA, Weinheim.

[12] ASM Handbook (2001) Composites, Vol 2. ASM International, Ohio.

[13] Elahinejad S, Sharifi H, Nasresfahani MR (2018) Vibration effects on the fabrication and the interface of Al-SiC composite produced by the pressureless infiltration method. Surf Rev Lett. 25(4):1850089.

[14] Nakanishi H, Tsunekawa Y, Mohri N et al (1993) Ultrasonic infiltration in alumina particle/molten aluminum system. J Jpn Inst Light Met 43(1):14-19.

[15] Midson P, Kilbert R K, Le Beau S E et al (2004) Guidelines for producing magnesium thixomolded semi-solid components used in structural applications. In: Proceedings of the 8th International Conference on Semi-Solid Processing of Alloys and Composites, September 21-23, 2004, Limassol, Cyprus.

[16] Montrieux H M, Mertens A, Halleux J et al (2011) Interfacial phenomena in carbon fiber reinforced magnesium alloys processed by squeeze casting and thixomolding. In: European Congress and Exhibition on Advanced Materials and Processes, 12-15 Sep. Montpellier, France, pp 1-25.

[17] Decker R F, LeBeau S E (2008) Thixomolding. Adv Mater Process 2014:28-29.

[18] Si Y G, You Z Y, Zhu J X et al (2016) Microstructure and properties of mechanical alloying particles reinforced aluminum matrix composites prepared by semisolid stirring pouring method. China Foundry 13(3):176-181.

[19] Ma H, Lu Y, Lu H et al (2017) Fabrication of Ni/SiC composite powder by mechanical alloying and its effects on properties of copper matrix composites. Int J Mater Res 108(3):213-221.

[20] Campbell F C (2010) Structural composite materials. ASM International, Ohio.

[21] Fogagnolo J B, Robert M H, Torralba J M (2003) The effects of

mechanical alloying on the extrusion process of AA6061 alloy reinforced with Si_3N_4. J Braz Soc Mech Sci Eng 25(2):201-206.

[22] Fogagnolo J B, Velasco F, Robert M H et al (2003) Effect of mechanical alloying on the morphology, microstructure and properties of aluminium matrix composite powders. Mater Sci Eng A 342(1-2):131-143.

[23] Testani C, Ferraro F, Deodati P et al (2011) Comparison between roll diffusion bonding and hot-isostatic pressing production processes of Ti6Al4V-SiC_f metal matrix composites. Mater Sci Forum 678:145-154.

[24] Chaudhari G P, Acoff V (2009) Cold roll bonding of multi-layered bi-metal la minate composites. Compos Sci Technol 69(10):1667-1675.

[25] Luo J G, Acoff V L (2004) Using cold roll bonding and annealing to process Ti/Al multi-layered composites from elemental foils. Mater Sci Eng A379 (1-2):164-172.

[26] Shabani A, Toroghinejad M R, Shafyei A (2012) Fabrication of Al/Ni/Cu composite by accumulative roll bonding and electroplating processes and investigation of its microstructure and mechanical properties. Mater Sci Eng A558: 386-393.

[27] Hosseini M, Pardis N, Manesh H D et al (2017) Structural characteristics of Cu/Ti bimetal composite produced by accumulative roll-bonding (ARB). Mater Des 113:128-136.

[28] Motevalli P D, Eghbali B (2015) Microstructure and mechanical properties of Trimetal Al/Ti/Mg laminated composite processed by accumulative roll bonding. Mater Sci Eng A 628:135-142.

[29] Muratoglu M, Yilmaz O, Aksoy M (2016) Investigation on diffusion bonding characteristics of aluminum metal matrix composites (Al/SiCp) with pure aluminum for different heat treatments. J Mater Process Technol 178 (1-3): 211-217.

[30] Lin H, Luo H, Huang W et al (2016) Diffusion bonding in fabrication of aluminum foam sandwich panels. J Mater Process Technol 230:35-41.

[31] Zhang X P, Ye L, Mai Y W et al (1999) Investigation on diffusion bonding characteristics of SiC particulate reinforced aluminum metal matrix composites (Al/SiCp-MMC). Compos A Appl Sci Manuf 30(12):1415-1421.

[32] Raghunathan S K, Persad C, Bourell D L et al (1991) High-energy, high-rate consolidation of tungsten and tungsten-based composite powders. Mater Sci

Eng A 131(2):243-253.

[33] Srivatsan T S, Lewandowski J (2006) Metal matrix composites: types, reinforcement, processing, properties, and applications. In: Soboyejo WO, Srivatsan TS (eds) Advanced structural materials: properties, design optimization, and applications. CRC Press/Taylor & Francis Group LLC, Boca Raton, pp 275-357.

[34] Asthana R, Kumar A, Dahotre N B (eds) (2005) Materials processing and manufacturing science. Elsevier Science & Technology Books, London.

[35] Haghshenas M (2015) Metal-matrix composites. Elsevier, https://doi. org/10. 1016/B978-0-12-803581-8. 03950-3.

[36] Liu H W, Zhang L, Wang J J, Du X K (2008) Feasibility analysis of self-reactive spray for ming TiC-TiB$_2$-based composite ceramic preforms. Key Eng Mater 368-372:1126-1129.

[37] Liu H W, Wang J J, Sun X F et al (2013) Influence of cooling rate on microstructure of self-reactive spray formed Ti (C, N)-TiB$_2$ composite ceramic preforms. Adv Mater Res 631-632:348-353.

[38] Department of Defense Handbook (2002) Composite materials handbook, Vol. 4 Metal matrix composite MIL-HDBK-17-4A.

[39] Zheng X, Huang M, Ding C (2000) Bond strength of plasma-sprayed hydroxyapatite/Ti composite coatings. Biomaterials 21(8):841-849.

[40] Yip C S, Khor K A, Loh N L et al (1997) Thermal spraying of Ti-6Al-4V/hydroxyapatite composites coatings: powder processing and post-spray treatment. J Mater Process Technol 65(1-3):73-79.

[41] Shi G, Wang Z, Liang J et al (2011) NiCoCrAl/YSZ laminate composites fabricated by EB-PVD. Mater Sci Eng A 529:113-118.

[42] Li Y, Zhao J, Zeng G (2004) Ni/Ni$_3$Al microlaminate composite produced by EB-PVD and the mechanical properties. Mater Lett 58 (10): 1629-1633.

[43] Guo H, Xu H, Bi X, Gong S (2002) Preparation of Al$_2$O$_3$-YSZ composite coating by EB-PVD. Mater Sci Eng A 325(1-2):389-393.

[44] Brust S, Röttger A, Theisen W (2016) CVD coating of oxide particles for the production of novel particle-reinforced iron-based metal matrix composites. Open J Appl Sci 6:260-269.

[45] Chung D D L (1994) Carbon fiber composites. Butterworth-Heinemann, Boston.

[46] Patel R B, Liu J, Scicolone J V et al (2013) Formation of stainless steel carbon nanotube composites using a scalable chemical vapor infiltration process. J Mater Sci 48(3):1387-1395.

[47] Zhang G, Hu L, Hu W et al (2013) Mechanical properties of NiAl-Mo composites produced by specially controlled directional solidification. MRS Proc 1516:255-260.

[48] Hu L, Hu W, Gottstein G et al (2012) Investigation into microstructure and mechanical properties of NiAl-Mo composites produced by directional solidification. Mater Sci Eng A 539:211-222.

[49] Gunjishima I, Akashi T, Goto T (2002) Characterization of directionally solidified B_4C-TiB_2 composites prepared by a floating zone method. Mater Trans 43(4):712-720.

[50] Zhang H, Springer H, Aparício-Fernandez R et al (2016) Improving the mechanical properties of Fe-TiB_2 high modulus steels through controlled solidification processes. Acta Mater 118:187-195.

[51] Zhang H, Zhu H, Huang J et al (2018) In-situ TiB_2-NiAl composites synthesized by arc melting: Chemical reaction, microstructure and mechanical strength. Mater Sci Eng A 719:140-146.

[52] Yin L, Xiaonan F, mingxu Z et al (2005) Chemical reaction of in-situ processing of NiAl/Al_2O_3 composite by using thermite reaction. J Wuhan Univ Technol Mater Sci 20(4):90-92.

[53] Sui B, Zeng J M, Chen P et al (2014) Fabrication of Al_2O_3 particle reinforced aluminum matrix composite by in situ chemical reaction. Adv Mater Res 915-916:788-791.

[54] Peng H X, Fan Z, Wang D Z et al (2000) In situ Al_3Ti-Al_2O_3 intermetallic matrix composite: synthesis, microstructure, and compressive behavior. J Mater Res 15(9):1943-1949.

[55] Singla A, Garg R, Saxena M (2015) Microstructure and wear behavior of Al-Al_2O_3 in situ composites fabricated by the reaction of V_2O_5 particles in pure aluminum. Green Process Synth 4(6):487-497.

[56] Lepakova O K, Raskolenko L G, Maksimov Y M (2004) Self-propagating high-temperature synthesis of composite material TiB_2-Fe. J Mater Sci 39(11):3723-3732.

[57] Jin S, Shen P, Zhou D et al (2016) Self-propagating high-temperature

synthesis of nano-TiC particles with different shapes by using carbon nano-tube as C source. Nanoscale Res Lett 6 (515):1-7.

[58] Chaubey A K, Prashanth K G, Ray N et al (2015) Study on in-situ synthesis of Al-TiC composite by self-propagating high temperature synthesis process. Mater Sci Indian J 12(12):454-461.

[59] Kobashi M, Ichioka D, Kanetake N (2010) Combustion synthesis of porous TiC/Ti composite by a self-propagating mode. Materials 3:3939-3947.

[60] Pramono A, Kommel L, Kollo L et al (2016) The aluminum based composite produced by self-propagating high temperature synthesis. Mater Sci 22 (1):41-43.

第4章　金属基复合材料的制备与表征

4.1　Mg/TiC 复合材料的制备与表征

近年来,镁及其合金广泛用于制备金属基复合材料。大多数复合材料采用 SiC[1-6] 和 TiC[7-12] 之类的增强相。这些复合材料因密度低、耐磨损和热膨胀系数低、质轻以及力学性能良好,在汽车和航空航天等领域具有广阔的应用前景。

目前已经发展出许多金属基复合材料(MMC)的制备方法。当金属需要大幅度强化时,液态金属浸渗多孔陶瓷预制件制备高刚度和高耐磨性的近净形状部件,成为首选方法[13]。液态金属浸渗的驱动力由金属和陶瓷之间的润湿性决定。当给定的金属-陶瓷体系具有良好的润湿性,在适当的温度和气氛条件下,液态金属可以很容易地通过毛细力被吸入陶瓷预制件中。

座滴实验表明,氩气气氛下 Mg/TiC 体系在 800～850 ℃发生从不润湿到润湿的改变,并且在界面处没有形成新的化合物,说明 TiC 是镁基复合材料的稳定增强相[14]。铝氧化形成致密的钝化层,镁氧化形成多孔的非保护性氧化物[8,14]。若要提高润湿性,则这些金属(如 Al 和 Mg)表面的氧化层必须去除。

董等[9] 通过原位反应浸渗工艺制备并表征了 TiC 增强镁基复合材料,发现减小基体颗粒尺寸并在高于 700 ℃的制备温度下有利于合成 Mg/TiC 复合材料。张秀清等[15] 研究了质量分数 8% 的 TiC 增强镁基复合材料的阻尼性能,发现复合材料的阻尼性能普遍高于 AZ91 镁合金。蒋等[16] 采用高温自蔓延合成反应制备 TiC 颗粒增强镁基复合材料,结果表明与镁合金相比复合材料具有更高的硬度、抗拉强度和耐磨性。巴拉克里希南等[17] 采用四种体积分数的 TiC 颗粒(0%、6%、12% 和 18%)制备 Mg-AZ31/TiC 复合材料,SEM 分析表明,镁基体与 TiC 颗粒之间没有发生界面反应。

顾等[18] 利用铝作为中间层,在 460 ℃下采用瞬态液相(TLP)技术连接 TiC 增强镁基复合材料(AZ91D/TiC),组织和力学性能结果显示,接头存在 α-Mg 和 $Al_{12}Mg_{17}$ 化合物,$Al_{12}Mg_{17}$ 含量增加和 TiC 颗粒聚集是接头力学性能降低的主要原因,连接温度为 460 ℃时接头的抗剪强度大于 58 MPa。阿纳托利等[19] 利用 Mg 和 Mg 合金(AZ61 和 AZ91)以及 50 vol% 的 TiC 和 Ti_2AlC 多孔预制件,通过无压熔体浸渗制备了镁基复合材料,其中 Ti_2AlC 颗粒增强 AZ61 的力学性能最好。

金田和肖[20]以纯镁为基体、SiO_2 和 SiCp(1.2、2、3、4、8 μm)为增强相,利用无压浸渗制备镁基复合材料,观察到了反应产物 MgO 和 Mg_2Si。一些关于镁基复合材料制备和表征的综述见文献[1,21]。本章主要研究熔融纯 Mg 无压浸渗到 TiC 预制件[8]的可行性,分析了温度对浸渗动力学和力学性能的影响。

4.1.1　预制件制备与浸渗实验条件

将 18.5 g 平均粒径为 1.2 μm 的 TiC 粉末,在矩形模具中用 8 MPa 单向压力压制成 65 mm×10 mm×10 mm 的多孔预制件。预制件在管式炉中于流动的氩气气氛下加热至 1 250 ℃烧结 1 h,获得了致密度为 56%的多孔预制件。

利用热重技术[22]分析 Ar 气氛下 850、900、950 ℃时的浸渗行为。在液态 Mg 浸渗到 TiC 预制件过程中,持续监测预制件的增重,以获得特定浸渗曲线。在配备 EDS 的 SEM 中观察复合材料组织,用 X 射线衍射(XRD)鉴定物相。此外,分析了 Mg/TiC 复合材料的弹性模量、硬度、抗拉强度等力学性能,利用 SEM 观察断口表面。

4.1.2　Mg/TiC 复合材料微观组织

1 250 ℃烧结 1 h 制备的 TiC 预制件孔隙率约为 44%。图 4.1(a)所示为 TiC 预制件的 SEM 图像。流动氩气气氛下熔融 Mg 在 850、900、950 ℃下成功实现无压浸渗。图 4.1(b)~(d)所示为 Mg/TiC 复合材料的典型微观组织,暗相对应镁、灰相对应 TiC 颗粒。虽然预制件整体上实现了完全浸渗,但在微观组织照片中观察到一些孔洞。制备出的复合材料致密度约为 97%(即孔隙率约为 3%)。

4.1.3　浸渗动力学

图 4.2 所示为 Mg/TiC 复合材料在不同温度下的浸渗曲线[8]。浸渗速率具有明显的温度依赖性:温度越高,浸渗速率越快。浸渗曲线稳定为抛物线型曲线之前,有一段孕育期。这一孕育期也与温度有关,表明液态 Mg 在 TiC 预制件中的浸渗是一个热激活过程。在 Al 和 Al 合金渗入 TiC 的过程中,通常也观察到孕育期的存在,这与这些体系中的不稳定润湿行为有关[22,23]。Mg 在 TiC 中浸渗的孕育期也与 Mg 熔体在给定温度下与 TiC 预制件接触,达到浸渗开始的阈值接触角所需的时间有关。

(a) TiC 预制件的形貌　　　　　　　　(b) Mg/TiC 浸渗温度 850 ℃

(c) Mg/TiC 浸渗温度 900 ℃　　　　　　(d) Mg/TiC 浸渗温度 950 ℃

图 4.1　TiC 预制件的形貌及 Mg/TiC 复合材料的微观组织

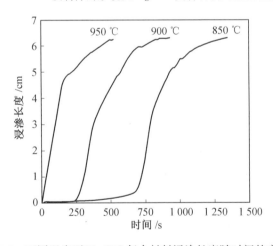

图 4.2　不同温度下 Mg/TiC 复合材料浸渗长度随时间的变化

由于浸渗曲线（$\mathrm{d}l/\mathrm{d}t$）及孕育期（$1/t_0$）与温度有关,因此对其动力学过程进行研究。在每个阶段给定的温度下确定相应的速率常数（k）,阿伦尼乌斯分析结果见表4.1和表4.2。结果表明,浸渗过程由传质机制而不是黏性流动机制控制,激活能约为 10 kJ/mol[23]。

表4.1 孕育期的激活能计算值

$T_{Inf.}/℃$	$\dfrac{1}{T}/K$	孕育期(t_0)	$\dfrac{1}{t_0}/s^{-1}$	$\ln(1/t_0)$	斜率($-E_a/R$)	$E_a/(kJ \cdot mol^{-1})$
850	0.000 890	680	0.001 4	−6.52		
900	0.000 852	240	0.004 1	−5.48	−60.387	503
950	0.000 817	8	0.125	−2.07		

表4.2 浸渗稳态阶段的激活能计算值

$T_{Inf.}/℃$	$\dfrac{1}{T}/K$	$\dfrac{dl}{dt}/(cm \cdot s^{-1})$	$\ln(dl/dt)$	斜率($-E_a/R$)	$E_a/(kJ \cdot mol^{-1})$
850	0.000 89	0.000 700	−7.264		
900	0.000 85	0.006 402	−5.051	−47.054	392
950	0.000 81	0.028 609	−3.554		

4.1.4 Mg 与 TiC 的界面反应

Mg/TiC 复合材料 SEM 和 EDX 分析表明,除了 TiC 和 Mg 相外,没有发现其他的相。图4.3所示的 XRD 结果也证实了这一点[8]。这是因为镁碳化物的生成在热力学上是不利的。此外,Mg 和 Ti 不形成金属间化合物,在平衡条件下,Ti 在 Mg 中的溶解非常有限[24]。因此,可以认为 TiC 在纯 Mg 熔体中是稳定的。

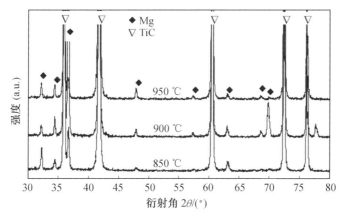

图4.3 Mg/TiC 复合材料浸渗后的 XRD 谱图

非氧化物陶瓷往往存在表面氧化层,TiC 表面的氧化物从碳氧化物 TiC_xO_{1-x} 到 Ti 的低值氧化物再到 TiO_2[25]。Mg 与氧的高亲和力表明,在浸渗过程中,液态金属中镁元素的存在可以减少 TiC 预制件表面的氧化物,这种表面反应可能作为浸渗过程的驱动机制。

4.1.5 Mg/TiC 复合材料力学性能

根据 ASTM E8 标准对复合材料的拉伸试样进行加工。由于试样脆性大,加工时必须特别小心。图 4.4 所示为 Mg/TiC 复合材料的应力-应变曲线。可以观察到,曲线只存在弹性变形阶段(直线段),变形量很小。不同浸渗温度所制备复合材料的实验显示断裂应变在 8% ~ 10%。复合材料的力学性能见表 4.3。与预期一样,相对于纯 Mg(E 约为 45 GPa)来说,复合材料弹性模量显著增加。浸渗温度增加,力学性能也有所提高。这可能是高温下 Mg 和 TiC 颗粒

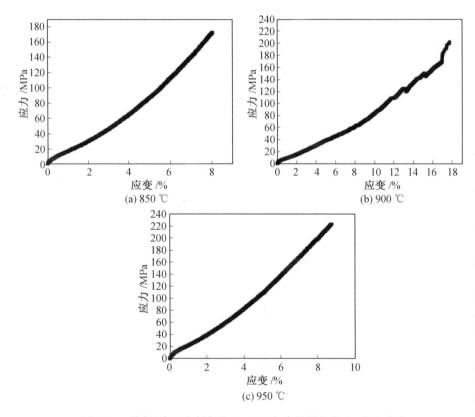

图 4.4　不同浸渗温度制备的 Mg/TiC 复合材料的应力-应变曲线

之间有较好的浸渗性,从而形成了较强界面的原因。将实验得到的弹性模量数据与哈尔平-蔡(Halpin-Tsai)模型[26,27]对长径比(S)为 1 和 1.5 的增强颗粒的预测值进行比较。模型的计算值没有考虑孔隙率等缺陷,提供了一个估值略高但合理的理论预测。博卡奇尼(Boccaccini)和范[28]考虑到复合材料的孔隙率很低,而且大部分是封闭孔隙,采用上述模型来预测复合材料的弹性模量的理论值较 Halpin-Tsai 模型更加准确。

表 4.3　Mg/TiC 复合材料的力学性能

温度/℃	E/GPa	$E_{Halpin-Tsai}$/GPa	$E_{Boccaccini\ et\ al}$[a]/GPa	UTS/MPa	维氏硬度	延伸率/%
850	123	138($S=1$)	123 ~ 136	172	183 ~ 191	8 ~ 9
900	130	153($S=1.5$)	123 ~ 137	200	194 ~ 197	16 ~ 18
950	136	—	122 ~ 135	233	205 ~ 212	8 ~ 10

注:a.孔隙纵横比为 1;取向因子为 0.31。

抗拉强度(UTS)和硬度也与浸渗温度有关。拉伸测试可以评价大块试样的力学性能;而硬度测量揭示了较小区域、无孔洞的试样中颗粒-基体的界面状态,这种界面状态直接与制备过程中最终得到的结合强度有关。由于良好的颗粒-基体界面结合可以提高载荷传递,增加刚度,并延迟颗粒-基体的脱黏断裂,因此复合材料的力学性能必须考虑到界面状态。

在拉伸试样中未观察到颈缩现象表明复合材料屈服后迅速断裂。然而,这一结果并不一定意味着复合材料完全缺乏塑性。图 4.5 所示为不同温度下复合材料的 SEM 断口图[8],可以看到颗粒与基体脱黏,并伴有少量的韧窝。这表明断裂机制与基体萌生孔洞、TiC 颗粒界面脱黏以及相应的微孔的生长和合并有关,而与 TiC 颗粒阻碍 Mg 相的剪切变形作用无关。还观察到一些断裂的TiC 颗粒,这表明颗粒与基体结合良好。

在 850 ℃惰性氩气气氛下,实现了熔融镁无压浸渗 TiC 预制件。在稳态浸渗之前,特征浸渗曲线呈现出一个孕育期,该孕育期与之前在 Mg/TiC 体系中观察到的、与温度相关的动态润湿行为有关。较高的激活能表明浸渗过程受界面传质机制控制。复合材料中没有发现反应产物。复合材料的力学性能随浸渗温度的升高而提高,主要是由于高温下预制件浸渗较好且完整。断裂试样中TiC 颗粒出现界面脱黏现象。

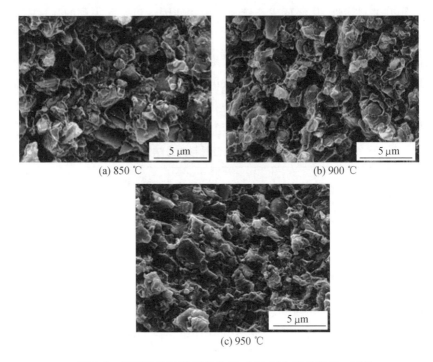

(a) 850 ℃　　　　　　　　　　　(b) 900 ℃

(c) 950 ℃

图 4.5　不同浸渗温度制备的 Mg/TiC 复合材料的断口形貌

4.2　Mg-AZ91E/AlN 复合材料的制备与表征

目前应用最广泛的增强材料有 Al_2O_3、SiC、TiC 和石墨,已用于铝、镁及其合金以提高合金的弹性模量、硬度、耐磨性等力学性能。

在与金属基体的复合方法方面,高增强相含量的复合材料一般采用三种技术:①粉末冶金[29,30],即陶瓷颗粒与金属基体的混合、压制、脱气、烧结;②高温原位制备技术[31-34],即粉末混合物和/或气体发生反应制备复合材料;③浸渗技术(可能是最常用方法之一)[35-37],即液态金属浸渗到多孔预制件中填充孔隙,在某些情况下,需要施加外力促进浸渗,如挤压铸造[38-40]或施加气体压力[41]。浸渗技术的优点之一是浸渗预制件的尺寸和形状接近所需的目标零件。在没有外部压力浸渗的情况下,液态金属的浸渗驱动力取决于金属和陶瓷的润湿性和结合力。因此,良好的润湿性对获得基体和增强相[42]之间的牢固结合很重要。

制造复合材料所使用技术对材料的性能有显著影响。利用陶瓷预制件在无外部压力时的毛细现象实现浸渗,是制造高陶瓷含量材料的一种实用技术[35,36]。然而,这种复合材料制备方法需要较高的温度,可能会在界面上产生反应产物。

Mg-AZ91E 镁合金基体与 AlN 复合材料作为功能材料,在电子封装行业尤其具有良好的前景。文献中已经报道了使用 AlN 作为增强相,通过不同方法制备金属基复合材料[30,31,34,35,38,39,41,43-45]。尽管 Mg-AZ91E 等镁合金具有优良的铸造性、良好的切削加工性和耐蚀性,但与铝、钛、钢等合金相比,镁合金的应用仍具有一定的阻力[46]。

另外,多晶 AlN 导热系数为 80 ~ 200 kW/(m·K),热膨胀系数为 $4.4 \times 10^{-6} ℃^{-1}$[47],与其他导热系数低、热膨胀系数高的陶瓷衬底相比,这两种特性使 AlN 成为高密度电路的优秀材料。因此,AlN 与镁及其合金优异力学性能的结合,将为电子和结构件的应用提供一种轻质、导热、低膨胀的复合材料。

本章研究 AlN(49 vol%)增强 Mg-AZ91E 镁基复合材料的制备与表征。AlN 预制件在 1 450 ℃下烧结,孔隙率约为 51%,熔融 Mg-AZ91E 镁合金浸渗预制件的温度为 900 ℃。

4.2.1 AlN 预制件制备与浸渗过程

表4.4 给出了用于制备复合材料的 Mg-AZ91E 镁合金的化学成分。增强材料为 AlN 粉末,平均粒径为 1.38 μm。

表4.4 Mg-AZ91E 镁合金的化学成分 wt%

Mg	Al	Zn	Mn	Si	Fe	Cu	Ni
90	8.1 ~ 9.3	0.4 ~ 1	0.17 ~ 0.35	最高 0.2	最高 0.005	最高 0.015	最高 0.001

将 AlN 粉末 12 g 置于尺寸 6.5 cm×1 cm×1 cm 的矩形金属模具中,施加单轴压力(15 MPa)压实制成预制件。预制件在 1 450 ℃氮气(99.99%)气氛下烧结 1 h。采用 ASTM C20-00[48]中描述的阿基米德法测试烧结预制件以及复合材料的密度和孔隙率。最后,将预制件与小块 Mg-AZ91E 合金放置在水平管式炉内的石墨坩埚中,在温度 900 ℃、氩气环境中浸渗 10 min。图 4.6 所示为浸渗过程的示意图[47]。

利用 XRD、SEM 和透射电子显微镜(TEM)分析制备的复合材料的微观组织,并测试力学性能(硬度和弹性模量)和热物理性能(热膨胀系数)。利用 TEM 分析界面的结构、形态特征及反应产物。

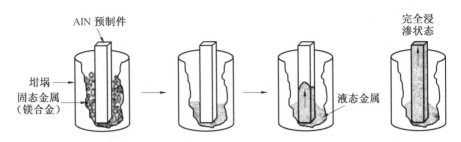

图 4.6　Mg-AZ91E/AlN 复合材料浸渗过程示意图

4.2.2　微观组织与物相组成

棒材浸渗完成后制备多个样品进行 SEM 观察。图 4.7 所示为 Mg-AZ91E/AlN 复合材料的 SEM 形貌。结果表明,AlN 颗粒的大小为 1～5 μm。制备的复合材料有 51% 的金属基体和 49% 的增强相(AlN)。高倍 SEM 观察表明,增强相与基体之间不存在明显的界面反应。根据阿基米德法测得复合材料的致密度约为 98%,孔隙率为 2% 左右。

图 4.7　Mg-AZ91E/AlN 复合材料的 SEM 形貌图

图 4.8 所示为 Mg-AZ91E/AlN 复合材料的 SEM 形貌及其中各主要元素的分布图。结果表明,镁基体在复合材料中均匀分布。图 4.9 所示为 900 ℃下制备的金属基复合材料的 X 射线衍射谱图[47]。通过 XRD 可以识别 AlN、Mg 和 $Al_{12}Mg_{17}$ 相。热力学分析表明 MgO 和镁铝尖晶石($MgAl_2O_4$)是可能形成的,且通常以界面反应产物的形式出现,然而 XRD 并未检测到。

Mg-AZ91E/AlN 复合体系的主要合金元素有 Al、Mg、Zn、N、Si、O 等,因此,AlN 与 Mg-AZ91E 复合材料界面可能的反应产物主要为 $Al_{12}Mg_{17}$、Mg_2Si、Al_3Mg_2、Al_2O_3、$MgAl_2O_4$ 和 MgO。因为氧化物(Al_2O_3、$MgAl_2O_4$ 和 MgO)的化学键比 $Al_{12}Mg_{17}$、Mg_2Si 和 Al_3Mg_2 化合物要强得多,相应地氧化物比其他化合物优先形成,

直到所有可用的氧完全消耗。在各种可能的氧化物中,MgO 的形成自由能低于
$MgAl_2O_4$ 和 Al_2O_3。对 Al-Mg 合金中 Al-Mg 氧化物热力学稳定性的研究表明,
Al_2O_3、$MgAl_2O_4$ 和 MgO 的形成是竞争性过程,Mg 含量高时 MgO 优先形成[49-53]。

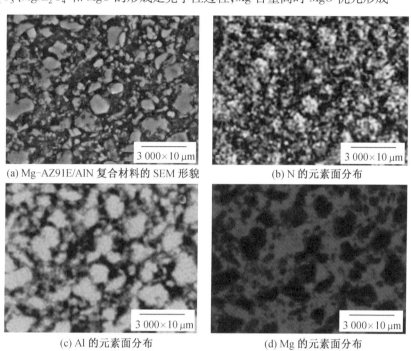

(a) Mg-AZ91E/AlN 复合材料的 SEM 形貌   (b) N 的元素面分布

(c) Al 的元素面分布   (d) Mg 的元素面分布

图 4.8 Mg-AZ91E/AlN 复合材料的 SEM 形貌及其中各主要元素的分布(彩图见附录)

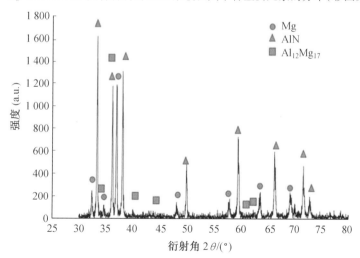

图 4.9 Mg-AZ91E/AlN 复合材料的 XRD 谱图

根据如下反应的吉布斯自由能可知,MgO 和 MgAl$_2$O$_4$ 的形成在热力学上是可能的:

$$Mg_{(1)} + 1/2O_{2(g)} \Longrightarrow MgO_{(s)}, \quad \Delta G_{(900\,℃)} = -473 \text{ kJ/mol} \quad (4.1)$$

$$3Mg_{(1)} + 4Al_2O_{3(s)} \Longrightarrow 3MgAl_2O_{4(s)} + 2Al, \quad \Delta G_{(900\,℃)} = -256 \text{ kJ/mol} \quad (4.2)$$

固相 MgAl$_2$O$_4$ 的形成也可以根据以下反应进行:

$$MgO_{(s)} + Al_2O_{3(s)} \Longrightarrow MgAl_2O_{4(s)}, \quad \Delta G_{(900\,℃)} = -44 \text{ kJ/mol} \quad (4.3)$$

然而,MgO 比 Al$_2$O$_3$ 在热力学上更稳定。因此,Mg 可以通过以下反应还原 Al$_2$O$_3$:

$$Mg_{(1)} + Al_2O_{3(s)} \Longrightarrow 3MgO_{(s)} + 2Al, \quad \Delta G_{(900\,℃)} = -123 \text{ kJ/mol} \quad (4.4)$$

可以看出,考虑吉布斯自由能,形成镁铝尖晶石的反应是可行的。然而,反应的程度取决于温度、时间、增强相的微观结构和化学成分等许多条件。

Al$_2$O$_3$ 与纯铝接触时热力学稳定,但与镁液接触时,根据式(4.4)倾向于形成 MgO 或根据式(4.2)和式(4.3)形成尖晶石 MgAl$_2$O$_{4(s)}$,式(4.3)比式(4.2)更可能发生。在氧气过量的体系中,Mg 和 Al 反应生成镁铝尖晶石,反应过程如下:

$$Mg_{(1)} + 2Al_{(1)} + 2O_{2(g)} \Longrightarrow MgAl_2O_{4(s)}, \quad \Delta G_{(900\,℃)} = -1\,808 \text{ kJ/mol} \quad (4.5)$$

即使在固体状态下,镁铝尖晶石的形成在热力学上也是可行的,如式(4.3)所示。在 Mg-AZ91E/AlN 体系中未检测到尖晶石。

4.2.3　透射电子显微镜分析

从热力学角度,最稳定的氧化物是 MgO。为了明确 Mg-AZ91E/AlN 复合材料中可能存在的界面反应产物和物相,对制备的样品进行 TEM 观察。

图 4.10(a)所示为镁基体中 MgO 的高分辨透射电子显微镜(HRTEM)图像;图 4.10(b)所示为 MgO 的 HRTEM 图像[47]。从图像直接测量的面间距分别为 2.473、1.972、1.488 Å(1 Å=0.1 nm)(JCPDS 卡号 65-0476)。从析出相中获得的所有衍射斑点均与立方 MgO 相的参数(a = 0.42 nm)密切对应。图 4.10(c)所示为由 HRTEM 图像得到的 MgO 的快速傅里叶变换(FFT),晶带轴沿[1$\bar{1}$0]。经过仔细检索,可确定该相为 MgO。FFT 中的衍射斑点对应于(111)、(002)和(220)晶面,晶带轴为[1$\bar{1}$0]。

图 4.11(a)所示为明场扫描透射电子显微镜(BF-STEM)形貌,可观察到一些 MgO 产物[47]。AlN 和 MgO 界面线扫描元素面分布结果如图 4.11(b)所示。此外,MgO 相 EDS 能谱分析结果如图 4.11(c)所示。

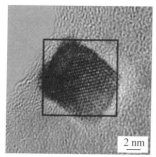

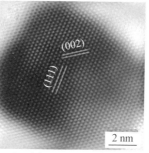

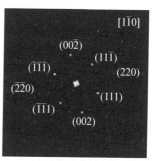

(a) 镁基体中 MgO 相的　　　(b) 对应 MgO(111) 和 (002)　　(c) 对应晶带轴 [1$\bar{1}$0] 的
　　HRTEM 图像　　　　　　晶面间距的 HRTEM 图像　　　　FFT 衍射斑点

图 4.10　Mg-AZ91E/AlN 复合材料的 HRTEM 形貌及衍射斑点

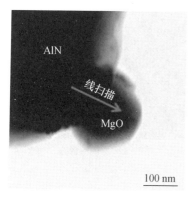

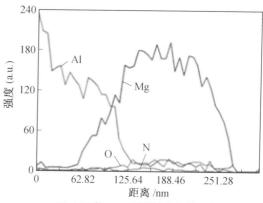

(a) MgO 产物的 BF-STEM 图像　　　(b) AlN 和 MgO 界面的线扫描元素组成

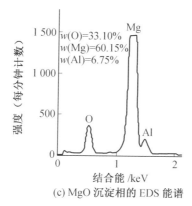

(c) MgO 沉淀相的 EDS 能谱

图 4.11　Mg-AZ91E/AlN 复合材料界面成分

图4.12(a)为高角环形暗场扫描透射电子显微镜(HAADF-STEM)图像,显示存在一些不同尺寸的析出相,这些析出相通常位于 AlN 晶界[47]。图4.12(b)是图4.12(a)中圆圈标记区域的选区电子衍射(SAED)图和斑点标定的结果。$Al_{12}Mg_{17}$ 相面间距的晶体学分析结果对应于$[1\ \bar{5}\ \bar{1}]$晶带轴(JCPDS 号01-1128)的(510)、($1\ \bar{1}\ 6$)和(606)面。这些沉淀的 EDS 分析结果如图4.12(c)所示。化学计量分析的结果与 $Al_{12}Mg_{17}$ 成分一致。

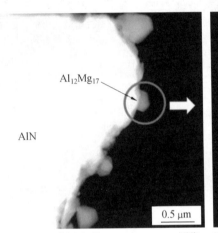 

(a) $Al_{12}Mg_{17}$ 析出相的 HAADF-STEM 图像　　(b) 图 (a) 中析出相的 SAED 图和斑点标定结果

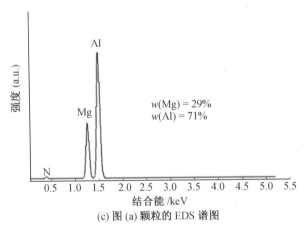

(c) 图 (a) 颗粒的 EDS 谱图

图 4.12　Mg-AZ91E/AlN 复合材料析出相的形貌及成分

郑等[54]研究了 SiCw/Mg-AZ91E 复合材料的物相,在界面处也发现析出了相同的 $Al_{12}Mg_{17}$ 相,该相的晶格常数为 1.056 nm。

复合材料具备良好力学和结构性能的前提是适当的界面结合强度。界面的性质和状态(形态、化学成分、反应性、强度和结合力)的决定因素包括:增强相和基体的内在因素(化学成分、晶体学和缺陷状态)以及与工艺相关的外在因素(时间、温度、压力、气氛等)。

基体与增强相适度的界面反应提高了界面强度和载荷传递能力,有时是有利的。然而,过度的界面化学反应会降低增强相的性能和复合材料的强度[51,52]。为了控制界面反应程度,可以减少材料高温复合时间,在增强相表面涂覆金属涂层和向基体中添加合金元素。

4.2.4　AZ91E/AlN 复合材料的力学性能

1. 弹性模量

本节研究 Mg-AZ91E/AlN 复合材料的一些力学性能,如直接与增强相相关的弹性模量和硬度。通过 GrindoSonic 设备测量的弹性模量平均值为133 GPa,而 Mg-AZ91E 合金的弹性模量为 45 GPa。该复合材料的弹性模量与赖和常[44]报道的增强相含量 58 vol% 的 Al/AlN 复合材料的弹性模量(144 GPa)相近。但是,后者的增强相体积分数更大。

利用混合定律(式(4.6))、哈尔平-蔡(Halpin-Tsai)[27]方程(式(4.7)和式(4.8))和哈辛-什特里克曼(Hashin-Shtrickman)方程(式(4.9)),估算弹性模量的理论值[26,43]:

$$E_c = V_m E_m + V_r E_r \tag{4.6}$$

$$E_c = \frac{E_m(1 + 2SqV_r)}{1 - qV_r} \tag{4.7}$$

$$q = \frac{(E_r/E_m) - 1}{(E_r/E_m) + 2S} \tag{4.8}$$

$$E_c = E_m \cdot \frac{E_m \cdot V_m + E_r(V_r + 1)}{E_r \cdot V_m + E_m(V_r + 1)} \tag{4.9}$$

式中,E_c 为复合材料的弹性模量(GPa);V_m 为基体体积百分比(%);V_r 为增强相体积百分比(%);E_m 为基体弹性模量(GPa);E_r 为增强相弹性模量(GPa);S 为增强相的长径比。

混合定律是最简单的弹性模量计算模型。Halpin-Tsai 模型是一种基于增强相的几何形状、取向以及增强相和基体的弹性特性的数学模型。该模型基于自洽场方法,但通常认为是以经验数据为依据的。

根据混合定律、Hashin-Shtrickman 和 Halpin-Tsai 方程估算的弹性模量结果如图 4.13 所示[47]。为了揭示增强相含量的影响,利用几种模型分别计算弹性模量。由图可见,增强相体积分数增大、弹性模量增大。

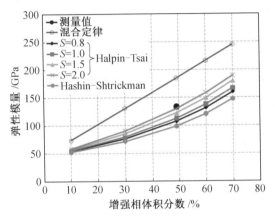

图 4.13　AZ91/AlN 复合材料弹性模量随增强相体积分数变化的函数关系

用 Halpin-Tsai 方程计算的弹性模量值与用 GrindoSonic 设备测量的结果更为接近。不同方法计算结果的差异与 Halpin-Tsai 模型采用的增强相长径比有关,长径比为 2 时与实验结果最接近。混合定律没有考虑复合材料的孔隙率。

2. 硬度测量

在棒材多处测量复合材料的硬度,得到的平均值为 24HRC(260HV)。值得注意的是,沿着棒材长度方向测量的硬度值没有明显的变化,表明复合材料性能是均匀的,因此增强相颗粒的分布也是均匀的。

4.2.5　Mg-AZ91E/AlN 复合材料的热学与电学性能

通过热膨胀系数和电阻率表征 Mg-AZ91E/AlN 复合材料的热学和电学性能。

1. 热膨胀系数(CTE)

AlN 具有六方晶体结构,是一种共价键化合物。AlN 在惰性气氛中以及非常高的温度下也是稳定的。在空气中,700 ℃以上时 AlN 会发生氧化。AlN 的 CTE 为 $4.5×10^{-6}℃^{-1}$,而镁合金的 CTE 为 $2.48×10^{-5}℃^{-1}$。

Mg-AZ91E/AlN 复合材料的 CTE 约为 $9.53×10^{-6}℃^{-1}$。张[39]等人的研究表明,增强相含量为 50 vol% 的 Al/AlN 复合材料的 CTE 可以达到 $11.24×10^{-6}℃^{-1}$,而赖[44]等人发现增强相含量为 54.6 vol% 的 Al/AlN 复合材料的 CTE

为 $10.16 \times 10^{-6} \, ℃^{-1}$。另外,利用混合定律和 Hashin-Shtrickman[26,27,43] 方程计算了 CTE,结果见表 4.5。复合材料测量的 CTE 与用 Hashin-Shtrickman 方程计算的 CTE 具有很好的一致性。

表 4.5　Mg-AZ91E/AlN 复合材料 CET 随增强相体积分数的变化规律

增强相体积 分数/%	基体体积 分数/%	CTE(混合定律) /($\times 10^{-6} ℃^{-1}$)	CTE(Hashin-Shtrickman) /($\times 10^{-6} ℃^{-1}$)	CTE(测量值) /($\times 10^{-6} ℃^{-1}$)
10	90	6.5	5.13	—
30	70	10.6	6.82	—
49	51	14.4	9.09	9.53
60	40	16.7	10.8	—
70	30	18.7	12.9	—

该类材料当前主要应用在电子领域,解决十分重要的散热问题。AlN 用于半导体封装可释放大量的热,但必须避免材料内部热量的积累。以 AlN 为增强相制备的复合材料,可作为结构和功能材料,满足电子封装材料对低 CTE 和高导热系数的需求。材料的导热系数与温度有关,一般来说,温度升高,材料的导热性增强。相应地,高导热材料被广泛应用于散热器(如电脑风扇),而低导热材料被用作隔热材料。

2. 电阻率(ER)

Mg-AZ91E/AlN 复合材料的 ER 在 25 ℃ 为 $45.9 \times 10^6 \, \Omega \cdot cm$。考虑到 Mg 合金和 AlN 的电阻率分别为 $4.42 \times 10^{-6} \, \Omega \cdot cm$ 和 $1 \times 10^{12} \, \Omega \cdot cm$,采用混合定律估算了 ER,结果见表 4.6。复合材料中增强相含量为 49 vol%。表中的其他成分配比(10、30、60、70 vol%)为理论计算结果。

表 4.6　Mg-AZ91E/AlN 复合材料的 ER 与增强相体积分数的变化关系

增强相体积分数 /%	基体体积分数 /%	ER(混合定律) /($\times 10^{10} \, \Omega \cdot cm$)	ER(测量值) /($\times 10^6 \, \Omega \cdot cm$)
10	90	10.0	—
30	70	30.0	—
49	51	49.0	45.9
60	40	60.0	—
70	30	70.0	—

Mg-AZ91E/AlN 复合材料的 X 射线衍射检测到 AlN、Mg 和 $Al_{12}Mg_{17}$ 相的存在。此外,TEM 结果证实存在 MgO 和 $Al_{12}Mg_{17}$ 细小沉淀相。复合材料的力学性能结果表明,平均弹性模量为 133 GPa,硬度为 24HRC(260HV)。很明显,随着增强相含量的增加,复合材料弹性模量增加。复合材料的 CTE 为 $9.53 \times 10^{-6} ℃^{-1}$,电阻率为 $45.9 \times 10^{6} \Omega \cdot cm$。复合材料测量的 CTE 与用 Hashin-Shtrickman 方程计算的 CTE 具有很好的一致性。所制备的复合材料显示出优异的力学、热学和电学性能。

4.3　纯 Mg/AlN 复合材料的制备与表征

通过纯镁浸渗烧结多孔 AlN 颗粒预制件,制备具有连续互穿陶瓷和金属相的复合材料[35]。含 48 vol% AlN 复合材料无压浸渗法的制备条件是:氩气气氛、浸渗温度 870 ~ 960 ℃。

以铝和镁合金为基体、AlN 为增强相,通过压力浸渗[43]、真空浸渗[44]、搅拌铸造[55]和挤压铸造[56]方法制备的复合材料已有相关报道。

制备高增强相含量的 MMC 的常用方法是将熔融金属渗入含有连续开孔的预制件。这种无压浸渗方法具有低成本、形状复杂、残留孔隙率低的优势。而且对于镁基复合材料来说,制备工艺温度较低[8,9,20,22,23,36]。烧结多晶 AlN 的导热系数为 80 ~ 200 W/(m · K),CTE 为 $4.4 \times 10^{-6} ℃^{-1}$[47]。这两种特性使 AlN 成为高功率、高密度电路的优秀材料,而其他陶瓷衬底通常表现出更低的导热系数和/或更高的 CTE[47,57]。

4.3.1　AlN 预制件制备与浸渗实验

用于制备 Mg 基 MMC 的增强相是平均粒径为 1.38 μm 的 AlN 粉末。使用电解 Mg 作为基体进行浸渗。采用模压法制备矩形 6.5 cm×1 cm×1 cm 的绿色 AlN 预制件坯体,然后将预制件置于 1 500 ℃烧结 1 h。结果表明,在氮的作用下,致密度为 48%,残余孔隙率为 52%,为浸渗过程提供了强度保障。无压浸渗温度为 870、900、930、960 ℃,采用管状炉和石墨坩埚,在氩气气氛下进行金属-陶瓷复合。

对制备的 Mg/AlN 复合材料进行力学性能评价。硬度测量在洛氏硬度计(Wilson)上进行,载荷为 100 kg,采用 HRB 硬度。用 GrindoSonic MK5 测量弹性模量。通过剪切冲孔试验(SPT)评价复合材料的拉伸性能。每个浸渗温度的复合材料进行 4 次试验,取 UTS 的平均值。该性能评价技术也成功地应用于陶瓷涂层[58]的力学性能表征。抛光后的样品通过 X 射线衍射(SIEMENS D5000)、扫描电子显微镜(JEOL JSM-6400)和 EDS 进行分析。采用场发射透射电子显微镜(Philips Tecnai F20)结合 EDS 分析系统对 Mg/AlN 复合材料的界面进行表征。在加热速率为 5 ℃/min 的条件下,用膨胀仪(Theta Dilatronic)测量 Mg/AlN 复合材料的 CTE。

4.3.2　Mg/AlN 复合材料微观组织结构

选取 Mg/AlN 复合材料样品进行抛光,制备后通过 SEM 和 TEM 进行观察。图 4.14 所示为在 930 ℃下浸渗的 Mg/AlN 复合材料抛光后的 SEM 图像[35]。AlN 颗粒周围的暗相是镁基体。不同浸渗温度下的 Mg/AlN 复合材料中 AlN 颗粒在相互连通的基体中均匀分布。由于基体与增强相之间具有良好的结合力,抛光过程未出现颗粒脱落现象。在高温处理过程中,观察到了镁的挥发。

图 4.14　浸渗温度 930 ℃制备的 Mg/AlN 复合材料抛光后的 SEM 形貌

在烧结过程中,液态镁与沉积在陶瓷颗粒上的氧化铝层相互作用形成镁铝尖晶石。利用 FactSage 5.0 数据库程序[59]进行的热力学计算表明,氮气气氛中剩余的微量氧可以直接氧化 AlN 陶瓷,形成表面氧化物,该反应在 1 500 ℃时自由能为 864 kJ/mol。

莎杜等[60]报道商用铝合金浸渗 AlN 颗粒预制件过程中,在 AlN 表面形成了非晶态 Al_2O_3。预制件先在 630 ℃进行预热,然后在 130 MPa 压力下浸渗。根据式(4.2)~(4.4),镁铝尖晶石是由基体中的镁元素与陶瓷 AlN 增强相表面的 Al_2O_3 发生反应而形成的。

4.3.3　透射电子显微镜分析

图 4.15 所示为 900 ℃ 制备的 Mg/AlN 复合材料的 TEM 明场像及 $MgAl_2O_4$ 的 EDX 分析。陶瓷增强相均匀分布在金属基体中,图 4.15(a)中 $MgAl_2O_4$ 尖晶石为框选区域的白线位置。通常这种相会在陶瓷颗粒附近生成。在界面处除了检测到 $MgAl_2O_4$ 尖晶石,还观察到了氧化镁(MgO)。根据式(4.4),这是氧化铝膜与镁的反应所形成的,在热力学上是可行的。

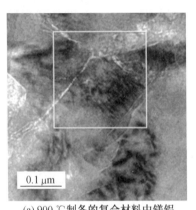
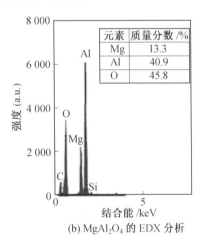

元素	质量分数 /%
Mg	13.3
Al	40.9
O	45.8

(a) 900 ℃制备的复合材料中镁铝
尖晶石 ($MgAl_2O_4$) 形貌

(b) $MgAl_2O_4$ 的 EDX 分析

图 4.15　Mg/AlN 复合材料镁铝尖晶石形貌成分

4.3.4　力学性能

通过剪切冲孔试验评价复合材料的拉伸性能。图 4.16 所示为复合材料试样以及装置的示意图。按文献[58]中的方法对 SPT 数据进行处理,Mg/AlN 复合材料在不同浸渗温度下的抗拉强度(UTS)数据见表 4.7。每个浸渗温度的材料均进行 4 次试验,得到 UTS 的平均值。一般情况下,浸渗温度越低,抗拉强度越高。对于 58 vol% 陶瓷颗粒[60]的 Al/AlN 复合材料,UTS 值与文献报道的 304 MPa 接近。

此外,Mg/AlN 复合材料的弹性模量(E)和 HRB 硬度见表 4.7。随着浸渗温度的升高,复合材料的孔隙率略有升高,模量和硬度明显下降,这可能与 Mg 挥发量增加有关。赖和庄[61]的研究结果表明,AlN 含量为 58 vol% 和 63 vol%

的 Al/AlN 复合材料的弹性模量分别为 144.3 GPa 和 163.5 GPa。随着增强相体积分数的增加,复合材料的弹性模量增加。

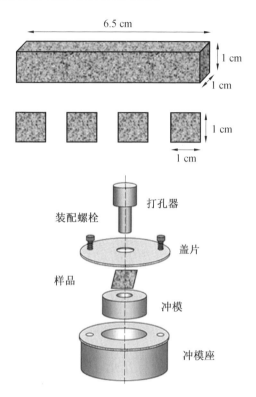

图 4.16　复合材料试样以及剪切冲孔试验(SPT)装置示意图

表 4.7　Mg/AlN 复合材料的力学性能

浸渗温度/℃	硬度（HRB）	弹性模量/GPa	抗拉强度[a]/MPa
870	82	108	319
900	79	106	313
930	68	87	278
960	77	94	280

注:a. 抗拉强度(UTS)为 4 次测量结果的平均值。

SPT 后的断口分析显示出沿晶断裂现象,如图 4.17 所示[35]。这意味着由于颗粒强度高、体积小,不易断裂,载荷传递发生在基体和增强相之间的界面。

图 4.17　900 ℃ 制备的 Mg/AlN 复合材料的断口

4.3.5　热学和电学性能

Mg/AlN 复合材料在 215 ~ 315 ℃ 温度范围内,CTE 为 $7.65 \times 10^{-6} ℃^{-1}$。镁的 CTE 较高($24 \times 10^{-6} ℃^{-1}$),而 AlN 陶瓷的 CTE 相对较低($4.4 \times 10^{-6} ℃^{-1}$)。此外,Mg/AlN 复合材料的 CTE 低于 Al/AlN 复合材料[60],后者的 CTE 在 35 ~ 100 ℃区间为 $9.81 \times 10^{-6} ℃^{-1}$,在 35 ~ 300 ℃区间为 $11.75 \times 10^{-6} ℃^{-1}$。

4.4　Al-xCu/TiC 和 Al-xMg/TiC 复合材料的制备与表征

采用无压浸渗法制备 TiC 颗粒增强 Al-xCu 以及 Al-xMg 复合材料。无压浸渗过程可以在不施加外力的条件下制备高体分复合材料,是一种大尺寸铸锭的低成本的制备技术。铝合金是金属-陶瓷复合材料中最常见的基体材料,添加 TiC 增强材料可以提高铝合金的力学性能和高温强度[62,63]。特别是,Al-Cu/TiC 是一种兼具良好的电学和力学性能的轻质金属复合材料[64,65]。由于镁不能形成稳定的碳化物,所以碳化物增强相在纯镁中可稳定存在[36]。

预制件烧结状态和熔体浸渗温度对浸渗动力学有重要影响。因此,浸渗速率研究对于确定特定浸渗体系的驱动机制至关重要。以往的研究主要集中于商用铝合金的制备参数,如预制件孔隙率和浸渗温度[22,36],另外还表征了一些制备态和热处理态复合材料的组织与成分[66,67]。

本章采用无压浸渗法制备 TiC 颗粒增强 Al-xMg 和 Al-xCu 合金复合材料[68]。研究 Mg 和 Cu 作为合金元素对浸渗过程、动力学行为和力学性能的影响,分析 Al-xCu 和 Al-xMg 合金在 56 vol% TiC 颗粒预制件中的无压浸渗过程。用热重分析仪(TGA)对不同 Mg 和 Cu 含量的铝合金的浸渗过程与纯铝的浸渗速率进行比较研究。

4.4.1　复合材料无压浸渗制备条件

采用平均粒径为 1.2 μm、比表面积为 2.32 m²/g(图2.8)的 TiC 粉末制备浸渗实验的多孔预制件。将 18.5 g 粉末在矩形模具中以 8 MPa 的单轴压力进行压制,得到约 6 cm×1 cm×1 cm 的陶瓷预制件,将预制件在管式炉中 1 250 ℃氩气气氛下烧结 1 h。TiC 预制件的孔隙率为44%。基于烧结前后预制件的尺寸,收缩率为3.1%。TiC 粉末的粒径大小决定着采用烧结制备 TiC 预制件的可行性。

二元铝合金是通过在石墨坩埚中熔化纯铝,并加入 Cu 或 Mg 而得到的。采用99.99% 的纯铜、纯铝和电解镁制备二元合金。所用合金的成分为 1%、4%、8%、20%和33% 的铜以及 1%、4%、8% 和20% 的镁。商用纯铝也被用作浸渗材料以做比较。

采用无压浸渗法制备 Al-xCu/TiC 和 Al-xMg/TiC 复合材料。在 900 ℃ 和 1 000 ℃ 的氩气气氛下进行浸渗实验的热重分析仪(CAHN TG-2121) 如图 4.18 所示。详细描述见 3.1.1 节和其他文献[22]。通过对铝液浸渗到 TiC 预制件中的质量变化进行监测,得到了试样的特征浸渗曲线。

通过 XRD、SEM、TEM 和 EDS 对复合材料的微观组织和反应产物进行研究。另外,在 50 kg 载荷下用维氏硬度计测定复合材料

图4.18　浸渗动力学实验装置

的维氏硬度,用 Grindo Sonic Lemmens 设备和 Halpin-Tsai[27]方程分别测定和分析复合材料的弹性模量。

4.4.2　浸渗动力学

图 4.19(a) 所示为 Al-xCu 二元合金在 1 000 ℃ 时的浸渗曲线[68]。Al-xCu 的浸渗速率随着铜含量的降低而增加。在 900 ℃ 时也观察到类似的现象。这种行为主要是由于添加铜增加了熔体的黏度,从而降低了合金的流动性。与

Al-xCu 体系相反，Al-xMg 合金的浸渗速率随着 Mg 含量的增加而增加（图4.19(b)）。

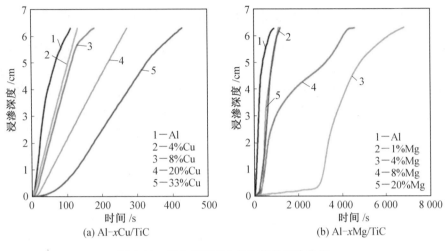

图 4.19　复合材料在 1 000 ℃ 的浸渗曲线

Al-Mg 合金的浸渗温度确定在 900 ℃ 以防止 Mg 的过量挥发。考虑到浸渗速率是液态金属的黏度和表面张力的函数，而 Mg 能够降低液态金属的黏度和表面张力，因此能够增加熔融金属的流动性、改善熔体浸渗多孔预制件过程[69]。初始添加 1% Mg 时，表面张力降低非常明显（从 860 mN/m 降低到 650 mN/m）；进一步添加 Mg 时，表面张力的降低趋于平缓[70]。

在浸渗曲线上存在孕育期，是由于受合金元素影响，液体铝和 TiC 之间产生瞬时接触角。随着浸渗温度的升高，孕育期变得不显著。对于 Al-xCu 合金，报道称表面张力随着铜含量的增加而增加[71]。然而，增加 Cu 含量会使合金的熔点从纯铝的 660 ℃ 转变为共晶成分（33% Cu）的 548 ℃[72]。

所有 Al-xMg 合金和纯 Mg 的浸渗率都小于纯铝。这可能源于 Mg 的氧化影响浸渗过程的结果（式(4.1) ~ (4.5)）。

如果发生该类氧化反应，除了形成氧化铝层，Mg 还倾向于形成新的表面氧化物，抑制 TiC 和铝之间的实际接触。劳埃德[49,73]认为，在低温下高含量的 Mg 会形成 MgO，而在 Mg 含量很低时会形成镁铝尖晶石。此外，通常认为 Mg 的挥发有助于破坏熔体的氧化层，使 TiC 与铝真正接触。这一现象是在浸渗过程中出现的，因为在氩气气氛下浸渗后发现管壁上有镁颗粒，XRD 分析表明，这些颗粒中存在 MgO。这可能是由于 Al-xCu 合金的氧化在热力学上不如 Al-xMg 合金容易，导致前者浸渗速度比后者快。

在 900 ℃下比较两种材料体系的浸渗过程(图 4.20[68]),可以观察到 TiC 在 Al–xCu 合金中的浸渗比在 Al–xMg 合金中的浸渗更快,尽管熔体的表面张力随着 Mg 含量的增加而降低,但是,增加 Mg 含量也增加了 MgO 生成和 Mg 汽化的可能性。在浸渗曲线稳定为抛物线型之前有一段孕育期,这种孕育期在 Al–Mg 合金中更为明显,并随着浸渗温度的升高而减弱。铜含量低时,浸渗几乎是自发的。高 Mg 含量样品的浸渗起始时间缩短,这与合金熔点以及表面张力降低有关。Mg 含量为 8% 时,曲线的形状更复杂,这与 Mg 的挥发量随时间延长而增加有关。

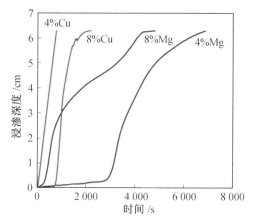

图 4.20　Al–xCu/TiC 和 Al–xMg/TiC 复合材料在 900 ℃的浸渗曲线

含 Mg 和 Cu 主要合金元素的 Al/TiC 体系的孕育期研究表明,浸渗激活能较高,分别为 261 kJ/mol 和 318 kJ/mol。这些结果表明,浸渗过程是由化学反应或固态机制驱动的。实际上,通常认为浸渗过程是由化学反应驱动的,因而化学反应成为决定浸渗速率的关键。

4.4.3　Al–xCu/TiC 和 Al–xMg/TiC 复合材料微观组织

图 4.21 所示为 Al–xCu/TiC 复合材料 1 000 ℃下浸渗后的典型微观组织,其中深色相为铝基体,浅色相为 CuAl$_2$ 相[68]。通过样品微观组织表征发现,基体中主要存在 CuAl$_2$ 相和 TiC 颗粒。通过 EDS 和 X 射线衍射证实了 CuAl$_2$ 析出相的存在,如图 4.22 所示[68]。

SEM 观察表明,TiC 颗粒与 Al–xCu 基体界面结合良好。因此,颗粒–基体界面很少观察到孔洞或其他不连续缺陷。如果界面处的结合较强,则载荷从基体向陶瓷增强相传递效率提高,从而使材料具有较高的强度。

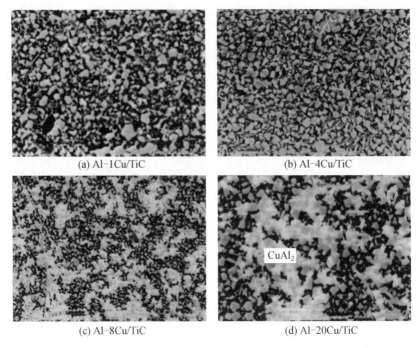

(a) Al-1Cu/TiC　　　　　　　　　　(b) Al-4Cu/TiC

(c) Al-8Cu/TiC　　　　　　　　　　(d) Al-20Cu/TiC

图 4.21　Al-xCu/TiC 复合材料 1 000 ℃下浸渗后的典型微观组织

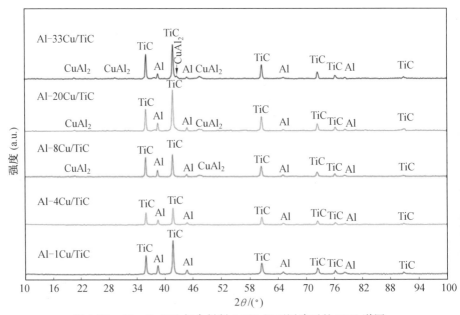

图 4.22　Al-xCu/TiC 复合材料 1 000 ℃下浸渗后的 XRD 谱图

　　图 4.23 所示为 Al-xMg/TiC 复合材料 900 ℃下浸渗后的典型微观组织。XRD 检测没有发现 Al-Mg 复合材料有反应相生成,如图 4.24 所示[68]。Al-xMg 合金能够完全浸渗 TiC 预制件,并且基体与 TiC 陶瓷之间没有明显的界面反应。从组织照片可以观察到,浸渗初期多孔预制件的孔隙被铝所占据,形成了连续且相互连通的金属基体。

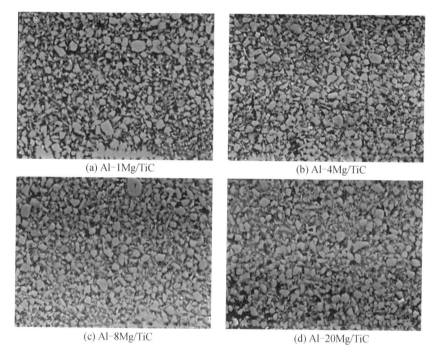

(a) Al-1Mg/TiC

(b) Al-4Mg/TiC

(c) Al-8Mg/TiC

(d) Al-20Mg/TiC

图 4.23　Al-xMg/TiC 复合材料 900 ℃下浸渗后的典型微观组织

　　镁不能形成稳定的碳化物,所以像 TiC 这样的碳化物应该是镁基复合材料合适的增强相。然而,如果镁合金包含能与碳化物反应的元素(如 Al 等元素),那么这些碳化物就不能完全稳定存在。

　　通过 TEM 对复合材料中的界面反应进行更系统的研究。图 4.25(a) 所示为 Al-20Mg/TiC 复合材料的 TEM 明场像[68]。TiC 颗粒均匀分布在基体(Al-20Mg)中。对颗粒和基体所在区域进行化学分析,如图 4.25(a)中的 1 和 2,可以清楚地看出存在化学计量比的 TiC 以及 Al 和 Mg(Fe 的存在与试样支撑网有关)。TEM 图像显示存在不同尺寸和形貌的沉淀相(如大颗粒 Ti 约为 2 μm、小颗粒约为 90 nm)。

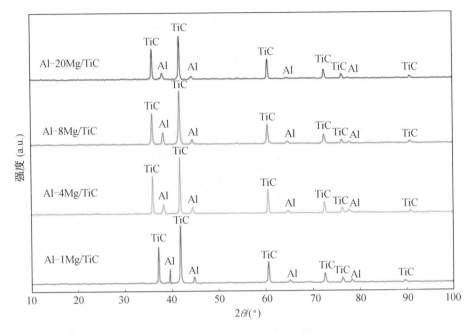

图 4.24　Al-*x*Mg/TiC 复合材料 900 ℃下浸渗后的 XRD 谱图

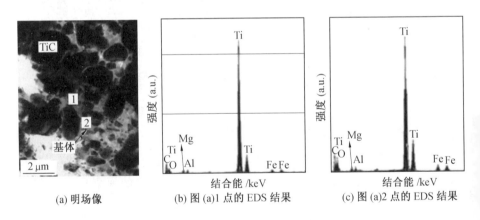

(a) 明场像　　　(b) 图 (a)1 点的 EDS 结果　　　(c) 图 (a)2 点的 EDS 结果

图 4.25　Al-20Mg/TiC 复合材料的组织与成分

　　在以往的研究中[51,73,74],添加镁会导致沿金属-陶瓷界面形成镁铝尖晶石。本章研究中,利用 XRD 未检测到镁铝尖晶石。然而,TEM 观察(图 4.26)显示局部形成了尖晶石,产生了 $MgAlO_2$ 和 Mg_2AlO_3 等相。图 4.26(a)所示为 Al-20Mg/TiC 复合材料的暗场像,可以观察到一些析出相和 TiC 颗粒的团聚体[68]。图 4.26(b)显示了在图 4.26(a)中所示路径下的线扫描结果[68]。

图 4.26(c) ~ (e) 所示为图 4.26(a)中三个点的 EDS 微量分析[68]。图 4.26(c)和(d)中的结果表明,元素的化学计量比符合尖晶石成分。图 4.26(e)还显示了 TiC 颗粒(图 4.26(a)中的白色颗粒)的特征光谱。

线扫描清楚地显示了 Al、O 和 Mg 元素的衰减(图 4.26(c)和(d))。当检测到 TiC 颗粒时,Ti 和 C 的信号强度明显增加(图 4.26(e))。

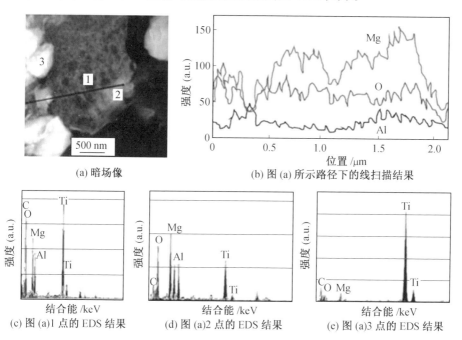

图 4.26　Al-20Mg/TiC 复合材料的组织与成分

Al 和 TiC 的反应特性尚未完全确定。不过可以肯定的是,这两种物质接触时并不处于平衡状态。热力学计算表明,TiC 在 752 ℃ 以上的铝液中可能是稳定的,根据反应

$$13Al_{(l)} + 3TiC_{(s)} = Al_4C_{3(s)} + 3TiAl_{3(s)}, \quad \Delta G_{(750 ℃)} = -2.14 \text{ kJ/mol} \quad (4.10)$$

法恩和康利[75]讨论了 TiC 和 Al_4C_3 形成过程的吉布斯能变化。他们认为 TiC 比 Al_4C_3 具有更高的稳定性。横川等[76]得到了 Ti-C-Al 体系的化学势图,发现 Al、TiC 和 Al_3Ti 在 1 000 ℃ 时可以平衡共存。肯尼迪等[77]指出,在 Al/TiC 复合材料的制备过程中,没有观察到反应发生,而热处理(700 ℃)48 h 后,得到了 Al_3Ti 和 Al_4C_3 相。芙蕾伽等[78]的热力学计算表明,Al、TiC、Al_3Ti 和 Al_4C_3

在 693 ℃ 时四相平衡,只有在此温度下热处理才能同时生成 Al_3Ti 和 Al_4C_3。虽然 XRD 未检测到 Al_4C_3 相,但复合材料中是可能存在 Al_4C_3 相的。

Al-xCu/TiC 复合材料与 Al-xMg/TiC 复合材料相比,含 Mg 的体系比 Al-xCu/TiC 复合材料轻约 5%;Mg 含量越高,复合材料越轻。

SEM 分析表明,Al-xCu/TiC 复合材料中 $CuAl_2$ 分布均匀。在室温或高温下,可以通过控制 $CuAl_2$ 弥散颗粒的析出和分布来提高复合材料的力学性能[67],这种含铜相通常是在 520~500 ℃ 的冷却过程中形成的[79]。

4.4.4　力学性能

Al-xCu/TiC 和 Al-xMg/TiC 复合材料的硬度和弹性模量见表 4.8。硬度随 Mg 和 Cu 含量的增加而增加,同时 $CuAl_2$ 析出量也增加。在含有共晶成分时,Al-33Cu/TiC 复合材料的硬度达到最大值 392HV,而纯 Al/TiC 复合材料的硬度为 225HV。采用 Al-20Mg 基体时,Al-xMg/TiC 复合材料的硬度最大,为 340HV。由于在下列所有条件下陶瓷增强相的体积分数是相同的,所以硬度只受基体影响。

表 4.8　合金元素含量对 Al-xCu/TiC 和 Al-xMg/TiC 复合材料硬度和弹性模量的影响

复合材料	硬度(HV)	弹性模量/GPa
Al-1Mg/TiC	262	170
Al-4Mg/TiC	285	164
Al-8Mg/TiC	315	160
Al-20Mg/TiC	340	150
Al-1Cu/TiC	257	172
Al-4Cu/TiC	263	174
Al-8Cu/TiC	291	187
Al-20Cu/TiC	354	195
Al-33Cu/TiC	392	180
Al/TiC	225	170
Mg/TiC	187	130

为便于比较,复合材料的理论模量采用简便的半经验 Halpin-Tsai 方程[27]进行计算,长径比为 1 和 1.5 时计算的弹性模量如图 4.27 所示。该方程是预测颗粒增强复合材料弹性模量的近似公式。用 Halpin-Tsai 方程计算的结果比实验值要高,这种差异可能是复合材料中存在的一些孔隙所导致的。

对图 4.27 需要说明的是,预制件在浸渗前的弹性模量为 30~35 GPa。Al-xCu/TiC 试样的弹性模量随铜含量的增加,有增加的趋势。随着合金中 Mg 含量的增加,Al-xMg/TiC 试样的弹性模量略有下降。因此,纯 Al/TiC 复合材料(170 GPa)经 Mg 合金化后弹性模量降低。Al-xCu/TiC 复合材料的弹性模量随 Cu 含量的增加而增加,Al-20Cu 基体的弹性模量最高可达 195 GPa,而 Al-20Cu 共晶合金的弹性模量略有下降。

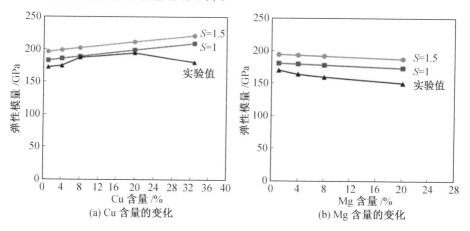

图 4.27　Al-xCu/TiC 和 Al-xMg/TiC 复合材料的弹性模量随 Cu 和 Mg 含量的变化

4.5　Al(1010/2024/6061/7075)/TiC 复合材料的制备与表征

与基体材料相比,陶瓷增强复合材料具有更高的强度和弹性模量,以及更好的高温性能。铝具有低密度、高导热和较强的环境耐性等优点从而成为有吸引力的基体材料,但其热膨胀系数高且强度低。使用 TiC 作为增强相不仅提高了铝合金的熔点和硬度,而且价格便宜,并与铝及其合金具有良好的润湿性。因此,TiC 可有效地改善铝合金的力学性能以及耐高温性能。

4.5.1　基体成分与复合材料制备

采用商用铝合金(Al-1010、Al-2024、Al-6061 和 Al-7075),通过压力浸渗或无压浸渗制备 TiC 增强复合材料。TiC 多孔预制件在 1 250 ℃、1 350 ℃ 和 1 450 ℃ 的氩气气氛下烧结而成。随后,铝合金在不同温度(950 ~ 1 200 ℃)下浸渗这些多孔预制件[22]。复合材料的详细制备过程见 3.3 节。表 4.9 所示为各种商用铝合金的成分。值得一提的是,1010 铝合金相当于商业纯铝(不含合金元素)。该种合金将作为比较合金元素影响的参考组。

表 4.9　用于制造复合材料的商用铝合金的化学成分　　　　　　　wt%

合金	合金元素含量						
	Cu	Mg	Mn	Fe	Cr	Si	Zn
1010	0.005	0.014	0.002	0.65	0.012	0.20	0.002
2024	4.46	1.86	1.08	0.36	0.01	0.35	0.04
6061	0.25	0.82	0.06	0.18	0.61	0.07
7075	2.21	2.32	0.26	0.60	0.22	0.25	5.52

使用铝合金的原因之一是,人们认为铝合金中添加的元素会降低 TiC 预制件的接触角,增大浸渗速率。然而结果表明,情况并非如此:与 Al-1010 合金相比,其他合金元素并没有通过界面化学反应改善铝的润湿性[80,81]。

Al-1010 合金与 TiC 的润湿性优于工业铝合金;而 Al-6061/TiC 和 Al-7075/TiC 体系润湿性较差,其润湿性顺序为:6061<7075<2024<1010[82]。图2.46所示为这些商用合金在 900 ℃ 下座滴实验的润湿性结果,表明合金的润湿性随接触角的减小而增强。相同条件下,铝合金的浸渗速率比纯铝慢,一些商用铝合金(Al-2024 和 Al-6061)制备的复合材料可以通过热处理改善某些力学性能[66,67],在某些情况下还可以提高耐蚀性,如 Al-2024/TiC、Al-xMg/TiC、Al-xCu/TiC、Ni/TiC 和 Al-Cu-Li/TiC 复合材料[83-86]。对复合材料进行人工或自然时效热处理后,阳极腐蚀电流密度增加使腐蚀坑数量减少、深度降低。

TiC 粉末的平均粒径为 1.25 μm,尺寸分布如图 4.28(a)所示。图 4.28(b)为所用 TiC 粉末的 SEM 照片。粉末的圆滑表面特征增强了烧结效果,根据烧结温度的不同,制备的预制件的孔隙率分别为 45%、41% 和 36%。

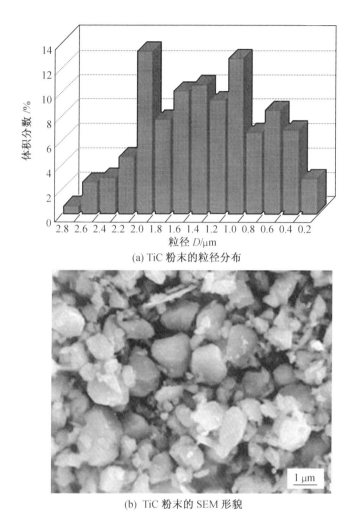

(a) TiC 粉末的粒径分布

(b) TiC 粉末的 SEM 形貌

图 4.28　TiC 预制件中颗粒的粒径分布与 SEM 形貌

4.5.2　Al/TiC 复合材料微观组织结构

图 4.29 所示为 1 350 ℃ 和 1 450 ℃ 下烧结的 TiC 预制件的 SEM 照片。两个烧结温度之间没有显著差异。获得的烧结预制件可以被熔融铝合金完全浸渗,从而形成复合材料。图 4.30 显示了制备的复合材料的 SEM 照片。

(a) TiC 烧结预制件在 1 350 ℃　　　　　(b) TiC 烧结预制件在 1 450 ℃
烧结后的 SEM 形貌　　　　　　　　烧结后的 SEM 形貌

图 4.29　TiC 烧结预制件在 1 350 ℃ 和 1 450 ℃烧结后的 SEM 照片

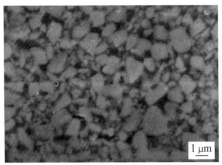

(a) 预制块烧结温度为 1 350 ℃　　　　　(b) 预制块烧结温度为 1 450 ℃

图 4.30　1 100 ℃浸渗的 Al-6061/TiC 复合材料的 SEM 照片

4.5.3　Al/TiC 复合材料力学性能

总体而言,由于增强相的体积分数较高,Al/TiC 复合材料具有良好的力学性能和物理性能。复合材料的力学性能和物理性能主要取决于增强相含量和浸渗温度。烧结预制件的弹性模量随致密度的增加而增大,也随着增强相含量的增加而增大,如图 4.31 所示。

可以明显看出,随着铝的加入,TiC 烧结预制件的弹性模量增加了 3 倍以上,然而如图 4.32 所示,弹性模量几乎不受浸渗温度的影响。

随着烧结温度的升高,预制件或增强相的密度增加,复合材料的硬度增加(图 4.33)。但随着浸渗温度的升高,硬度降低(图 4.34),这是 TiC 颗粒的球化导致的。如图 4.30(b)所示,高温熔融铝明显地侵蚀了 TiC 晶粒的烧结颈。

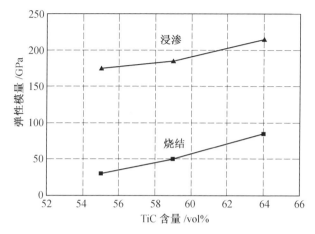

图 4.31　烧结 TiC 预制件和 Al-6061/TiC 复合材料的弹性模量

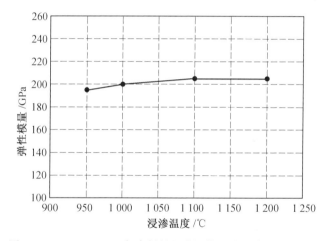

图 4.32　Al-6061/TiC 复合材料的弹性模量随浸渗温度的变化

对 Al-2024/TiC 和 Al-6061/TiC 复合材料进行热处理,以提高其力学性能。图 4.35 所示为 Al-2024/TiC 复合材料制备态(图 4.35(a))和热处理态(图 4.35(b))的 SEM 照片[67]。

这些复合材料的力学性能见表 4.10。制备态和热处理态复合材料的力学性能均高度依赖于增强相含量[22,36,66-68,87]。复合材料的屈服强度、抗拉强度、弹性模量和硬度随 TiC 含量的增加而增加,而延伸率随含量增加而减小。Al-2024/TiC 和 Al-6061/TiC 复合材料的拉伸性能均在时效热处理后显著提高。Al-2024/TiC 和 Al-6061/TiC 复合材料通过固溶和自然时效热处理得到了最高强度[67]。Al-6061/TiC 的断裂韧性随热处理而降低。

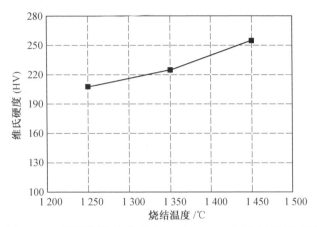

图 4.33　不同预制件烧结温度下 Al-6061/TiC 复合材料的硬度

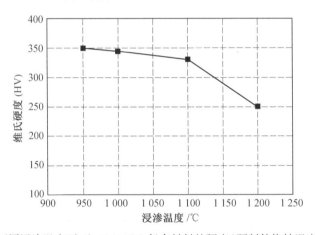

图 4.34　不同浸渗温度下 Al-6061/TiC 复合材料的硬度(预制件烧结温度为 1 450 ℃)

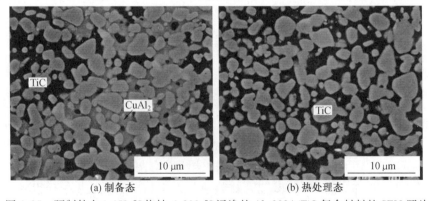

图 4.35　预制件在 1 450 ℃烧结、1 200 ℃浸渗的 Al-2024/TiC 复合材料的 SEM 照片

表 4.10　Al-2024/TiC 和 Al-6061/TiC 复合材料制备态和热处理态的力学性能

TiC 含量 / vol%	状态	UTS/MPa	YS/MPa	EL/%	HRC	E/GPa	CVN/J
		Al-2024/TiC					
52	制备态	360	205	0.28	26	195	—
	人工时效态	400	260	0.20	36	197	
	自然时效态	465	298	0.17	35	197	
55	制备态	379	243	0.24	29	200	
	人工时效态	420	290	0.19	38	203	
	自然时效态	480	335	0.17	39	203	
		Al-6061/TiC					
52	制备态	270	—	0.35	23	165	0.80
	人工时效态	300		0.34	31	240	0.67
	自然时效态	356		0.30	33	240	0.50

注:UTS,拉强度;YS,屈服强度;EL,延伸率;HRC,洛氏硬度;E,弹性模量;CVN,夏比 V 型缺口试样冲击韧性。

4.6　Al/SiC 和 Mg/SiC 复合材料的制备与表征

SiC 陶瓷由于具有优良的电学、热学、力学和化学性能,更多地应用于结构和各种工程领域,如电气和电子工业。SiC 的性能主要取决于晶体结构,其多为立方或密排六方结构,而后者在化学和力学上最稳定,即使在 2 000 ℃ 以上也能保持稳定。晶体结构类型则很大程度上取决于其制备方法[88]。SiC 尽管脆性较大,但由于具有高导热系数、高熔点、相对较低的热膨胀率、优异的硬度、耐磨损、耐腐蚀、在高达 1 650 ℃ 温度下的良好力学稳定性、产量大及密度低的优点,因此可以将其与刚度较低的基体相结合,具有巨大的应用优势[89]。近年来,SiC 被广泛应用于 MMC。这些复合材料的主要应用领域是汽车制造业、航空航天和军工行业[90]。

制备过程可分为两类:液相制备(浸渗、原位沉积和熔炼)和固相制备[91]。液相制备工艺在经济上和技术上更容易实现,比固相制备工艺更常用,可以大规模使用,制备材料的形状也更多样。复合材料制备工艺的类型对材料的性能有显著影响。液相制备工艺的最大困难是液体金属与陶瓷相的非润湿性,为此基体和增强相[14]之间良好的结合和润湿性是非常重要的。MMC 的固相制备工艺包括粉末冶金和扩散黏结。第 3 章描述了 MMC 使用的常用制备工艺。

近年来,人们研究了不同工艺制备的 SiC 增强复合材料的性能。高含量(大于 30 vol%)增强相主要用于电子工业,因为这些复合材料除了具有良好的力学性能,还具有优异的导热性和较低的热膨胀系数。增强相含量小于 30 vol% 的复合材料可采用喷射沉积或搅拌铸造等方法,这是最经济的制造方法。然而,这些方法的缺点是:增强相的分散不是均匀的,特别是在含量大于 20 vol% 的情况下。

4.6.1 Al/SiC 复合材料制备与组织和性能

储等[92]研究了放电等离子烧结制备的 Al/SiC 复合材料的孔隙率对导热系数(TC)的影响,得出导热系数随着复合材料孔隙率的增加而降低的结论。这些结果与近似平均有效模型计算值一致;此外,发现 SiC 粒径越大,复合材料 TC 越高。陈等[93]研究了采用压力浸渗法制备的 55 vol% SiC 增强铜基复合材料的导热性,发现随着粒径增大,TC 略有增加。然而,由于界面中存在高密度缺陷,复合材料的 TC 远低于阿塞尔曼–约翰逊(Hasselman-Johnson)[94]模型理论估算结果。在制备 SiC 增强铝基复合材料或含铝元素的合金时,高温会增大金属–陶瓷界面反应倾向,生成 Al_4C_3 等碳化物,其为不利因素之一。因此,关注基体和增强相之间生成的反应产物是非常重要的。根据反应(4.11),液相制造 MMC 的工艺倾向于形成碳化铝(Al_4C_3):

$$3SiC_{(s)} + 4Al_{(l)} === Al_4C_{3(s)} + 3Si \qquad (4.11)$$

贝福特等[95]研究了挤压铸造法制备的 60 vol% SiC 增强铝基复合材料的力学性能,发现弹性模量达到 200 GPa,而铝的弹性模量仅为 70 GPa。研究还表明只有在含镁的基体中才会形成 Al_4C_3;材料中存在的 Mg_2Si 可以作为佐证,因为根据反应式(4.12)和式(4.13),SiC 与铝液作用产生的硅可与 Mg 发生瞬时反应:

$$2Mg + Si === Mg_2Si \qquad (4.12)$$

$$4Al + 6Mg + 3SiC === Al_4C_3 + 3Mg_2Si \qquad (4.13)$$

同样,在挤压铸造过程中不满足 Al_4C_3 形成的动力学条件。由于采用 SiC 增强相和铝基体制造的复合材料具有优异的性能,因此研究了基体和增强相的反应产物,并提出了抑制不利反应产物(如 Al_4C_3 等)的措施。在液态基体中至少需要添加 7 at% Si,在固态中需要添加 1 at% Si[96]以避免形成 Al_4C_3。任等[97]研究了无压浸渗法制备的 MMC 中铝基体内 Si 和 Mg 元素的影响,发现添加高达 6 wt% 的 Si 可提高复合材料的 TC,但添加量达到 12 wt% 后会降低 TC;向含 12 wt% Si 的基体中添加 Mg,当添加量超过 8 wt% 后,TC 急剧降低,复合材料密度也同时降低。这是由于镁的熔点比铝低,当镁含量高时,会产生许多气孔,在孔隙内容易形成 MgO。同样,添加 4 wt% 和 8 wt% Mg 时,复合材料的弹性模量和弯曲强度很高,但添加量达到 12 wt% 后孔隙率增大、材料的力学性能降低。已经有研究人员提出了几种防止 SiC 和 Al 之间发生界面反应的技术[98,99]。其中一种技术是用铜或镍等金属涂覆 SiC 颗粒,提高润湿性并减少界面反应,在基体和增强相之间起到屏障作用[98]。

　　金和李[99]研究了涂覆后的 SiC 作为 Al-2014 合金增强相的铝基复合材料,复合材料采用真空热压和挤压工艺制备。SiC 颗粒在 1 100 ℃下氧化 1、2、4、6 h,在界面处发现反应产物尖晶石 $MgAl_2O_4$,其具有比 Al_4C_3 和 SiO_2 更好的力学和热学性能,在增强相氧化 1 h 时界面结合强度达到最佳值;还发现了 Si 作为 Al_4C_3 反应产物形成的副产物。需要注意碳化物在氧气气氛中的暴露时间。薛和于[100]总结认为,SiC 的短期暴露不会阻止碳化铝的形成,因为 SiO_2 层没有完全覆盖颗粒;适当长的暴露时间会在整个颗粒表面形成涂层,而这反过来又会与合金发生反应完全形成镁铝尖晶石。另外,在氧化环境中暴露时间过长会产生一层过厚的物质,一部分会与存在的铝、镁、氧发生反应,而另一部分的氧化物则保持不变。SiO_2 虽然不像碳化铝那样有害,但也会降低化合物的热学和力学性能。在抗弯强度方面,增强相氧化时间为 4 h、复合材料进行 T6 热处理后,抗弯强度达到最佳值。

4.6.2　纯 Mg/SiC 复合材料的制备与性能

　　阿雷奥拉[101]通过搅拌铸造工艺制备了 Mg/SiC 复合材料。MMC 的制备装置由内装模具的碳钢坩埚和一个颗粒添加器组成。该装置使用立式钢坩埚和电动双叶搅拌器,搅拌桨叶角度为 60° ~ 90°,转速为 280 ~ 2 200 r/min,在氩气(99.95%)气氛中制备(图 4.36)。在熔体 750 ℃、搅拌状态下,5 min 内加入 SiC 颗粒,然后将熔体浇铸到预热后的模具中。设计的实验装置使得实验过程总是处于惰性气氛保护状态。

　　图 4.37 所示为 Mg/20 vol% SiC 复合材料的 SEM 微观组织和 Mg 元素面分布。可以看出 SiC 颗粒在基体中分布状

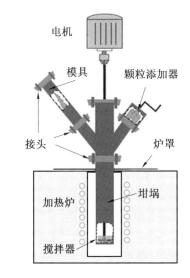

图 4.36　搅拌铸造坩埚及模具实验装置

态良好,尽管在热力学上可能会形成 MgO 和 Si 等反应产物,但 XRD 和 EDS 能谱分析表明界面处没有反应产物。

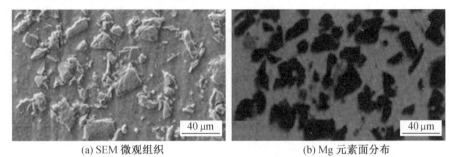

(a) SEM 微观组织　　　　　　　　　　　(b) Mg 元素面分布

图 4.37　Mg/20 vol% SiC 复合材料的微观组织和 Mg 元素面分布

图 4.38 所示为 750 ℃下制备的 SiC 体积分数为 10% 和 20% 的 Mg/SiC 复合材料的光学照片。可以看出增强相分布均匀,但含 20% 增强相的复合材料中,观察到更多的孔隙,并且 SiC 有形成团簇的趋势。

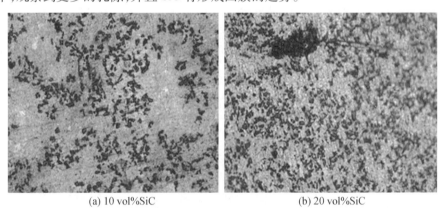

(a) 10 vol%SiC　　　　　　　　　　　(b) 20 vol%SiC

图 4.38　Mg/SiC 复合材料的光学照片

SiC 增强相含量为 10 vol% 和 20 vol% 的复合材料、镁基体以及数学模型计算值的数据见表 4.11。可以看出,10 vol% 增强相制备的复合材料密度接近混合法则的计算值,而 20 vol% 增强相制备的复合材料密度偏差较大,密度更低。

复合材料的弹性模量与 Halpin-Tsai 方程的计算值接近,10 vol% SiC 增强复合材料的弹性模量比基体增加了 11% 左右,而 20 vol% SiC 复合材料增加不到 19%,这是增强相增多、孔隙含量增加导致的。所有压痕点的硬度测量值都非常一致,因此可以推断颗粒在镁基体中均匀分布、状态良好。10 vol% SiC 增强复合材料的硬度较基体提高 75%,而 20 vol% SiC 增强复合材料硬度平均值为 45.26HV,并没有达到预期,这是因为更多的增强相会导致更大的孔隙率。

表 4.11　SiC 体积分数对复合材料力学性能的影响

材料	密度/(g·cm⁻³)		弹性模量/GPa		硬度(HV)
	混合法则计算值	实验值	Halpin-Tsai 模型计算值	实验值	
Mg	—	1.78	45	45	27.9
SiC(10 vol%)	1.88	1.83	52.7	49.3	49.1
SiC(20 vol%)	2.06	1.83	61.7	53.4	45.2

4.6.3　Mg-AZ91E/SiC 复合材料微观组织

　　萨拉帕[102]研究了由 Mg-AZ91E/SiC 镁合金制成的 MMC 的热导率和热膨胀系数。镁合金的增强相是包覆 SiO_2 的 SiC 颗粒,所用颗粒的平均尺寸为 7.25 μm 和 21 μm;通过无压浸渗法制备 MMC。多孔 SiC 预制件的氧化在管式炉中进行,炉内气流温度为 1 200 ℃,持续时间为 2 h。氧化气氛下形成的 SiO_2 层如图 4.39(a)所示。图中氧化层的断裂是由抛光引起的。EDS 谱图确认了氧化层的形成。图 4.39(a)中存在 SiO_2 层的断裂现象,图 4.39(b)中更强烈的衬度表明存在 SiC,而不是在抛光过程中被剥离的氧化层。

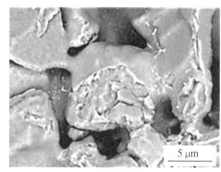 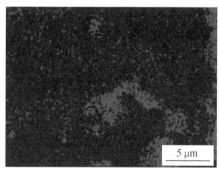

(a) SiO_2 层　　　　　　　　　　　　(b) C 元素面分布

图 4.39　SiC 颗粒氧化后的 SEM 形貌和成分

　　同样,XRD 谱图证实存在 SiO_2[103]。可将多孔、预烧结和氧化的预制件在 750~900 ℃下以及流动氩气和氮气气氛中的浸渗分为三个阶段:第一阶段在氩气气氛下,直至达到程序设定的浸渗温度;第二阶段使用氮气 15 min 以促进浸渗;第三阶段采用氩气进行冷却。在浸渗温度为 750 ℃时获得了最佳的密度、硬度和弹性模量值,否则温度越高,镁蒸气进入陶瓷预制件诱发的孔隙率就越大,从而产生正压阻止或延缓基体的浸渗[97]。

　　图 4.40 所示为 Mg-AZ91E/SiC 复合材料的 SEM 微观组织和化学元素面

分布。在 750 ℃时,基体中存在不均匀的增强相,并且浸渗后的 MMC 孔隙率很小。

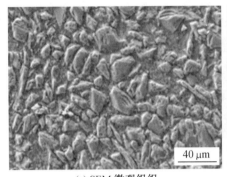

(a) SEM 微观组织　　　　　　　　　(b) 化学元素面分布

图 4.40　Mg-AZ91E/SiC 复合材料的 SEM 微观组织和化学元素面分布

大部分陶瓷表面抛光后没有陶瓷颗粒脱落,这表明基体和增强相之间的黏着力足够强,可以承受样品制备过程的载荷。据推测,这种良好的黏着性与铝镁尖晶石的形成有关,铝镁尖晶石是 SiO_2 与含有 Al 和 Mg 的熔体反应的产物[97]。

在 750 ℃(1 023 K)下,界面处尖晶石的形成(式(4.14))以及氧化镁与氧化铝之间的固态反应(式(4.15))满足热力学条件:

$$Mg+2Al+2SiO_2 \Longequal MgAl_2O_4+2Si, \quad \Delta G_{(750 ℃)} = -421.435 \text{ kJ/mol} \quad (4.14)$$

$$MgO_{(s)}+Al_2O_{3(s)} \Longequal MgAl_2O_{4(s)}, \quad \Delta G_{(1 000 ℃)} = -49.4 \text{ kJ/mol} \quad (4.15)$$

4.6.4　Mg-AZ91E/SiC 复合材料物理和力学性能

采用 ASTM C20-00[48] 描述的阿基米德方法测量复合材料的密度。750 ℃、800 ℃、900 ℃下制备的复合材料的密度分别为 98.89、97.42、82.06 g/cm³。密度的降低是由于在较高温度下产生较多镁蒸气,产生正压,阻止或延迟基体的浸渗,从而增加了孔隙率[97]。Mg-AZ91E/SiC 复合材料测量和理论计算的一些热学和力学性能比较如下。

Mg-AZ91E/SiC 复合材料的平均弹性模量测量表明,平均粒径 21 μm 增强相制备的复合材料的平均弹性模量为 140 GPa,而平均粒径为 7.5 μm 的 MMC 的平均弹性模量为 160 GPa。实验值与 Halpin-Tsai 模型[27] 计算值接近(模型使用的长径比为 0.8、1 和 2)。相对于基体,加入 21 μm 和 7.5 μm 的增强相后,弹性模量分别增加了 318% 和 367%。在 750 ℃下浸渗后,增强相平均粒径分别为 21 μm 和 7.5 μm SiC 的复合材料的硬度分别为 286HV 和 318HV。粒径减小、硬度增加,平均粒径为 21 μm 和 7.5 μm 的试样的硬度分别较基体增加了 427% 和 475%。在 25 ~ 300 ℃ 范围内,由最细颗粒制成的复合材料的 CTE 达到 $10.7 \times 10^{-6} ℃^{-1}$,而由较粗颗粒制成的复合材料的 CTE 达到 $11.5 \times 10^{-6} ℃^{-1}$,获得的数值与克纳(Kerner)模型计算值接近[39,104]。两种不同粒径 SiC 增强相的复合材料的导热系数(TC)差异显著,对于平均粒径 21 μm 的复合材料,25 ℃时的 TC 为 92 W/(m·K),而平均粒径 7.5 μm 的复合材料的 TC 为 46 W/(m·K)。不同尺寸颗粒复合材料导热系数的差异,可归因于粗颗粒制备的复合材料的连通性更高,而细颗粒会导致更大的热阻和电子散射。TC 随温度升高而降低,对于较粗的颗粒增强相,TC 值高达 54 W/(m·K);对于最细的颗粒增强相,TC 值为 24 W/(m·K)。在 300 ℃ 下,TC 的降低归因于声子和电子的平均自由程的降低。温度升高时,声子的谐波运动变为非谐波运动,在材料中的传播受阻。同样,电子也会发生类似情况,它们在高温下会加速到干扰自身运动的程度。

SiC 增强相含量小于 30 vol% 的复合材料,可以采用热压烧结、粉末冶金或搅拌铸造工艺。熔铸工艺由于可以大批量制造复杂形状部件,成为一类广受欢迎的制备工艺。特别是搅拌铸造法,由于工艺简便、制备高效、成本低廉,广泛用于制备颗粒增强金属基复合材料。因此,对 SiC 增强相含量低于 30 vol% 的复合材料开展了大量制备研究,获得了很高的比强度、硬度和耐磨性。巴萨正拉贾帕等[105]研究了液相法制备的 15 vol% SiC 和 3 vol% 石墨增强的 Al-Cu-Mg 基复合材料的耐磨性。与合金相比,在滑动速度较高时,复合材料的耐磨性优于基体合金。同样,普拉卡什等[106]通过粉末冶金方法制备了 5 wt% 和 10 wt% SiC 增强相与石墨混杂增强纯镁复合材料,发现显微硬度、密度和耐磨性随着 SiC 含量的增加而增加。通过搅拌铸造方法制备 Al-Si-Mg/10 vol% SiC 复合材料,发现提高温度、延长保温时间可降低熔体黏度;700 ~ 800 ℃下制备的复合材料抗拉强度升高,温度继续升高后,抗拉强度降低,抗拉强度随保温时间的延长而降低[107]。

4.7　Ni/Al₂O₃ 增强复合材料的制备与表征

通过制备氧化物陶瓷颗粒增强复合材料来改善金属的力学性能已得到广泛认可。在氧化物陶瓷中,ZrO_2 和 Al_2O_3 由于其优异的性能成为最重要的增强材料,被广泛应用[108]。制备双相颗粒复合材料是提高力学性能的最简便方法。由于 Al_2O_3 和 Y_2O_3 稳定氧化锆(Y-TZP)具有良好的力学性能、耐磨性和良好的生物相容性成为全髋关节置换术中股骨头置换材料最好的选择[109]。

作为最常用的先进陶瓷之一,Al_2O_3 具有优异的耐热性、耐蚀性、耐磨损和抗氧化性能,在高温下具有很大的应用潜力。然而,Al_2O_3 断裂韧性较低,应用仍受到限制。如果诱发断裂过程的裂纹萌生和扩展过程能够被完全抑制,结构陶瓷的服役可靠性将大大提升,那么 Al_2O_3 陶瓷很可能成为先进燃气轮机和发动机以及气体密封管的主要候选材料[110]。一般来说,克服这一问题的一种途径是引入纤维、晶须和韧性/脆性颗粒化陶瓷并提高其断裂韧性[111,112]。目前的研究主要集中在具有细小组织的 Al_2O_3 基复合材料方面。Al_2O_3-金属纳米复合材料可以利用 Al_2O_3 和金属或 Al_2O_3 和金属氧化物的混合粉末通过热压法进行制备,通常只需要添加相对较少的金属颗粒就可以显著改善强度。

4.7.1　Ni/Al_2O_3 复合材料制备

脉冲电流烧结(PECS)有时也称为等离子活化烧结(PAS)或放电等离子烧结(SPS),是一种新开发的可实现短时间内晶粒生长最小化的烧结方法[113,114]。由于热效率高,PECS 与传统烧结方法相比,火花脉冲电流直接通过粉末颗粒和模具,更容易在较低的烧结温度、更短的时间内实现高质量材料的致密化[115,116]。因此,PECS 对于传统烧结方法难以烧结致密的陶瓷、金属间化合物、纳米晶材料和功能梯度材料等先进材料的烧结,是非常有效的。通常将原始粉末放在石墨模中单向压制,将脉冲直流电(DC)快速施加到导电性的压力模具上,在某些情况下,也施加到样品上实现自加热[117,118]。该方法成功地烧结了 Si_3N_4、AlN、Al_2O_3 和 SiC 等陶瓷[113-118]。图 4.41 所示为烧结设备内部样品布置的示意图[120]。

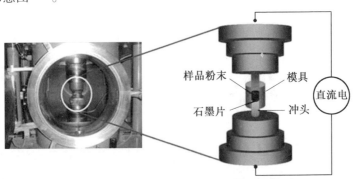

图 4.41　烧结设备中样品布置方式的示意图

萨拉斯-维拉塞罗等[119,120] 研究了纳米 Ni 颗粒增韧 Al_2O_3 复合材料的 PECS 制备工艺。5 vol% Ni 增强 Al_2O_3 陶瓷复合材料(CMC)包括四个制备步骤:①浆料制备;②干燥;③粉末还原处理;④放电等离子烧结。具体过程如图 4.42 所示[119,120]。

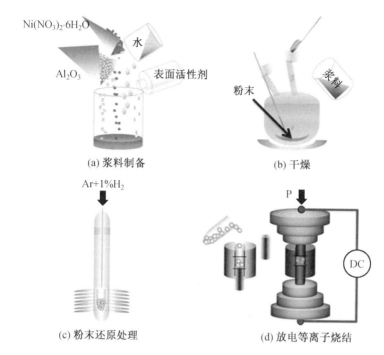

(a) 浆料制备　　　　　　　　　(b) 干燥

(c) 粉末还原处理　　　　　(d) 放电等离子烧结

图 4.42　Ni/Al₂O₃ 陶瓷复合材料(CMC)的制备

Ni/Al_2O_3 复合材料采用商用 $\alpha-Al_2O_3$ 粉末(住友化学有限公司,AA-04,平均粒径为 0.4 μm,纯度为 99.99%)和硝酸镍($Ni(NO_3)_2 \cdot 6H_2O$,纯度为 99.9%,平均粒径为 200 nm)作为 Ni 源的原料。烧结前的粉末有尺寸小于 100 nm 和 0.5 μm 的镍颗粒。Ni/Al_2O_3 纳米复合材料采用水溶液法制备,复合材料中镍含量固定为 5 vol%。$\alpha-Al_2O_3$ 粉末和硝酸镍的水基浆料在 300 ℃下干燥,然后在 $Ar+1\%H_2$ 混合气流中以加热速率 400 K/h 升温至 600 ℃,并保温 12 h。在单轴压力 45 MPa 的真空条件下,利用 PECS 技术在 1 400 ℃下烧结 5 min,制备直径 15 mm、厚度 4 mm 的圆柱锭。

4.7.2　Ni/Al_2O_3 复合材料微观组织与力学性能

在甲苯中利用阿基米德法测量 Ni/Al_2O_3 烧结样品的密度(4.02 ± 0.04 g/cm³),致密度达到 98% 以上。PECS 制备样品的相对密度值与热压(98%)[121] 和传统无压烧结(99.72%)[122] 复合材料的相对密度值相近,但 PECS 工艺的温度更低、时间更短。另外,PECS 制备的 Ni/Al_2O_3 复合材料的相对密度优于浸渗法制备材料的相对密度[112]。图 4.43(a)和(b)所示分别为 Ni/Al_2O_3 纳米复合粉末和烧结态纳米复合材料的 SEM 形貌[120]。

烧结后通过 SEM 观察断口表面结构。在烧结前(图 4.43(a))和烧结后(图 4.43(b)),可以分别观察到小于 100 nm 和 0.5 μm 的 Ni 颗粒。图 4.44 所示为 Ni/Al$_2$O$_3$ 纳米复合材料的断口形貌[120]。在图 4.44 中可以观察到在 Al$_2$O$_3$ 基体晶界中均匀分布的球形 Ni 颗粒,与不同作者之前所报道的一致[123,124]。

(a) 纳米复合粉末　　　　　　　(b) 在 1 400 ℃下 PECS 烧结 5 min 后

图 4.43　Ni/Al$_2$O$_3$ 纳米复合粉末和烧结态纳米复合材料的 SEM 形貌

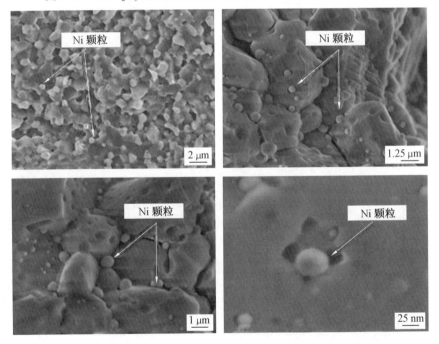

图 4.44　在 1 400 ℃ PECS 烧结 5 min 制备的 Ni/Al$_2$O$_3$ 纳米复合材料的断口 SEM 照片

烧结材料的断裂韧性采用 JIS R 1607(与精细陶瓷相关的日本工业标准)标准评价。三好(Miyoshi)方程如下[125,126]:

$$K_{IC} = 0.026 \frac{E^{0.5} P^{0.5} a}{c^{1.5}} \qquad (4.16)$$

式中,K_{IC} 为断裂韧性(MPa · m$^{1/2}$);E 为弹性模量(N/m^2);P 为断裂载荷 (49.03 N);a 为压痕尺寸(m);c 为以压痕中心为起点测量的裂纹长度(m)。 所有样品的弹性模量均采用 380 GPa[127]。图 4.45 所示为测量的不同变量以 表征 Ni/Al$_2$O$_3$ 复合材料断裂韧性的示意图。

通过试样的三个维氏压痕的平均断裂韧性值 K_{IC} 计算得到复合材料的平均 断裂韧性值为 (7.0 ± 0.14) MPa · m$^{1/2}$。该值高于 Al$_2$O$_3$ 块体材料 (3 ~ 4 MPa · m$^{1/2}$)[127] 及其浸渗法制备的复合材料(4.2 MPa · m$^{1/3}$)[123],甚至高于 热压法制备的复合材料(3.5 ~ 4.2 MPa · m$^{1/2}$)[122]。

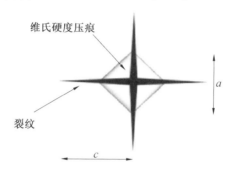

图 4.45　Ni/Al$_2$O$_3$ 复合材料断裂韧性计算方法示意图

4.8　Mg-AZ91E/TiC 复合材料的制备与表征

Mg 和 TiC 因具有力学性能好、易加工、质轻等特点,成为金属基复合材料 制备中最常用的组分。Mg-AZ91E 镁合金是最常见的铸造镁合金。它具有良 好的铸造性、机械强度和塑性,以及优异的耐蚀性。TiC 是一种热膨胀系数低 的硬质陶瓷材料,具有良好的热力学稳定性,与 Mg 的结合可以改善复合材料 的力学性能[1,7,8,11,13,16]。浸渗技术由于可以添加高含量的陶瓷增强相并在复 合材料中获得各向同性性能,成为制造 Mg/TiC 复合材料最常用的技术之一。

本节研究通过镁合金在 950 ℃下的自发浸渗制备 Mg-AZ91E/TiC 复合材 料[128,129]。复合材料中含 37 vol% 的金属基体和 63 vol% 的 TiC 增强相。研究 固溶和时效对 Mg-AZ91E/TiC 复合材料组织和力学性能的影响。使用维氏硬 度和弹性模量测量并评价时效行为的影响。

4.8.1　Mg-AZ91E/TiC 复合材料制备

采用平均粒径为 7.4 μm 的 TiC 粉末和商用 Mg-AZ91E 镁合金,通过无压浸渗技术制备 Mg-AZ91E/TiC 复合材料。图 4.46 所示为 TiC 粉末的 SEM 照片[129]和粒径分布[129]。图 4.47 所示为 Mg-AZ91E 镁合金的 SEM 照片[129]。镁合金的化学成分见表 4.12。镁合金和 TiC 的一些重要的力学性能和物理性能见表 4.13。

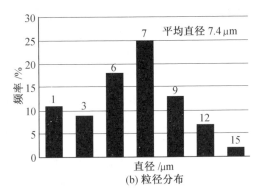

(a) TiC 粉末的 SEM 照片 　　　　　(b) 粒径分布

图 4.46　TiC 粉末的 SEM 照片及粒径分布

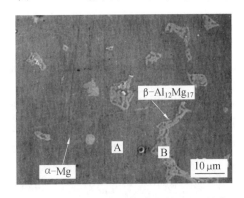

图 4.47　Mg-AZ91E 镁合金的 SEM 照片

表 4.12　Mg-AZ91E 镁合金的化学成分　　　　　　　　wt%

Al	Zn	Mn	Si	Fe	Cu	Ni	Mg
8.80	0.71	0.19	0.029	0.001	0.002	0.001	余量

表 4.13　Mg-AZ91E 镁合金和 TiC 的性能

性能	Mg-AZ91E	TiC
弹性模量/GPa	45	450
抗拉强度/MPa	117	258
硬度(HB)	70	121
CTE/($\mu m \cdot m^{-1} \cdot K^{-1}$)	27	7.9
导热系数/($W \cdot m^{-1} \cdot K^{-1}$)	72	17.2
密度/($g \cdot cm^{-3}$)	1.8	4.93
熔点/℃	470	3 160

利用钢模,在 75 MPa 的载荷下冷压得到尺寸为 6.5 cm×1 cm×1 cm 的 TiC 粉末预制件素坯。将素坯置于氩气气氛下在 1 250 ℃烧结 1 h,避免预制件氧化。使用 ASTM C20-00[48] 中所述的阿基米德方法测量烧结预制件和复合材料的孔隙率。在 950 ℃下利用 Mg-AZ91E 镁合金对预制件进行浸渗。

对制备的 Mg-AZ91E/TiC 复合材料进行 T6 热处理。该处理包括两个阶段:固溶和人工时效。固溶阶段,在 413 ℃下固溶处理 24 h,然后进行冷水淬火,充分溶解沉淀相;人工时效阶段,将样品在氩气的保护下于 168 ℃和 216 ℃下加热,进行 16 h 的人工时效。固溶热处理是为了使基体成分均匀化,并减少 $Al_{12}Mg_{17}$ 沉淀相含量[130]。

对复合材料的硬度和弹性模量等力学性能进行测试。材料的硬度通过 NANOVETA 维氏硬度计测定,载荷为 20 kg,至少使用三根试棒且每根试棒测量五个压痕以获得平均值。使用 GrindoSonic MK5 JV Lemmens 设备测量弹性模量,制备了三根复合材料试样,以获得具有代表性的平均值,并在四个面上都进行测量。此外,使用混合法则、Hashin-Shtrickman 和 Halpin-Tsai 模型[26,27]对复合材料的弹性模量进行理论计算。

对热处理前后复合材料的截面进行分析,通过 SIEMENS D5000 型 X 射线衍射仪,在 20°~90°范围进行扫描;采用配备 EDS 的 JEOL 6400 SEM 分析微观组织。采用加速电压为 200 kV、配备 X 射线能量色散分析(EDAX)系统的 TEM(Philips Tecnai F20)分析界面反应产物。用于 TEM 和 HRTEM 观察的样品为复合材料箔片(后 300 μm)按照常规方法制样。利用 DimplerD500i 凹坑仪在直径 3 mm 的箔片上制备凹坑,然后利用 Struers Tenupol-5 设备、10% 高氯酸电解液，在 40 V、10 ℃ 的条件下减薄 15 min。

4.8.2　Mg-AZ91E/TiC 复合材料微观组织与界面反应

图 4.48 所示为制备态和热处理态 Mg-AZ91E/TiC 复合材料的 SEM 照片，可以观察到增强相在金属基体中分布均匀。复合材料含有 37 vol% 的金属基体和 63 vol% 的增强相（TiC）。

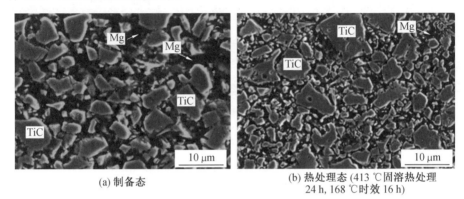

(a) 制备态　　　　　　　(b) 热处理态 (413 ℃固溶热处理
　　　　　　　　　　　　　　24 h，168 ℃时效 16 h)

图 4.48　Mg-AZ91E/TiC 复合材料的 SEM 照片

采用阿基米德法测定 Mg-AZ91E/TiC 复合材料的密度，显示致密度约为 98.3%、孔隙率约为 1.7%。对不同复合材料样品进行多处化学元素分析确定元素面分布状态。图 4.49 所示为制备态复合材料中主要元素的分布图。

可以看出，材料内可能含有 Al_2O_3 或 $MgAl_2O_4$ 尖晶石析出相。氧可能来自预制件的表面氧化（TiO_2），以及预制件烧结后操作过程发生的氧化。

采用 XRD 对未热处理和热处理后的复合材料进行微观组织表征，得到的衍射谱图如图 4.50 所示，确认制备态和热处理态复合材料中含有 TiC、Mg、Al 和 $Al_{12}Mg_{17}$ 相。复合材料经固溶热处理后，$Al_{12}Mg_{17}$ 相的含量降低，说明固溶热处理实现了基体的均匀化以及 $Al_{12}Mg_{17}$ 相的回溶。

纯镁体系 Mg/TiC 中，TiC 在热力学上是稳定的[8,131]，然而在 Mg-AZ91E 基体中，TiC 可与合金的微量元素反应形成界面产物。可以通过界面组织观察确定这些反应产物存在的情况。

另外，镁与氧容易反应生成 MgO。MgO 有可能在 TiC 陶瓷预制件烧结过程中由 Mg 与 TiO_2 反应生成，还可能由还原热力学上欠稳定的 Al_2O_3 得到。

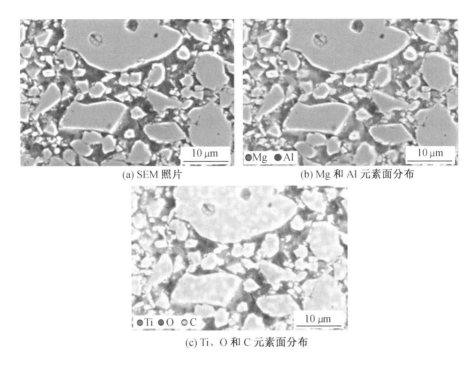

(a) SEM 照片　　　　　　　　(b) Mg 和 Al 元素面分布

(c) Ti、O 和 C 元素面分布

图 4.49　Mg-AZ91E/TiC 复合材料的 SEM 组织及化学元素面分布图(彩图见附录)

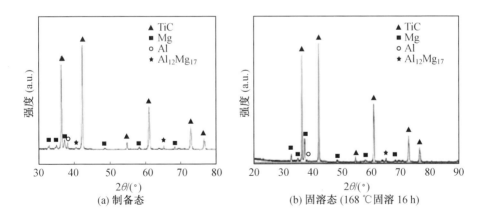

(a) 制备态　　　　　　　　　(b) 固溶态(168 ℃固溶 16 h)

图 4.50　Mg-AZ91E/TiC 复合材料的 XRD 谱图

　　热力学稳定性研究表明,Al-Mg 合金[49,51] 体系中 Al-Mg 氧化物可能为 Al_2O_3、$MgAl_2O_4$ 或 MgO。雷耶斯等[129] 给出了 Mg-AZ91E/TiC 体系 O_2 与复合组分(质量分数)的热力学相图,说明进行 T6 热处理时可能发生的反应类型。

该图可预测 168 ℃温度下出现的不同物相主要是 MgO 和 $Al_{12}Mg_{17}$ 相,其次是 $MgAl_2O_4$ 尖晶石相。

图 4.51 所示为复合材料中析出相区域的元素面分布图,在该区域可以检测出 Al、O 和 Mg[129]。根据热力学分析,可能形成了 $MgAl_2O_4$ 尖晶石。在热处理后的复合材料中确实发现存在 $MgAl_2O_4$ 尖晶石相。根据反应(4.17)和反应(4.18),这种尖晶石相可由液态镁在浸渗过程中(950 ℃)与 Al_2O_3 相互作用形成,也可由复合材料热处理过程中(413 ℃)MgO 与 Al_2O_3 固相反应形成。

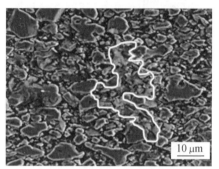
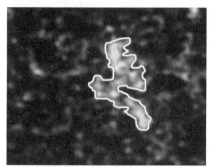

(a) 168 ℃固溶热处理 16 h 后的 SEM 照片　　(b) 化学元素面分布图(显示了存在 Mg、Al、O 元素)

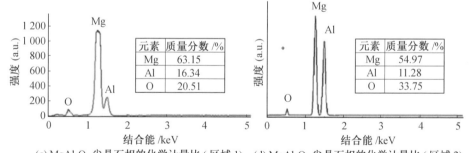

(c) $MgAl_2O_4$ 尖晶石相的化学计量比(区域 1)　(d) $MgAl_2O_4$ 尖晶石相的化学计量比(区域 2)

图 4.51　Mg-AZ91E/TiC 复合材料的组织成分

$$3Mg_{(1)} + 4Al_2O_{3(s)} \longrightarrow 2Al + 3MgAl_2O_4$$

$$\Delta G_{(950 ℃)} = -208.523 \text{ kJ/mol} \qquad (4.17)$$

$$\Delta G_{(413 ℃)} = -204.668 \text{ kJ/mol}$$

$$MgO_{(s)} + Al_2O_{3(s)} \longrightarrow MgAl_2O_4$$

$$\Delta G_{(950\,℃)} = -31.132 \text{ kJ/mol} \qquad\qquad (4.18)$$

$$\Delta G_{(413\,℃)} = -27.626 \text{ kJ/mol}$$

采用高分辨透射电子显微镜(HRTEM)观察基体与增强相之间的界面反应。图 4.52(a)所示为 TiC 颗粒与 Mg 基体界面处析出相的高角环形暗场(HAADF)STEM 图像[129]。图 4.52(b)为成分线扫描结果,显示存在 Al、O、Mg[129]。图 4.52(c)、(d)所示为在析出相上 O_1、O_2 两处进行的 EDS 分析结

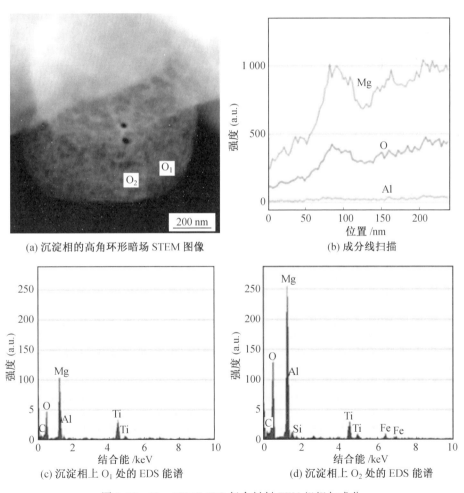

(a) 沉淀相的高角环形暗场 STEM 图像　　(b) 成分线扫描

(c) 沉淀相上 O_1 处的 EDS 能谱　　(d) 沉淀相上 O_2 处的 EDS 能谱

图 4.52　Mg-AZ91E/TiC 复合材料 TEM 组织与成分

果,显示存在 Mg、Al、O、Ti 和 C,它们可能为 $MgAl_2O_4$。

　　经过仔细标定,HRTEM 图像显示的反应产物为镁铝尖晶石($MgAl_2O_4$)、氧化镁(MgO)和氧化铝(Al_2O_3)纳米颗粒。图 4.53(a)所示为 $MgAl_2O_4$ 的 HRTEM 图像,图中的纳米颗粒被标定为 $MgAl_2O_4$,其晶面间距为0.243 nm,对应于(311)晶面的面间距;图 4.53(b)所示为纳米颗粒区域的 FFT 谱图和 HRTEM 图;图 4.53(c)所示为图 4.53(a)所示颗粒的 EDS 谱图。

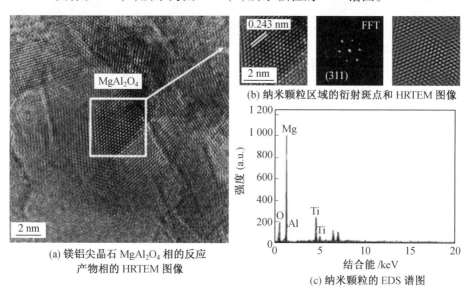

(a) 镁铝尖晶石 $MgAl_2O_4$ 相的反应产物相的 HRTEM 图像

(b) 纳米颗粒区域的衍射斑点和 HRTEM 图像

(c) 纳米颗粒的 EDS 谱图

图 4.53　Mg-AZ91E/TiC 复合材料的反应产物

　　图 4.54(a)所示为 TiC 颗粒与 Mg 基体界面处另一析出相的高角环形暗场 STEM 图像;图 4.54(b)所示为 O、Ti、Mg 元素的线扫描结果;图 4.54(c)为 O、Mg 元素的线扫描结果,形成的可能为氧化镁(MgO);图 4.54(d)所示为 C、Ti 元素的线扫描结果,可能对应于 TiC 纳米颗粒。

　　细小析出物 TEM 分析显示了晶面间距为 0.243 nm 的沉淀相,EDS 分析揭示了镁和氧元素的存在,与 MgO 相对应(图 4.55(a));图 4.55(b)所示为 MgO 沉淀相的 HRTEM 图像的 FFT 图,沉淀相斑点的晶带轴沿[$1\bar{1}0$];图 4.55(c)所示为图 4.55(a)中纳米颗粒的 EDS 谱图。

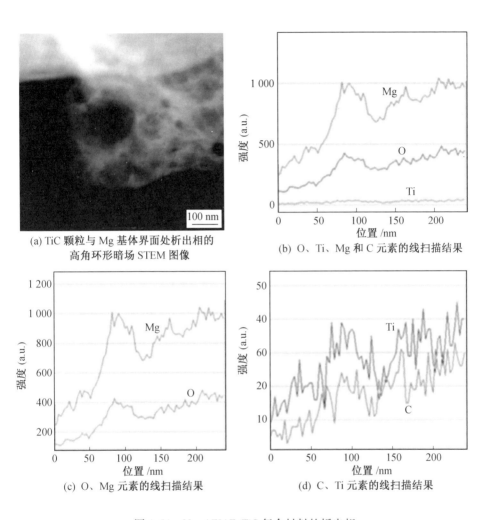

(a) TiC 颗粒与 Mg 基体界面处析出相的
高角环形暗场 STEM 图像

(b) O、Ti、Mg 和 C 元素的线扫描结果

(c) O、Mg 元素的线扫描结果

(d) C、Ti 元素的线扫描结果

图 4.54　Mg-AZ91E/TiC 复合材料的析出相

图 4.56(a)所示为 Mg-AZ91E/TiC 复合材料在 413 ℃固溶 24 h 和 168 ℃
下进行 16 h 人工时效的 HRTEM 图像。该形貌与 Al$_2$O$_3$ 纳米颗粒一致,对应于
(400)晶面间距 0.197 nm。图 4.56(b)所示为 Al$_2$O$_3$ 纳米颗粒的 HRTEM 图像
得到的 FFT 形貌,显示为立方相的衍射花样。图 4.56(c)所示为纳米颗粒区域
的 HRTEM 图像。

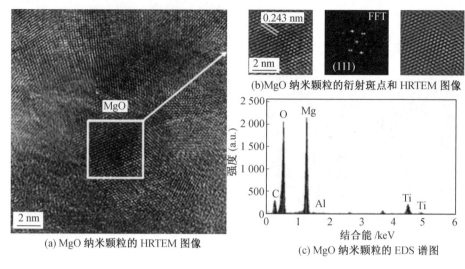

(a) MgO 纳米颗粒的 HRTEM 图像

(b)MgO 纳米颗粒的衍射斑点和 HRTEM 图像

(c) MgO 纳米颗粒的 EDS 谱图

图 4.55　Mg-AZ91E/TiC 复合材料中 MgO 的形貌与成分

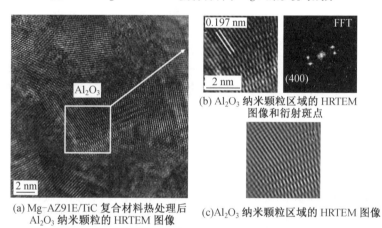

(a) Mg-AZ91E/TiC 复合材料热处理后 Al_2O_3 纳米颗粒的 HRTEM 图像

(b) Al_2O_3 纳米颗粒区域的 HRTEM 图像和衍射斑点

(c)Al_2O_3 纳米颗粒区域的 HRTEM 图像

图 4.56　Mg-AZ91E/TiC 复合材料中 Al_2O_3 纳米颗粒的形貌与成分

4.8.3　Mg-AZ91E/TiC 复合材料力学性能

本节分析 Mg-AZ91E/TiC 复合材料的一些力学性能（如硬度、弹性模量等），这些性能主要取决于增强相的含量。

1. 硬度测量

通过维氏硬度测定复合材料的硬度。为此取三个样品，每个样品测量五个压痕，求平均值。热处理前复合材料的平均硬度为 316HV（33HRC）。复合材料经固溶和 168 ℃时效后的硬度达到 362HV。图 4.57 所示为 168 ℃和 216 ℃

时效后的硬度。

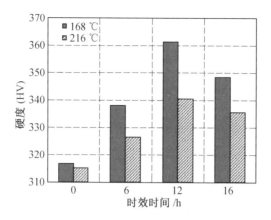

图 4.57 时效温度和时间对 Mg-AZ91E/TiC 复合材料硬度的影响

2. 弹性模量

采用 GrindoSonic 设备测量弹性模量。测量三块复合材料获得平均值,得到弹性模量平均值为 162 GPa,与同类复合材料的弹性模量值类似[19,42,131],然而这些复合材料中增强相的体积分数和粒径不同;此外铝的弹性模量高于 AZ91 合金。168 ℃ 和 216 ℃ 时效温度下,时效时间对弹性模量的影响如图 4.58 所示。

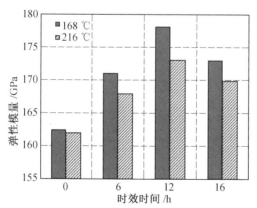

图 4.58 时效温度和时间对 Mg-AZ91E/TiC 复合材料弹性模量的影响

Halpin-Tsai 模型是根据增强相的几何形状(长径比)以及增强相和基体的弹性性质来预测复合材料弹性的数学模型,该模型可以得到更准确的预测结果。表 4.14 所示为 Mg-AZ91E/TiC 复合材料弹性模量的测量和计算值。

表 4.14　Mg-AZ91E/TiC 复合材料弹性模量的测量和计算值

弹性模量	测量值	Halpin-Tsai[27,132] 模型计算值(长径比 $S=1$)	Hashin-Shtrickman[26,43] 模型计算值	Anasori[19] 模型计算值
E/GPa	162	165	140	174

3. 热处理的影响

Mg-AZ91E/TiC 复合材料在 413 ℃固溶 24 h、168 ℃和 216 ℃时效 16 h 后,分析其力学性能。时效是一种可以在室温(自然时效)或设定的温度(人工时效)下发生的过程,这种过程可以控制,并能够产生分布状态良好的析出相。时效过程决定了所需的最终强度、模量和硬度。

通过硬度和弹性模量评价两种时效温度下热处理的效果。图 4.59 和图 4.60 所示分别为弹性模量和硬度与时效时间的函数。可以看出,热处理提高了复合材料的弹性模量(图 4.59),168 ℃下时效的效果更好,时效 12 h 后获得最高的弹性模量。时效时间超过 12 h 后,弹性模量下降,这可能与过时效有关。硬度也表现出类似的行为(图 4.60)。

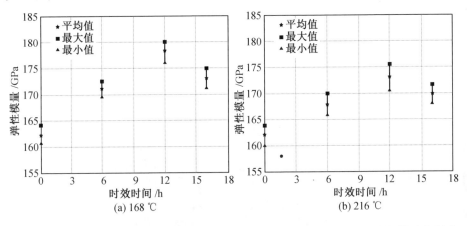

图 4.59　Mg-AZ91E/TiC 复合材料 413 ℃固溶后不同温度下时效时间对弹性模量的影响

时效过程中,晶粒内部会析出分布均匀的细小颗粒,相应地力学性能逐渐达到峰值。时效时间过长,析出相尺寸过大,产生过时效使得力学性能下降。张等[133]研究了在 175 ℃和 200 ℃下,时效时间对 Mg-AZ91E/TiC 复合材料硬度的影响,复合材料硬度在 175 ℃时效 30 h 和 200 ℃时效 12 h 后达到峰值。

总之,采用无压浸渗法制备的 Mg-AZ91E/TiCp 复合材料中,XRD 检测到 Mg、TiC、Al 和 $Al_{12}Mg_{17}$ 相;热处理后 TEM 分析证实存在 $MgAl_2O_4$、MgO 和 Al_2O_3

相。制备态复合材料的弹性模量和硬度分别为 162 GPa 和 316HV。固溶后经 168 ℃时效 12 h 时后,复合材料的弹性模量和硬度分别达到 178 GPa 和 362HV。结果表明,延长时效时间至 12 h 后力学性能达到最大值。时效时间过长会产生过时效,力学性能开始下降。

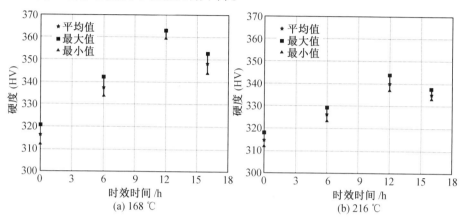

图 4.60　Mg-AZ91E/TiC 复合材料 413 ℃固溶后不同温度下时效时间对硬度的影响

本章参考文献

［1］ Dey A, Pandey K M (2015) Magnesium metal matrix composites-A review. Rev Adv Mater Sci 42:58-67.

［2］ Luo A (1995) Processing, microstructure, and mechanical behavior of cast magnesium metal matrix composites. Metall Mater Trans A 26:2445-2455.

［3］ Lopez V H, Truelove S, Kennedy A R (2003) Fabrication of Al-TiC master composites and their dispersion in Al, Cu and Mg melts. Mater Sci Technol 19:925-930.

［4］ Sun X F, Wang C J, Deng K K, Kang J W, Bai Y, Nie K, Shang S J (2017) Aging behavior of AZ91 matrix influenced by 5 μm SiCp:Investigation on the microstructure and mechanical properties. J Alloys Compd 727:1263-1272.

［5］ Wang X J, Xu L, Hu X S, Nie K B, Deng K K, Wu K, Zheng M (2011) Influences of extrusion parameters on microstructure and mechanical properties of particulate reinforced magnesium matrix composites. Mater Sci Eng A Struct Mater 528:6387-6392.

［6］Shen M J, Ying T, Chen F Y, Hou J M（2017）Microstructural analysis and mechanical properties of the AZ31B matrix cast composites containing micron SiC particles. Int J Met Cast 11（2）:287-293.

［7］Chen L, Yao Y（2014）Processing, microstructures, and mechanical properties of magnesium matrix composites: A review. Acta Metall Sin 27:762-774.

［8］Contreras A, Lopez V H, Bedolla E（2004）Mg/TiC composites manufactured by pressureless melt infiltration. Scr Mater 51:249-253.

［9］Dong Q, Chen L Q, Zhao M J, Bi J（2004）Synthesis of TiCp reinforced magnesium matrix composites by in situ reactive infiltration process. Mater Lett 58: 920-926.

［10］Cao W, Zhang C, Fan T, Zhang D（2008）In situ synthesis and damping capacities of TiC reinforced magnesium matrix composites. Mater Sci Eng A 496:242-246.

［11］Jo I, Jeon S, Lee E, Cho S, Lee H（2015）Phase formation and interfacial phenomena of the in-situ combustion reaction of Al-Ti-C in TiC/Mg composites. Mater Trans 56:661-664.

［12］Chen L, Guo J, Yu B, Ma Z（2007）Compressive creep behavior of TiC/AZ91D magnesiummatrix composites with interpenetrating networks. J Mater Sci Technol 23（02）:207-212.

［13］Lim C Y H, Leo D K, Ang J J S, Gupta M（2005）Wear of magnesium composites reinforced with nanosized alumina particulates. Wear 259:620-625.

［14］Contreras A, Leon C A, Drew R A L, Bedolla E（2003）Wettability and spreading kinetics of Al and Mg on TiC. Scr Mater 48:1625-1630.

［15］Zhang X Q, Wang H W, Liao L H, Ma N H（2007）In situ synthesis method and damping characterization of magnesium matrix composites. Compos Sci Technol 67:720-727.

［16］Jiang Q C, Li X L, Wang H Y（2003）Fabrication of TiC particulate reinforced magnesium matrix composites. Scr Mater 48:713-717.

［17］Balakrishnan M, Dinaharan I, Palanivel R, Sivaprakasam R（2015）Synthesize of AZ31/TiC magnesium matrix composites using friction stir processing. J Magnes Alloys 3:76-78.

［18］Gu X Y, Sun D Q, Liu L（2008）Transient liquid phase bonding of TiC reinforced magnesium metal matrix composites （ TiC$_p$/AZ91D ） using aluminum interlayer. Mater Sci Eng A 487:86-92.

[19] Anasori B, Caspi N, Barsoum M W (2014) Fabrication and mechanical properties of pressureless melt infiltrated magnesium alloy composites reinforced with TiC and Ti$_2$AlC particles. Mater Sci Eng A 618:511-522.

[20] Kaneda H, Choh T (1997) Fabrication of particulate reinforced magnesium composites by applying a spontaneous infiltration phenomenon. J Mater Sci 32:47-56.

[21] Ye H Z, Liu X Y (2004) Review of recent studies in magnesium matrix composites. J Mater Sci 39:6153-6171.

[22] Contreras A, Salazar M, León C A, Drew R A L, Bedolla E (2000) The kinetic study of the infiltration of aluminum alloys into TiC. Mater Manuf Process 15(2):163-182.

[23] Muscat D, Drew R A L (1994) Modeling the infiltration kinetics of molten aluminum into porous titanium carbide. Metall Mater Trans 25A(11): 2357-2370.

[24] Massalski T B (ed) (1990) Binary alloy phase diagrams, Vol 3, 2nd edn. American Society for Metals, Metals Park.

[25] Shimada S, Kozeki M (1992) Oxidation of TiC at low temperatures. J Mater Sci 27:1869.

[26] Hashin Z, Shtrickman S (1962) On some variational principles in anisotropic and non-homogeneous elasticity. J Mech Phys Solids 10:335-342.

[27] Halpin-Tsai J C (1992) Primer on composite materials analysis, 2nd edn. Technomic, Lancaster, pp 165-191.

[28] Boccaccini A R, Fan Z (1997) A new approach for the Young's modulus-porosity correlation of ceramic materials. Ceram Int 23:239-245.

[29] Elsayed A, Kondoh K, Imai H, Umeda J (2010) Microstructure and mechanical properties of hot extruded Mg-Al-Mn-Ca alloy produced by rapid solidification powder metallurgy. Mater Des 31:2444-2453.

[30] Tian J, Shobu K (2004) Hot-pressed AlN-Cu metal matrix composites and their thermal properties. J Mater Sci 39:1309-1313.

[31] Ye H Z, Liu X Y, Luan B (2005) In situ synthesis of AlN in Mg-Al

alloy by liquid nitridation. J Mater Process Technol 166:79-85.

[32] Mirshahi F, Meratian M (2012) High temperature tensile properties of modified Mg/Mg$_2$Si in situ composite. Mater Des 33:557-562.

[33] Huang Z, Yu S, Liu J, Zhu X (2011) Microstructure and mechanical properties of in situ Mg$_2$Si/AZ91D composites through incorporating fly ash cenospheres. Mater Des 32:4714-4719.

[34] Swaminathan S, Srinivasa R B, Jayaram V (2002) The production of AlN-rich matrix composites by the reactive infiltration of Al alloys in nitrogen. Acta Mater 50:3093-30104.

[35] León CA, Arrollo Y, Bedolla E, Drew R A L (2006) Properties of AlN-based magnesium-matrix composite produced by pressureless infiltration. Mater Sci Forum 502:105-110.

[36] Contreras A, López V H, León C A, Drew R A L, Bedolla E (2001) The relation between wetting and infiltration behavior in the Al-1010/TiC and Al-2024/TiC systems. Adv Technol Mater Mater Process 3(1):33-40.

[37] Xiu Z, Yang W, Chen G, Jiang L, Ma K, Wu G (2012) Microstructure and tensile properties of Si$_3$N$_4$p/Al-2024 composite fabricated by pressure infiltration method. Mater Des 33:350-355.

[38] Ding-Fwu L, Jow-Lay H, Shao-Ting C (2002) The mechanical properties of AlN/Al composite fabricated by squeeze casting. J Eur Ceram Soc 22:253-261.

[39] Zhang Q, Chen G, Wu G, Xiu Z, Luan B (2003) Property characteristics of AlN/Al composite fabricated by squeeze casting technology. Mater Lett 57:1453-1458.

[40] Goh C S, Soh K S, Oon P H, Chua B W (2010) Effect of squeeze casting parameters on the mechanical properties of AZ91-Ca Mg alloys. Mater Des 31(suppl. 1):S50-S53.

[41] Chedru M, Vicens J, Chermant L, Mordike B L (1999) Aluminium-aluminium nitride composites fabricated by melt infiltration under pressure. J Microsc 196:103-112.

[42] Contreras A, Angeles-Chavez C, Flores O, Perez R (2007) Structural, morphological and interfacial characterization of Al-Mg/TiC composites. Mater

Charact 58(8-9):685-693.

[43] Couturier R, Ducret D, Merle P, Disson J P, Jouvert P (1997) Elaboration and characterization of metal matrix composite: Al/AlN. J Eur Ceram Soc 17:1861-1866.

[44] Lai S W, Chung D D (1994) Fabrication of particulate aluminum matrix composites by liquid metal infiltration. J Mater Sci 29(12):3128-3150.

[45] Taheri-Nassaj E, Kobashi M, Chou T (1995) Fabrication of an AlN particulate aluminum matrix by a melt stirring method. Scr Mater 32:1923-1927.

[46] Wang L, Zhang B P, Shinohara T (2010) Corrosion behavior of AZ91 magnesium alloy in dilute NaCl solutions. Mater Des 31(2):857-863.

[47] Bedolla E, Lemus-Ruiz J, Contreras A (2012) Synthesis and characterization of Mg-AZ91/AlN composites. Mater Des 38:91-98.

[48] ASTM C20-00 (2000) Standard test method for apparent porosity, water absorption, apparent specific gravity and bulk density by boiling water. American Society for Testing and Materials.

[49] Lloyd D J (1994) Particle reinforcement aluminum and magnesium matrix composites. Int Mater Rev 39:1-23.

[50] McLeod A D, Gabryel C M (1992) Kinetics of growth of spinel $MgAl_2O_4$ on alumina particulate in aluminum alloys containing magnesium. Metall Mater Trans 23A:1279-1283.

[51] Lloyd D J, Lagacé H P, McLeod A D (1990) Interfacial phenomena in metal matrix composites. In: Ishida H (ed) Controlled interfaces in composites materials. Elsevier Science, New York.

[52] Contreras A, Bedolla E, Pérez R (2004) Interfacial phenomena in wettability of TiC by Al-Mg alloys. Acta Mater 52:985-994.

[53] Zheng M, Wu K, Yao C (2001) Characterization of interfacial reaction in squeeze cast SiC_w/Mg composites. Mater Lett 47:118-124.

[54] Zheng M Y, Wu K, Kamado S, Kojima Y (2003) Aging behavior of squeeze cast SiC_w/AZ91 magnesium matrix composite. Mater Sci Eng A 348:67-75.

[55] Taheri-Nassaj E, Kobashi M, Choh T (1995) Fabrication of an AlN particulate aluminium matrix composite by a melt stirring method. Scr Mater 32:

1923-1929.

[56] Chedru M, Boitier G, Vicens J, Chermant J L, Mordike B L (1997) Al/AlN composites elaborated by squeeze casting. Key Eng Mater 132-136: 1006-1009.

[57] Baik Y, Drew R A L (1996) Aluminum nitride: Processing and applications. Key Eng Mater 122-124:553-570.

[58] León C A, Drew R A L (2002) Small punch testing for assessing the tensile strength of gradient Al-Ni/SiC composites. Mater Lett 56:812-816.

[59] FactSage 5.0, Bale C W, Pelton A D, Thompson W T. Ecole Polytechnique de Montréal/Royal Military College, Canada (http://www. crct. polymtl. ca).

[60] Chedru M, Vicens J, Chermant J L, Mordike B L (2001) Transmission electron microscopy studies of squeeze cast Al-AlN composites. J Microsc 201: 299-315.

[61] Lai S W, Chung D D L (1994) Superior high-temperature resistance of aluminium nitride particle-reinforced aluminium compared to silicon carbide or alumina particle-reinforced aluminium. J Mater Sci 29:6181-6198.

[62] Kennedy A R, Wyatt S M (2000) The effect of processing on the mechanical properties and interfacial strength of aluminum/TiC MMC's. Compos Sci Technol 60:307-314.

[63] Muscat D, Shanker K, Drew R A L (1992) Al/TiC composites produced by melt infiltration. Mater Sci Technol 8(11):971-976.

[64] Frage N, Froumin N, Dariel M P (2002) Wetting of TiC by non-reactive liquid metals. Acta Mater 50(2):237-245.

[65] Rambo C R, Travitzky N, Zimmermann K, Greil P (2005) Synthesis of TiC/Ti-Cu composites by pressureless reactive infiltration of TiCu alloy into carbon preforms fabricated by 3D-printing. Mater Lett 59:1028-1031.

[66] Albiter A, Contreras A, Bedolla E, Pérez R (2003) Structural and chemical characterization of precipitates in Al-2024/TiC composites. Compos Part A 34:17-24.

[67] Albiter A, León C A, Drew R A L, Bedolla E (2000) Microstructure and heat-treatment response of Al-2024/TiC composites. Mater Sci Eng A289(1):

109-115.

[68] Contreras A, Albiter A, Bedolla E, Perez R (2004) Processing and characterization of Al-Cu and Al-Mg base composites reinforced with TiC. Adv Eng Mater 6(9):767-775.

[69] Goicoechea J, García-Cordovilla C, Louis E, Pamies A (1992) Surface tension of binary and ternary aluminum alloys of the systems Al-Si-Mg and Al-Zn-Mg. J Mater Sci 27:5247-5252.

[70] Pai B C, Ramani G, Pillai R M, Satyanarayana K G (1995) Review: Role of magnesium in cast aluminum alloy matrix composites. J Mater Sci 30: 1903-1911.

[71] Shoutens J E (1992) Some theoretical considerations of the surface tension of liquid metals for metal matrix composites. J Mater Sci 24:2681-2686.

[72] Contreras A (2007) Wetting of TiC by Al-Cu alloys and interfacial characterization. J Colloid Interface Sci 311:159-170.

[73] Lloyd D J (1991) Aspects of fracture in particulate reinforced metal matrix composites. Acta Metall Mater 39:59-71.

[74] Ravi-Kumar N V, Dwarakadasa E S (2000) Effect of matrix strength on the mechanical properties of Al-Zn-Mg/SiCp composites. Compos Part A 31: 1139-1145.

[75] Fine M E, Conley J G (1990) On the free energy of formation of TiC and Al_4C_3. Metall Trans 21A:2609-2610.

[76] Yokokawa H, Sakai N, Kawada T, Dakiya M (1991) Chemical potential diagram of Al-Ti-C system: Al_4C_3 formation on TiC formed in Al-Ti liquids containing carbon. Metall Trans 22A:3075-3076.

[77] Kennedy A R, Weston D P, Jones M I (2001) Reaction in Al-TiC metal matrix composites. Mater Sci Eng A 316:32-38.

[78] Frage N, Fru min N, Levin L, Polak M, Dariel M P (1998) High-temperature phase equilibria in the Al-rich corner of the Al-Ti-C system. Metall Mater Trans A 29:1341-1345.

[79] Samuel A M, Gauthier J, Samuel F H (1996) Microstructural aspects of the dissolution and melting of Al_2Cu phase in Al-Si alloys during solution heat treatment. Metall Mater Trans A 27:1785-1798.

[80] Aguilar E A, Leon C A, Contreras A, Lopez V H, Drew R A L, Bedolla E (2002) Wettability and phase formation in TiC/Al-alloys assemblies. Compos Part A 33:1425-1428.

[81] López V H, Leon C A, Kennedy A et al (2003) Spreading mechanism of molten Al-alloys on TiC substrates. Mater Sci Forum 416-418(3):395-400.

[82] Leon C A, Lopez V H, Bedolla E, Drew R A L (2002) Wettability of TiC by commercial aluminum alloys. J Mater Sci 37:3509-3514.

[83] Albiter A, Contreras A, Salazar M, Gonzalez J G (2006) Corrosion behaviour of aluminium metal matrix composites reinforced with TiC processed by pressureless melt infiltration. J Appl Electrochem 36:303-308.

[84] Duran-Olvera J M, Orozco-Cruz R, Galván-Martínez R, León C A, Contreras A (2017) Characterization of TiC/Ni composite immersed in synthetic seawater. MRS Adv 2(50):2865-2873.

[85] Alvarez-Lemus N, Leon C A, Contreras A, Orozco-Cruz R, Galvan-Martinez R (2015) Chapter 15:Electrochemical characterization of the aluminum-copper composite material reinforced with titanium carbide immersed in seawater. In:Perez R, Contreras A, Esparza R (eds) Materials characterization. Springer, Cham, pp 147-156.

[86] Lugo-Quintal J, Díaz-Ballote L, Veleva L, Contreras A (2009) Effect of Li on the corrosion behavior of Al-Cu/SiCp composites. Adv Mater Res 68:133-144.

[87] Santamaria D (2001) Efecto del tratamiento térmico de solución y precipitación a un material compuesto de matriz metálica TiC/Al-6061. Dissertation of Master Thesis, Instituto de Investigación en Metalurgia y Materiales, UMSNH, Morelia, México.

[88] Harris G L (1995) Properties of silicon carbide. Materials Science Research Center of Excellence. Howard University, Washington DC, pp 304.

[89] Snead L L (2004) Limits on irradiation-induced thermal conductivity and electrical resistivity in silicon carbide materials. J Nucl Mater 329-333:524-529.

[90] Wang H, Zhang R, Hu X et al (2008) Characterization of a powder metallurgy SiC/Cu-Al composite. J Mater Process Technol 197:43-48.

[91] Kocjak M et al (1993) Fundamentals of metal matrix composites. Blutterworth-Heinemann, Waltham, pp 3-42.

[92] Chu K, Jia C, Tian W et al (2010) Thermal conductivity of spark plasma sintering consolidated SiCp/Al composites containing pores: numerical study and experimental validation. Compos Part A 41:161-167.

[93] Chen Q, Yang W, Dong R et al (2014) Interfacial microstructure and its effect on thermal conductivity of SiCp/Cu composites. Mater Des 63:109-114.

[94] Hasselman D P H, Johnson L F (1987) Effective thermal conductivity of composites with interfacial thermal barrier resistance. J Compos Mater 21:508-515.

[95] Beffort O, Long S, Cayron C et al (2007) Alloying effects on microstructure and mechanical properties of high volume fraction SiC-particle reinforced Al-MMCs made by squeeze casting infiltration. Compos Sci Technol 67: 737-745.

[96] Jae-Chu L, Ji-Young B, Sung-Bae P et al (1998) Prediction of Si contents to suppress the formation of Al_4C_3 in the SiCp/Al composite. Acta Mater 46(5):1771-1780.

[97] Ren S, He X, Qu X et al (2007) Effect of Mg and Si in the aluminum on the thermo-mechanical properties of pressureless infiltrated SiCp/Al composites. Compos Sci Technol 67 (10):2103-2113.

[98] Rajan T, Pillai R, Pai B (1998) Reinforcement coatings and interfaces in aluminium metal matrix composites. J Mater Sci 3:3491-3503.

[99] Kim Y, Lee J (2006) Processing and interfacial bonding strength of 2014 Al matrix composites reinforced with oxidized SiC particles. Mater Sci Eng A 420:8-12.

[100] Xue C, Yu J (2014) Enhanced thermal transfer and bending strength of SiC/Al composite with controlled interfacial reaction. Mater Des 53:74-78.

[101] Arreola C (2017) Evaluación de propiedades mecánicas y comportamiento al desgaste de compuestos Mg−AZ91E/AlN fabricados por fundición con agitación. Dissertation of Master Thesis, Instituto de Investigación en Metalurgia y Materiales, UMSNH, México.

[102] Zalapa O (2016) Síntesis y evaluación de propiedades termofísicas de compuestos de matriz de Mg-Mg − AZ91E reforzados con partículas de SiC.

Dissertation of Master Thesis, Instituto de Investigación en Metalurgia y Materiales, UMSNH, México.

[103] Ureña A et al (2004) Oxidation treatments for SiC particles used as reinforcement in aluminium matrix composites. Compos Sci Technol 64 (12): 1843-1854.

[104] Kerner E H (1956) The elastic and thermo-elastic properties of composite media. Proc Phys Soc 69:808.

[105] Basavarajappa S, Chandramohan G, Mahadevan A (2007) Influence of speed on the dry sliding wear behavior and subsurface deformation on hybrid metal matrix composite. Wear 262:1007-1012.

[106] Prakash K, Balasundar P, Nagaraja S et al (2016) Mechanical and wear behaviour of Mg-SiC-Gr hybrid composites. J Magnes Alloys 4:197-206.

[107] Sozhamannan G, Balasivanandha S, Venkatagalapathy V (2012) Effect of processing parameters on metal matrix composites:Stir casting process. J Surf Eng Mater Adv Technol 2:11-15.

[108] Grabowski G, Pedzich Z (2007) Residual stresses in particulate composites with alumina and zirconia matrices. J Eur Ceram Soc 27:1287-1292.

[109] Gutknecht D, Chevalier J, Garnier V et al (2007) Key role of processing zirconia composites for orthopedic application. J Eur Ceram Soc 27:1547-1552.

[110] Nakao E, Ono M, Lee S K et al (2005) Critical crack-healing condition for SiC whisker reinforced alumina under stress. J Eur Ceram Soc 25:3649-3655.

[111] Yang J F, Ohji T, Sekino T et al (2001) Phase transformation, microstructure and mechanical properties of Si_3N_4/SiC composite. J Eur Ceram Soc 21 (12):2185-2192.

[112] Sekino T, Nakajima T, Ueda S et al (1997) Reduction and sintering of a nickel-dispersed-alumina composite and its properties. J Am Ceram Soc 80:1139-1148.

[113] Wada S, Suganuma M, Kitagawa Y et al (1999) comparison between pulse electric current sintering and hot pressing of silicon nitride ceramics. J Ceram Soc Jpn 107(10):887-890.

[114] Xie G, Ohashi O, Sato T et al (2004) Effect of Mg on the sintering of Al-Mg alloy powders by pulse electric current sintering process. Mater Trans 45 (3):904-909.

[115] Dang K Q, Nanko M, Kawahara M et al (2009) Densification of alumina powder by using PECS process with different pulse electric current wave forms. Mater Sci Forum 620-622:101-104.

[116] Suk M J, Choi S I, Kim J S et al (2003) Fabrication of a porous material with a porosity gradient by a pulsed electric current sintering process. Met Mater Intern 9(6):599-603.

[117] Xie G, Ohashi O, Yamaguchi N (2004) Reduction of surface oxide films in Al-Mg alloy powders by pulse electric current sintering. J Mater Res 19 (3):815-819.

[118] Matsubara T, Shibutani T, Uenishi K et al (2000) Fabrication of a thick surface layer of Al$_3$Ti on Ti substrate by reactive-pulsed electric current sintering. Intermetallics 8:815-822.

[119] Salas-Villaseñor AL, Lemus-Ruiz J, Nanko M et al (2009) Crack disappearance by high-temperature oxidation of alumina toughened by Ni nanoparticles. Adv Mater Res 68:34-43.

[120] Salas-Villaseñor A L (2008) Auto-eli minación de grietas por oxidación a elevada temperatura de alú mina reforzada con níquel. Dissertation of Master Thesis, Instituto de Investigación en Metalurgia y Materiales, UMSNH, Morelia, México.

[121] Niihara K, Kim B S, Nakayama T et al (2004) Fabrication of complex-shaped alumina/nickel nanocomposites by gel casting process. J Eur Ceram Soc 24:3419-3425.

[122] Lu J, Gao L, Sun J et al (2000) Effect of nickel content on the sintering behavior, mechanical and dielectric properties of Al$_2$O$_3$/Ni composites from coated powders. Mater Sci Eng A 293:223-228.

[123] Lieberthal M, Kaplan W D (2001) Processing and properties of Al$_2$O$_3$ nanocomposites reinforced with sub-micron Ni and NiAl$_2$O$_4$. Mater Sci Eng A 302:83-91.

[124] Tuan W H (2005) Design of multiphase materials. Key Eng Mater

280-283:963-966.

[125] JIS R-1607 Japanese Industrial Standard (1990) Testing methods for fracture toughness of high performance ceramics. Japanese Standards Association, Tokyo.

[126] Miyoshi T, Sagawa N, Sassa T (1985) Study on fracture toughness e-valuation for structural ceramics. Trans Jpn Soc Mech Eng 51A(471):2487-2489.

[127] Casellas D, Nagl M M, Llanes L et al (2003) Fracture toughness of alumina and ZTA ceramics: Microstructural coarsening effects. J Mater Process Technol 143-144:148-152.

[128] Reyes A, Bedolla E, Perez R, Contreras A (2016) Effect of heat treatment on the mechanical and microstructural characterization of Mg−AZ91E/TiC composites. Compos Interfaces:1-17.

[129] Reyes A (2012) Caracterización interfacial del compuesto Mg−AZ91E/TiC con y sin tratamiento térmico. Dissertation of Master Thesis, Instituto de Investigación en Metalurgia y Materiales, UMSNH, Morelia, México.

[130] Munitz A, Jo I, Nuechterlein J, Garrett W, Moore J J, Kaufman M J (2012) Microstructural characterization of cast Mg-TiC MMC's. Int J Mater Sci 2: 15-19.

[131] Contreras A, Albiter A, Pérez R (2004) Microstructural properties of the Al-Mg/TiC composites obtained by infiltration techniques. J Phys Condens Matter 16(22):S2241-S2249.

[132] Halpin J C, Kardos J L (1976) The Halpin-Tsai equations: A review. Polym Eng Sci 16(5):344-352.

[133] Zhang X Q, Liao L H, Ma N H, Wang H W (2006) Effect of aging hardening on in situ synthesis magnesium matrix composites. Mater Chem Phys 96 (1):9-15.

第5章 金属基复合材料的连接

5.1 概 述

金属基复合材料(MMC)在日常生活的许多领域应用广泛,如体育[1]、娱乐[2]、电子[3]和汽车工业[4](作为结构材料),其中汽车工业往往需要其具有良好的耐高温性能和力学性能(如耐磨性)[5]。这些材料可利用传统的金属生产和加工工艺制造,包括利用类似钢的焊接工艺制造复杂结构件。球墨铸铁、高碳钢以及含碳化物钢(由碳化钨等碳化物和金属黏结组成的材料)也属于复合材料[6]。

MMC与传统合金相比具有更好的耐高温性能、抗热震性、耐蚀性以及模量[7]。航天器对高精度、高尺寸稳定的结构件需求推动了MMC的发展,然而迄今为止复杂形状复合材料制备工艺复杂,限制了其广泛应用[8]。金属与复合材料在工程中的广泛使用不仅取决于材料的强度和韧性,也取决于成本以及方便制造各种复杂形状部件的能力。

大多数MMC实际应用过程中,需要与其他材料进行连接,这使得连接工艺成为拓展其应用领域的关键技术之一[3,9],并已经发展出几种不同材料的连接方法。不同连接方法的潜在应用场景以及对MMC的适应性见表5.1[4,10]。

表5.1 不同连接方法的潜在应用场景以及对MMC的适应性

连接方法	潜在应用场景			对MMC的适应性
	高强度	高温	复杂形状	
搅拌摩擦焊	*	*	−	*
超声波焊接	*	*	+	*
扩散焊接	+	*	−	+
瞬态液相连接	+	*	*	+
快速红外连接	+	*	+	+
激光束焊接	*	*	+	−
电子束焊接	*	*	+	−

续表 5.1

连接方法	潜在应用场景			对 MMC 的适应性
	高强度	高温	复杂形状	
气体保护电弧焊	*	*	*	-
钨极氩弧焊	*	*	*	-
点焊	*	*	+	-
电容放电焊接	*	*	+	+
钎焊	+	+	*	+
锡焊	+	*	+	*
胶黏	+	-	+	*
机械紧固	*	*		*

注：接头性能评价：* 代表高，+ 代表中，- 代表低。

　　MMC 的连接不是一项成熟技术，许多重要连接技术仍需完善。因此，必须通过试验来确定某一连接方法的适应性和工艺因素。另外，固态和低温连接工艺往往比高温熔焊工艺更适合于连接 MMC。连接方法的选用与连接后的性能参量有关（如连接强度、导热性和导电性等），因此需要确定其连接 MMC 的适应性。下面将详细描述一些连接技术。

5.2　金属基复合材料连接技术

　　金属基复合材料在许多器件和结构上的成功应用需要各式各样的连接。不同连接方法的应用潜力取决于其适用性或在 MMC 连接过程中的参数调整情况。将连接工艺作为制造流程的一部分，可以为设计师提供相当大的技术和经济优势，有利于根据应用工艺、材料、连接技术和工艺参数做出有益的决定。

　　连接的目的有很多，但通常与设计、制造或经济因素有关。连接技术的发展有助于将先进材料转化为复杂形状结构。多年来，已经开发出几种制造高强度 MMC 接头的可靠方法，如图 5.1 所示。合适的连接方法取决于所要连接的材料、接头设计和预期使用条件。不同连接方法按机理分类可参考文献[4,11]。

　　通常连接技术可分为两大类：①扩散连接，分为固相（直接）连接和液相（间接）连接；②熔焊连接，部件通过熔化后结合。一些研究者认为，直接连接是构件不通过中间层进行连接，间接连接是利用中间层（如黏合剂或钎料）连接构件[12,13]。

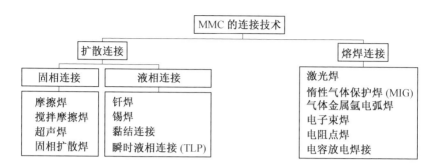

图 5.1　MMC 连接技术的分类

　　固相连接或直接连接取决于界面的充分接触以及随后的扩散或塑性变形以消除界面孔隙。当两种材料经历一定的塑性变形时,例如 MMC 与陶瓷连接或需要避免工件变形时,必须要特别注意确保匹配表面的平整性[14]。固相连接的优势是制造工艺简单,可一步直接连接且接头强度较高。然而其也存在一些局限性和缺点,如成本高、只能连接平的表面、需要真空/惰性气氛以及必须施加压力。扩散连接过程中需要施加外力,限制了接头的几何形状;大多数接头匹配性强,不太适合调节热膨胀失配[15]。无论采用何种工艺,形成良好接头均取决于工件之间的紧密接触从而将机械接触表面转化为原子结合界面,以及界面匹配制造后冷却过程中热膨胀错配应力或制备过程的温度变化的能力。

　　液相连接或间接连接的优势是使用低应力下容易流动的液体。润湿液体的流动可以填充表面的不平整位置,因此对表面制备质量和表面匹配的程度或范围要求不那么严格。液相连接使用多种中间连接材料,是实现较高完整性连接的最常见方法,使用的中间层主要包括黏合剂、玻璃或微晶玻璃和钎料等。

5.2.1　焊接过程与特点

　　焊接涉及接头表面的融合,即通过控制熔化,将热量精确地导向接头。常用的加热源包括等离子弧、电子束和穿过部件与接头的电流。而电弧是大多数焊接过程中采用的熔合热源。焊接工艺可分为两大类:熔焊连接包括传统电弧焊、激光焊和电子束焊等[24,25];扩散连接包括固相连接如摩擦焊、搅拌摩擦焊、超声焊和固相扩散焊[26,27];以及液相连接如钎焊等。在前一种情况下,连接是通过界面上液相的形成和凝固而建立的;而在后一种情况下,所施加的压力使要连接的表面在原子距离内进行结合。

　　焊接的主要特点是加热迅速并且加热通常会影响接头附近被称为热影响区(HAZ)的宏观区域内的材料组织与性能;由于所有接头表面都需要接触热源,接头的几何形状受到一定限制。由于使用的热源集中,焊接往往会促使热影响区内的部件发生变形,热影响区在决定焊接接头的性能方面往往起到很重要的作用。

各种类型焊接热源包括:气体(氧-乙炔,空气-乙炔)、电阻(气体金属弧、等离子、气体钨丝、碳弧)、电子束和激光束[26]。焊接在铝基复合材料中的应用仍然受到限制,这源于陶瓷相的存在形成流动性差的熔池,并且由于铝基体的析氢,熔池在焊缝和热影响区凝固时产生了大量孔隙。高温(通常高于铝合金的液相线)会导致脆性增加,形成吸湿性铝碳化合物(主要是 Al_4C_3)造成铝基复合材料力学性能严重退化,如同 Al/SiC 复合材料的情况一样,无论采用何种焊接工艺,接头力学性能都会发生退化[28,29]。

金属材料焊接过程中直接产生电弧,使材料充分暴露在高温条件下。尽管所有金属材料均可通过熔化极惰性气体保护焊(MIG)进行焊接,但其穿透力不足以一次性焊接厚度为 12.5 mm 的铝合金,因此需要采用多道焊接工艺。由于必须送入大量的金属以填满接头的凹槽,因此会产生宽而不均匀的焊缝。间接电弧焊(MIG-IEA)焊接工艺可以充分利用电弧产生的热能,在一道次焊接中完成熔化和焊接,已被用于焊接厚铝板[30],如图 5.2 所示。

图 5.2　工程材料的焊接接头间隙

加西亚等[31]报道了使用直接(DEA)和间接(IEA)电弧焊技术,通过 MIG 工艺焊接高陶瓷含量 TiC(50%)颗粒增强铝基复合材料,发现将复合材料母材预热到 50 ℃ 以上,在一次焊接中可以完全熔透,但室温下进行 DEA 焊接需要采用双焊道。通过 IEA 获得的焊缝均匀、内部形成无颗粒区域,而通过 DEA 在电弧作用区域可以产生宽大的焊缝,焊缝中包含一些增强颗粒,如图 5.3 所示[31]。对焊缝力学性能表征表明,无论采用何种焊接技术和预热条件,TiC 增强铝基复合材料通过 MIG 工艺均表现出良好的可焊性。

尽管 IEA 的效率低于 DEA,但前者看起来更有吸引力,这主要是由于 HAZ 区域小,如图 5.4 所示[31]。因此,使用带有 IEA 的 MIG 焊接工艺可被视为解决 MMC 焊接问题的可行方法。由于 IEA 焊接沉积物缺陷位于上部焊缝以外,可以通过改良的 MIG 焊接工艺获得良好的焊缝。使用 IEA 后 MIG 焊接的效率提高到 94.8%,这可能源于电弧是在内部隐蔽地建立的,与环境接触小,热损失少,从而更加充分地利用了电弧产生的热量。加西亚等[32]在 MIG 间接电弧焊工艺中报道了这些结果。

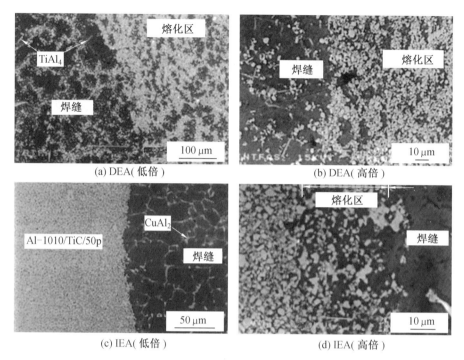

图 5.3　复合材料母材预热 150 ℃后直接(DEA)和间接(IEA)电弧焊缝的微观组织

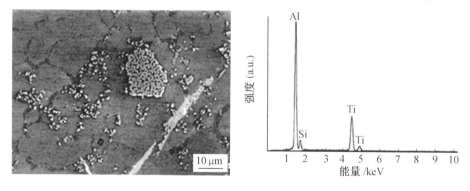

图 5.4 复合材料母材预热 150 ℃后 DEA 接头 HAZ 区针状相的 EDX 分析

5.2.2　摩擦焊

　　摩擦焊是连接同种或异种材料的方法,具有变形小、热破坏小以及可以连接不同材料的能力等特点。摩擦焊是通过在压力下将一个部件相对于另一个固定部件进行旋转来完成的。旋转变形可以有效地清洁焊缝表面,并产生足够的摩擦热,使至少一种材料在接头界面产生塑性变形,促使金属和非金属表面结合。在合适的节点，旋转迅速停止，在连接区域形成高强度的结合。摩擦焊过程中需要仔细控制旋转速率、摩擦时间、摩擦压力以及长度损失量等基本工艺参数，这些参数随不同的部件和材料而异。此外，这种工艺需保证至少有一个部件在结合面处为圆形[16,17]。

摩擦焊具有许多优点，包括：节省大量劳动力、生产效率高、接头强度大于或等于母材、具有自清洁作用，表面少用甚至不用预处理、焊接接头连接完整可靠、连接精度高且可重复、适用不同的金属材料组合、环境友好且不需要金属填料、焊剂或保护气体等[18,19]。这是一种非常可靠和经济的连接金属零件的方法，已应用于汽车[20]和航空航天[21]等广泛的行业。摩擦焊在实际操作中分为图 5.5 所示的几个阶段[18,19]。

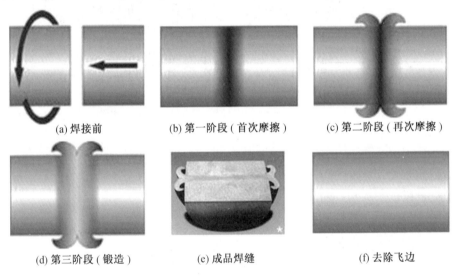

(a) 焊接前　　　　　(b) 第一阶段（首次摩擦）　　　　　(c) 第二阶段（再次摩擦）

(d) 第三阶段（锻造）　　　　　(e) 成品焊缝　　　　　(f) 去除飞边

图 5.5　摩擦焊过程的几个阶段

（1）焊接前：将部件安装在摩擦焊机中，调整旋转部件的转速（可调整到高达 1 000 r/min）。

（2）第一阶段（首次摩擦）：部件在低应力下相互摩擦，完成对两个待焊接表面的清理。首次摩擦时施加的载荷是第二次摩擦的 30%。

（3）第二阶段（再次摩擦）：该过程增大压力使金属塑性变形，并从中心向外流动，形成特有的飞边。达到设定的飞边条件后迅速停止旋转，焊接过程进入锻造阶段。

（4）第三阶段（锻造）：锻造是由施加的最高压力引起的。锻造阶段发生在接头停止旋转的时候。该阶段保持压力直到焊接接头充分冷却，进一步细化焊缝组织。摩擦焊接头质量可达到锻件水平,接触区域可实现100%对接焊接。焊接接头热影响区狭小、材料位移量小。

(5)去除飞边。获得成品焊缝后,如果需要的话,通过传统的切削加工去除飞边。

图5.6所示为摩擦焊机及焊接工艺实物图。典型的摩擦焊机由摩擦焊机头、机座、部件夹紧装置和挡板、液压电源、电气/电子控制、机器自动润滑和机器监控装置组成(可选)[22]。可以选择移动摩擦焊机头从而夹紧或松开组件。在摩擦焊过程中,一个部件通常被固定在自定心夹具中。最常用的摩擦焊机可将两个部件连接在一起,但经过特殊设计的焊机可以同时连接三个或更多的部件。

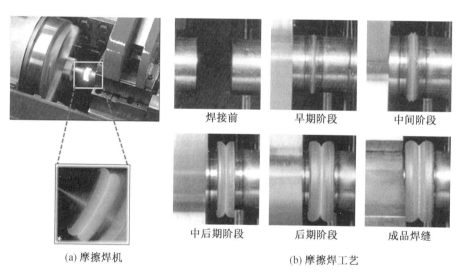

焊接前 早期阶段 中间阶段

中后期阶段 后期阶段 成品焊缝

(a) 摩擦焊机 (b) 摩擦焊工艺

图5.6 摩擦焊机及焊接工艺实物图

机器主轴可以直接由交流或直流电动机驱动,然后自然减速停止或由正在形成的接头扭矩延缓停止。摩擦焊过程的参数如下:速度(仅当直流驱动时)、压力及长度损失。加热时间由设计经验确定,摩擦压力取决于连接的材料和接头的几何形状,旋转速度与焊接材料的直径有关。旋转速度需要适当,以形成良好质量的接头[23]。

5.2.3 固相连接

扩散连接是一种以原子在界面上的相互扩散为主要机制的连接过程。大多数金属的扩散连接在真空或惰性气氛(通常为干燥氮气、氩气或氦气)中进行,以减少连接表面的氧化。一些具有氧化膜的金属在焊接温度下是热力学不稳定的(如银),可以在空气中实现连接。

固相连接是通过施加压力,在几分钟到几小时的时间内,在较高温度(约为母材绝对熔点的 50% ~ 90%)将两个名义上平坦的界面连接起来的技术。国际焊接协会(IIW)已经将固相连接的定义修订为:"材料的扩散连接是一种通过在原子水平上形成键合的过程,是在高温下局部塑性变形诱导接触面闭合,从而促进被连接材料表层相互扩散的过程。"

无液态填充金属的固相连接有两种可能的机制:①固相复合材料与金属接触时,金属可能发生塑性变形,进入不规则的复合材料表面,并与复合材料黏着和结合;②复合材料的金属基体与金属之间发生扩散。在后一种可能的机制中,金属可能通过界面扩散与陶瓷反应并形成连续层[15,33]。扩散连接可以调控界面的化学成分和微观结构,其作为一种成功的连接方法引起了人们的兴趣。固相扩散连接要求被连接的表面紧密接触,还要在合理的时间内有足够的扩散,以便形成原子间的紧密接触。压力可以单轴施加(热压)或均衡施加(热等静压)在扩散界面上。图 5.7 所示为固相连接过程的示意图[11,14]。

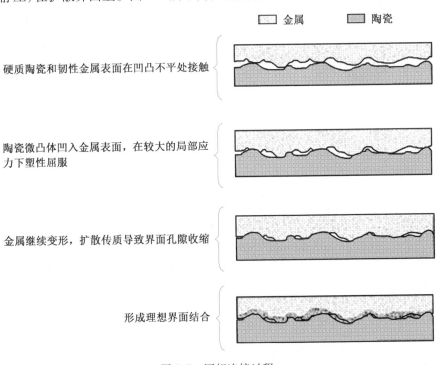

图 5.7　固相连接过程

当一个 MMC 与另一个 MMC 结合时,接触区域必须是金属-金属和陶瓷-金属。通常的做法是在接头之间引入金属夹层。该夹层应具有塑性,以便在压力和温度下变形,与两个配合面实现紧密接触,牢固地黏着在金属和陶瓷表面。扩散连接的优势是零件的连接变形小,可实现大面积连接、连接接头适用于高温应用[34]。目前为止,该技术主要应用于 MMC 的连接,但其效用也被证明可用于连接其他新的工程材料,如碳化钨陶瓷。

在固相条件下实现扩散连接有一些局限性,主要包括:①在表面处理阶段需要非常细心。焊接表面的过度氧化或污染会使接头强度急剧下降,具有稳定氧化层的材料的扩散连接是非常困难的。与传统的焊接工艺相比,制备完全平整的表面和精确的配合部件需要更长的时间。②初始投资大,大型部件的生产受制于所使用的焊接设备的尺寸。③是否适合大规模生产值得商榷,主要是由于所用的焊接时间较长[35]。

固相连接的优点如下[36,37]:①有能力生产高质量的接头,在界面上既不存在冶金不连续,也不存在孔隙。②在适当控制工艺变量的情况下,接头具有与母料相当的强度和塑性。③其他工艺难以实现的不同热物理特性材料之间的连接,可以通过扩散连接来实现。金属、合金、陶瓷和 MMC 可以通过扩散连接进行结合[38]。④可制备具有复杂形状或截面的高精度部件,无须后续加工。这意味着产品可以获得良好的尺寸公差。⑤扩散焊不产生紫外和气体辐射,对环境没有直接的有害影响。

固相连接的关键问题[11,39]是使两表面接触足够紧密,以便相互扩散、诱导键合的形成。为了达到令人满意的扩散结合,需要克服两个主要障碍:①抛光表面仅在凹凸面接触;②实际接触面积与连接面积的占比非常低。在没有液相的情况下,接头必须经过高温、长时间、施加压力来产生紧密的接触,并提供足够的热能来促进基体、陶瓷和金属表面之间的扩散和化学反应。

温度是焊接过程最重要的参数,这是因为:①热激活过程中,与其他参数相比,温度的微小变化将导致动力学、扩散和蠕变的巨大变化;②几乎所有扩散结合的机制都对温度、塑性变形、扩散和蠕变敏感。温度通过增加原子的迁移率和结合过程中位错的可动性来增强界面相互作用。由于位错的可动性随温度的升高而增加,流变应力也相应减少,因此结合所需的压力随着温度的升高而减少。一般来说,获得足够的接头强度所需的连接温度通常在 $0.6T_m \sim 0.95T_m$[11]。

为了阐明固相结合过程中温度和时间的影响,对两种情况进行分析。贝多拉等[40]将熔融镁合金(Mg-AZ91E)在 900 ℃ 下无压浸渗到 1 450 ℃ 烧结的

AlN 预制件中,制备和表征了 AlN(49 vol%)增强 Mg-AZ91E 镁基复合材料。SEM 微观组织表征显示基体和增强相均匀分布,XRD 检测到 AlN、Mg 和 $Al_{12}Mg_{17}$ 相。$Al_{12}Mg_{17}$ 相是 Mg-AZ91E 中的典型第二相。增强相加入,会产生一些潜在的 MMC 特有的连接问题。

(1)第一种连接情况,在 600 ℃、氩气气氛下恒温 5 h 将 Mg-AZ91E 合金与 Mg-AZ91E/AlN 复合材料进行连接。SEM 观察到的接头中界面的横截面形貌如图 5.8 所示[41]。

图 5.8 显示以下特征:600 ℃下固相扩散结合 5 h 后,Mg-AZ91E 合金与 Mg-AZ91E/AlN 复合材料通过扩散均匀结合,通过 Mg 合金与 MMC 中的 Mg 基体的扩散形成连接,均匀连续的扩散区中没有孔隙和热裂纹,在合金与复合材料结合界面附近形成球形沉淀相,沉淀相的数量随时间延长而增加。一般来说,连接过程的温度和时间必须仔细控制,以防止在连接过程中由于熔融金属基体和增强相之间的接触而导致增强相的溶解、相互扩散和形成不利的冶金相。连接过程中金属基体与增强相的化学稳定性,取决于具体材料和连接工艺,因此,最终连接参数必须通过工艺试验确定。另外,从图 5.8 中可以观察到温度和时间的影响,Mg-AZ91E 合金的脆化与连接过程中 Mn 在 $Al_{12}Mg_{17}$ 沉淀相中的扩散有关。Mg-AZ91E 合金与复合材料(Mg-AZ91E/AlN)的固相连接过程温度相对较高(接近 Mg 合金熔点),促进了材料之间的界面相互作用和结合。通过元素面分布对元素在 600 ℃、5 h 条件下连接的(Mg-AZ91E)-(Mg-AZ91E/AlN)连接时在界面的扩散进行了定性研究,结果如图 5.9 所示[41]。图中 Mg-AZ91E 合金在界面上方,复合材料 Mg-AZ91E/AlN 在界面下方。

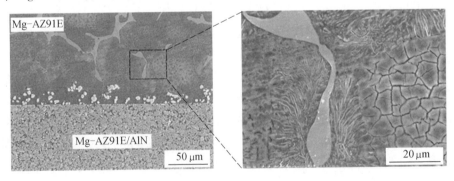

图 5.8 (Mg-AZ91E)-(Mg-AZ91E/AlN)在 600 ℃下连接 5 h 后横截面结合状态的 SEM 形貌

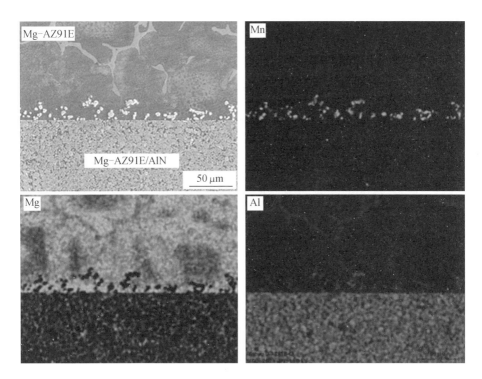

图 5.9　(Mg-AZ91E)-(Mg-AZ91E/AlN)在 600 ℃下连接 5 h 的横截面形貌和元素面
分布(彩图见附录)

　　Mn、Mg、Al 分析表明(图 5.9(b) ~ (d)),不同反差对应于特定元素浓度的
增加。在 Mg 元素面分布图显示了 Mg-AZ91E 合金内 $Al_{12}Mg_{17}$ 第二相含量和基
体内 Mg 浓度的下降。另外,Al 元素面分布图上对比是相似的,而从 Mn 元素
面分布图上可以观察到 Mn 的扩散。可很明显观察到球状沉淀相的颜色强度
不同,表明了 Mn 和 Al 元素的扩散现象,但这些球形沉淀中没有观察到 Mg。
EPMA-EDS 分析表明,Mn 和 Al 是球形析出相中的主要元素,连接时间增加,
球形析出相含量增加。

　　600 ℃下连接 5 h 后的(Mg-AZ91E)-(Mg-AZ91E/AlN)接头横截面的元
素线扫描结果如图 5.10 所示。

　　Al、Mg、Mn、Si、O 和 N 元素分析表明,从接头界面的复合材料一侧开始,形
成不同的反应相,最后是纯 Mg-AZ91E 合金。在 Mn 元素成分分布图中,可以
观察到 Mn 元素的扩散,以及在富含 Mn 球形沉淀相中的含量。没有观察到 Si
向复合材料的扩散,因此 Si 浓度曲线是下降的。通过观察 Mg 在 Mg-AZ91E 合
金中的浓度分布以及 Al 在 MMC 中的浓度分布,可以看出 $Al_{12}Mg_{17}$ 沉淀相内

Mg 浓度下降而 Al 浓度增加。复合材料中镁元素与 Mg-AZ91E 合金的高亲和性使镁元素很容易在 AZ91E 合金中发生快速扩散。扩散状态取决于连接温度和时间等参数,这些参数影响界面上的成分扩散,因此也决定了接头的性能。

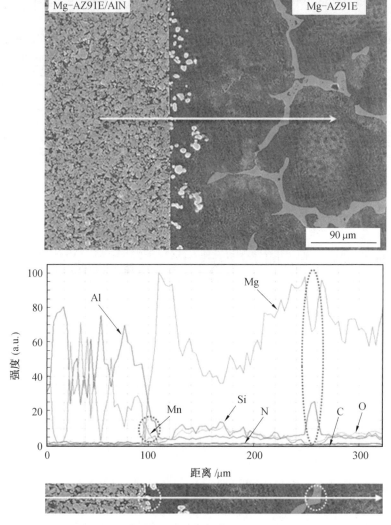

图 5.10　600 ℃下连接 5 h 的(Mg-AZ91E)-(Mg-AZ91E/AlN)接头横截面
　　　　EPMA 线扫描结果

(2)第二种连接情况,在 600 ℃、氩气气氛下恒温 5 h 将 Mg-AZ91E/AlN 复合材料与 Ti 进行连接。用 SEM 观察接头中界面的横截面形貌,如图 5.11 所示[41]。

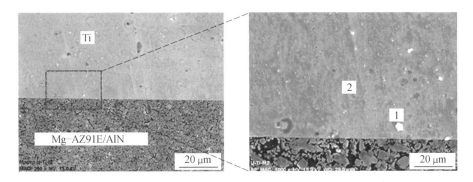

图 5.11　Ti-(Mg-AZ91E/AlN)在 600 ℃下连接 5 h 后接头横截面的 SEM 形貌

图 5.11 显示以下特征:600 ℃下固相扩散连接 5 h 后,Ti 与 Mg-AZ91E/AlN 复合材料通过扩散均匀结合;Ti 与 MMC 基体镁合金的扩散形成扩散结合区,扩散区连续、均匀、没有孔隙和热裂缝。Ti 与 Mg-AZ91E/AlN 复合材料的连接发生在低于 Ti 的熔点的温度(1 560 ℃)。然而,即使在低温扩散过程中,Ti 与 MMC 基体中 Mg 之间的高亲和力依然促进了材料之间界面的扩散和结合。

Ti-(Mg-AZ91E/AlN)接头中 EPMA 线扫描结果如图 5.12 所示[41]。分析的元素有 Ti、Al、Mg、Si 和 O。分析从样品的复合材料一侧开始,通过界面到纯 Ti 区,观察复合材料中的 Mg(对应于基体)和 Al(对应于 AlN 增强相)浓度分布的变化。复合材料内部个别位置 Si 的浓度增大,是受连接过程中的温度和时间的影响。

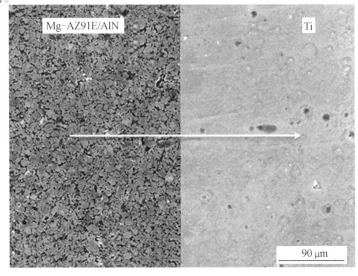

图 5.12　Ti-(Mg-AZ91E/AlN)在 600 ℃下连接 5 h 后接头横截面的 EPMA 线扫描结果

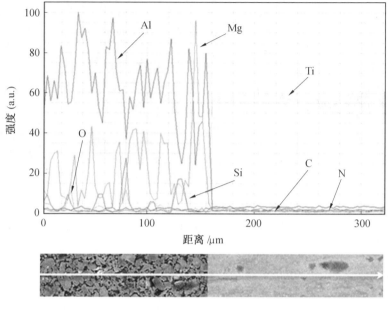

续图 5.12

5.2.4　液相连接

液相连接是一种在材料间的相互作用中形成液相而进行连接的技术。这是最常见的焊接技术之一,可以使用多种中间连接材料,如有机黏合剂和玻璃,以及焊接、锡焊和钎焊等工艺来获得高完整性的接头。有时有必要在复合材料表面进行预处理或涂覆来改善润湿性[42,43]。为提高润湿性而采用的一种常用技术是向熔体中添加适当的合金元素。添加的合金元素通过三种机制促进与固体表面的润湿:①吸附在液体表面而降低液体的表面张力;②促进溶质在界面上的偏析而降低固-液界面张力;③通过在固-液界面上诱发化学反应,在界面上形成稳定的化合物而降低固-液界面张力。另一种改善润湿性的方法是在陶瓷表面涂覆金属涂层,其主要起到增加固体表面能的作用,并作为扩散屏障延迟界面反应。镍和铜是常用的涂覆金属[44]。

1. 传统钎焊

钎焊是在利用液态钎料填充母材的缝隙使金属连接的焊接方法。这种工艺通常发生在450 ℃以上,是基于层间毛细作用力填充熔化的金属或合金钎料并凝固的过程,钎料的熔化温度低于母材的熔化温度。与其他连接技术相比,钎焊具有以下优势[45]:

（1）设备所需资金相对较少,工业规模的成本较低。

（2）可以连接复杂和大尺寸几何形状的零件。

（3）不同厚度的材料可以实现单步骤连接。

然而,钎焊的主要缺点是钎料的熔点较低,使接头的使用温度受到限制[45,46]。另外,由于大多数金属不能润湿陶瓷,润湿性成为连接过程的最大问题。在钎焊技术中,润湿性是固体与液体形成界面的能力;也就是说,它是液体在固体表面铺展的能力。润湿性描述了液体和固体之间紧密接触的程度,但它并不是代表界面强度的指标。

座滴法用于评价润湿性,然而,这种方法是对真实和复杂润湿现象的一种简化处理。液体在固体表面的接触角可用来衡量润湿性:$\theta > 90°$ 表示不润湿, $\theta = 0°$ 表示完全润湿,$\theta < 90°$ 表示部分润湿。通常 $\theta < 90°$ 时,液体即润湿固体。

液滴的形状是表面张力和界面结合力平衡的结果,这些力试图使体系的表面自由能最小化。在热力学平衡和稳态条件下,接触角与界面的固/气、固/液、液/气三种表面张力有关。提高温度和延长接触时间通常能够促进化学反应,增强或诱发润湿。利昂等[47]研究了 900 ℃ 下几种铝合金与 TiC 陶瓷在真空和氩气中的接触角随时间的变化,如图 2.46 和图 2.47 所示。

钎料的选择标准是:必须润湿陶瓷;必须在界面上形成化学结合,从而形成高强度结合;必须对基体材料性能退化造成最小的影响。成功的钎料所产生的接头是牢固的、可靠的,而且制造成本相对较低。

2. 活性钎焊

复合材料或陶瓷与金属或合金钎焊过程中,熔化的填充金属与复合材料的润湿是重要的问题。为了促进润湿,复合材料表面可以预先用活性元素 Ti、Hf、Ni、Nb、Ta、Cr 等金属化。纳斯曼托等[48]采用机械方法在钎焊前的 Si_3N_4 陶瓷表面沉积活性 Ti 金属膜,结果发现,机械方法沉积在 Si_3N_4 表面的 Ti 薄膜与钎料反应,提高了陶瓷的表面活性和润湿性,并且没有出现热裂纹的迹象。

波拉斯托等[49]认为,活性元素可以破坏陶瓷离子-共价键的稳定性,并形成中间反应层,从而导致陶瓷和金属之间形成化学键,因此活性元素的含量必须合理。否则,游离 Si 原子形成脆性硅化物的过度反应,会增加接头的脆性。同时,他们对影响接头界面强度的几种因素进行了研究。然而,有证据表明,当在连接 Si_3N_4 陶瓷过程中使用不同含量的添加元素时,这些添加元素会影响 Si_3N_4 陶瓷在连接过程中的分解速度,如同塞亚等[50]在 1 000 ℃、保温 40 min 制备的 Si_3N_4-(Cu-Zn)-Nb 接头中观察到的结果一样(图 5.13)。在 Si_3N_4 陶瓷表面引入 4 wt% 的 Ti,则有可能在反应界面和 Nb 界面附近观察到 Si 基化合

物(图 5.13(a))。然而,使用相同的连接条件连接含有 8 wt% Ti 添加元素的
Si_3N_4 陶瓷时,没有在界面上发现硅化物(图 5.13(b))。因此,添加剂的含量对
Si_3N_4 的分解具有重要影响,这反过来又导致在 Si_3N_4 陶瓷与金属接头界面形
成了硅化物。

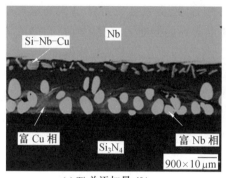

(a) Ti 总添加量 4%　　　　　　　　　　　(b) Ti 总添加量 8%

图 5.13　在 1 000 ℃ 氩气中钎焊 40 min 的 Si_3N_4-(Cu-Zn)-Nb 接头的横截面形貌

此外,黄等[51,52]研究了以 Al-Si、Al-Si-SiC 和 Al-Si-W 混合粉末为中间层
的 Al-6063/SiCp 复合材料反应扩散连接过程。结果表明,使用 Al-Si-SiC 混
合粉末作为中间层,可以通过反应扩散连接 Al-6063/SiCp 复合材料。但是观
察到 SiC 的偏析在接头中形成了大量的多孔区,导致反应性接头的剪切强度很
低。添加在中间层中的 Ti 明显改善了 Al-Si-SiC 混合粉末的连接强度。在
Al-Si-W 中间层中添加的几乎所有的 W 都与 Al 反应,在连接过程中形成金属
间化合物 WAl_{12}。W 和 Al 之间的反应有利于形成高质量的致密接头。此外,
WAl_{12} 对接头有强化作用,这使得由混合 Al-Si-W 粉末的中间层黏合的接头具
有较高的剪切强度。

5.2.5　部分瞬态液相连接

液相连接依赖于等温连接循环过程中,连接界面处液相的形成。随着溶质
在恒定温度下继续扩散到母材中,该液相将扩散侵彻进入基体并最终凝固,这
一过程称为瞬态液相(TLP)连接。尽管存在液相,但该技术不是钎焊或熔焊的
亚类,因为液相的形成和消失发生在低于母材熔点的恒定温度下。TLP 扩散连
接中的液相一般是通过插入能形成低熔点相的中间层形成的,例如通过共晶或
包晶反应,中间层与基体金属在高于共晶温度下相互扩散。液相也可以通过引
入具有适当初始成分的中间层形成,如在连接温度下熔化的共晶合金。液相中
的快速扩散可以增强氧化层的溶解与/或破坏,从而促进连接表面之间的紧密

接触。因此,与固相连接相比,液相的存在会降低 TLP 扩散连接所需的压力,并且可以解决固相连接过程中稳定氧化层影响扩散的问题。TLP 连接最显著的特点是可以制备高致密的接头,对黏结区域母材的有害影响最小,因此可能作为金属基复合材料与异种材料的可行连接技术。

奈美等[53]研究了 Al/Mg₂Si 复合材料的 TLP 连接技术,该复合材料含15 vol% 的 Mg₂Si,采用原位反应、重力铸造方法制备。在不同的温度下,采用铜中间层连接铸态 Al/Mg₂Si 复合材料。结果发现,接头由 α-Al、CuAl₂ 和 Mg₂Si 相,或者 α-Al 和 Mg₂Si 组成,物相组成取决于连接的温度和时间。当试样在 580 ℃下连接 120 min 时,达到最大剪切强度。在 560 ℃下,随着连接时间的增加,接头的显微硬度和成分均匀性得到改善。

活性钎焊是陶瓷-金属连接中更灵活、更经济的技术之一。然而,当连接温度升高(>1 000 ℃)时,在界面形成脆性化合物,导致界面组织结构和厚度的变化,从而降低连接强度。这促使人们开始探索非常规连接方法,该方法需要在较低温度下具有更高的扩散传输速率,如部分瞬态液相(PTLP)连接。该技术具有与扩散连接和钎焊类似的优点,是一种很有前途的连接技术。这项技术利用液膜的产生和高熔点金属在液体中的快速扩散来促进接头的形成。也就是说,在陶瓷-金属连接过程中,金属边缘直接熔化或通过共晶反应形成液体,然后液相由液体中原子的运动而加速连接,从而加快陶瓷润湿,并消除界面上的孔洞,减少连接时间和压力。

形成的液体不需要完全消失,只需要控制液相分布,使连接区域不包含连续的液体层。通过加入液体形成剂,熔化对接头的高温性能影响可降到最低。这种替代方法使更广泛的合金体系作为未来的中间层候选材料成为可能,其中液体形成元素在母材中的溶解度最小[54]。

5.3　金属基复合材料扩散连接理论

扩散连接可定义为通过固相热辅助过程在两种材料之间形成紧密连接或结合。为了理解扩散连接的机理和驱动力,必须了解接头微观组织结构的演变。连接过程可以看作两个并行步骤:①两个材料表面从局部接触的状态向最终紧密结合界面转变。该转变包括与传质机制、塑性流变和扩散机制引起的大量界面孔隙消除的过程。②每个单独接触点依次发生黏结提供相边界的强度。第三个步骤是金属与接触的陶瓷或 MMC 之间的后续化学反应,在界面处形成第三相,这可能会带来不利后果。材料间界面形成的驱动力是体系建立过程的能量下降[55,56]。当结合键形成时,界面能应达到最低值,否则可能诱发界面发生进一步的转变,从而降低界面黏结的稳定性。

20世纪60年代,人们即开始研究两种相同和相似表面的扩散连接机制。现在普遍认为,接头的形成是扩散和蠕变机制产生的界面孔洞坍塌造成的。界面孔洞的消除可由许多机制引起,类似于烧结机制,这些机制可以根据物质的来源和去向进行如下分类[57-59]:

（1）从表面到颈部的表面扩散;

（2）从表面到颈部的体积扩散;

（3）从表面挥发到颈部沉积;

（4）从界面到颈部的晶界扩散;

（5）从界面到颈部的体积扩散;

（6）导致原始表面微凸部位变形的塑性屈服;

（7）幂律蠕变。

图5.14所示为扩散连接涉及的各种机制的扩散过程[59]。这些过程通常分为两个主要阶段:

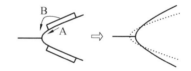

(a) 表面到结合面的扩散

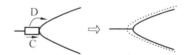

(b) 结合面到表面的扩散

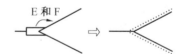

(c) 屈服或蠕变过程塑性流变引起的体积变形

图5.14　扩散连接涉及的各种机制的扩散过程示意图

阶段1:塑性变形。粗糙面的接触面积虽然最初很小,但会迅速增大,直到能够支撑施加的载荷,这意味着局部应力低于材料的屈服强度。

阶段2:扩散和幂律蠕变。A、B、C和D机制的驱动力是表面曲率的差异。物质从曲率最小的点(连接界面处孔隙的尖锐颈部)转移到曲率最大的点。因此,当孔隙从椭圆形变为圆形横截面时,这些机制的速率将接近零,因为孔隙的长径比趋于 1。

　　除这些阶段外,连接过程也可能发生再结晶和晶粒长大。界面的形成必然伴随着首次接触时产生的孔洞的消失,其驱动力与金属中扩散连接的驱动力相同。机械做功转化为黏结功,促使孔洞闭合、两个表面充分接触。孔隙体积的减少伴随着孔隙表面能的减少,这提供了进一步的驱动力。不同材料(如金属和陶瓷)的黏结过程中,可能会出现额外的竞争机制。

　　另外,连接过程中出现液相时连接过程会发生巨大的变化。瞬态液相(TLP)扩散连接过程理论如下。图 5.15(a)所示为简单的共晶相图,其中 A 表示纯母材,B 表示在 A 中具有有限溶解度的扩散溶质(即原始固体中间层)[39,60]。TLP 扩散连接包括两个主要阶段:母材的溶解(图 5.15(b))和等温凝固(图 5.15(c))。

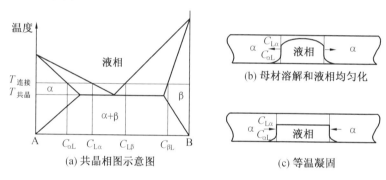

图 5.15　TLP 扩散连接过程中的固-液作用理论示意图
(水平箭头表示固-液界面的迁移方向)

　　溶解可以分为两个阶段,其中填充金属熔化后液相区变宽。然而,如果熔化过程是 A 和 B 相互扩散的结果,则中间层熔化和液相区增宽可能同时发生[39,60]。根据相图,可以通过将 A 原子溶解到过饱和熔体中以将其浓度降低到 $C_{L\alpha}$ 来建立熔液中的平衡。在此阶段,液相的均匀化继续进行,液相区的宽度增加,直到成分分布趋于稳定,即液体停止扩散。这种均匀化的速度主要由液相中的扩散系数控制,因此,这一阶段只需要很短的时间就能完成。在下一阶段,等温凝固开始后 B 原子开始扩散到固相中,液相区收缩以维持固-液移动边界处 $C_{L\alpha}$ 和 $C_{\alpha L}$ 的平衡成分。固相中的互扩散系数(α)控制凝固速率,并由于固相中的扩散系数较低,与初始快速溶解阶段相比,液相的消失速率非常缓慢,液相中的扩散系数控制反应速率。

5.4　金属基复合材料接头的力学性能

接头强度影响接头可靠性,这与几个因素有关:①缺陷可能直接导致强度数据的分散。未结合或含有岛状缺陷的较弱结合显著降低接头强度。在固相连接中,未结合区尤其会降低结合强度。②从微观角度看,润湿或两个表面之间的化学和物理结合能力引起的反应产物结构也值得关注[61]。从更宏观的角度看,当接头生成反应层时,接头往往出现裂纹,影响接头强度。③接头中的热应力或残余应力是另一种重要因素。材料从连接温度冷却到室温时,界面处残余应力的形成是陶瓷-金属接头中的主要问题之一。这些残余应力会降低接头的强度,某些情况下甚至会在连接过程中或之后导致接头失效。

金属-陶瓷接头力学性能的表征是一个复杂的问题。陶瓷-金属接头有多种不同的性能需要考虑。根据接头的应用场景,主要关注的特性不同。然而,力学性能对任何接头而言都是最重要的性能之一[62]。有两类重要的接头:一类是相似材料之间的接头,例如金属、陶瓷、复合材料;另一类涉及不同材料之间的接头即异种接头,如金属与陶瓷或玻璃结合,或者陶瓷与玻璃结合。针对不同材料的接头,必须考虑两种组元的机械相容性。弹性模量失配是一种常见的机械不相容形式,它会导致两种材料黏结界面处产生应力集中和应力不连续。图 5.16 所示为具有不同弹性模量的两种材料之间的法向载荷通过界面传递的示意图[63,64]。更硬、更高模量的材料限制了更柔顺、更低模量材料的横向收缩,在界面处产生可能导致脱黏的剪切应力。

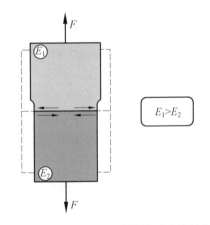

图 5.16　具有不同弹性模量的两种材料之间的法向载荷通过界面传递的示意图

热膨胀失配代表了一种物理兼容性缺失,是异种接头中的常见问题。热膨胀失配产生热应力,热应力往往在接头中局域分布,降低后者的承载能力,最终导致部件失效。化学相容性差通常与接头区域的不良化学反应有关。组分之间的化学反应可能导致不利的界面反应,产生脆性的反应产物。反应伴随体积变化会产生局部应力,降低接头的完整性。热膨胀失配不仅影响接头的强度,而且影响接头的可靠性。

随着先进陶瓷材料用于关键结构部件的增加,异种接头的可靠性成为一个关键问题。确保异种接头的可靠性意味着需要准确地预测部件在典型工作条件下是否失效。这需要准确描述在使用过程中可能遇到的应力,并了解接头的力学性能。描述陶瓷-金属接头的力学行为需要确定其强度以及热残余应力的分布。为了表征接头性能,建立适当的表征方法很重要,以便能够准确、一致地检测连接效果[62,65]。

在异种接头的生产过程中,接头所需的强度是选择适当连接技术的重要标准。与均质材料(如钢或其他金属)相比,接头强度不是能在参考书中找到的本征材料参数,它受到以下因素的很大影响[66,67]:

(1)各个接头材料组元的选择和力学性能;

(2)材料组元热膨胀系数的差异;

(3)连接技术的选择;

(4)材料组元间的界面反应;

(5)接头几何形状的设计。

要连接的材料选定后,可以确定这些材料弹性模量和热膨胀系数等特定参数。接头的最终强度在很大程度上取决于材料的制备和连接技术。为了确定相应连接技术和所使用的连接参数的成功与否,以及连接技术的可重复性,必须测试接头的强度[68]。强度是结构应用件的关键特性之一。虽然对于金属-金属接头有 ASTM 标准(拉伸试验),然而对于陶瓷-金属接头强度,大多数研究人员使用他们自己的方法来表征。因为正常的 ASTM 方法需要复杂形状的拉伸试样,所以需要建立替代测试方法。

陶瓷-金属接头力学性能的表征是一个复杂的问题。即使连接过程中没有残余应力,陶瓷-金属接头两侧的弹性特性差异也会导致在没有缺陷的情况下产生应力集中。一旦裂纹萌生并开始扩展,金属和陶瓷组元中不同的应变能释放率可能导致裂纹偏离连接界面。因此,有必要采用基于组元的方法分析结合强度,其中要考虑许多设计因素,而不仅仅是接头的力学性能。

有几种方法可用于测量接头强度。常用的方法包括拉伸、弯曲或剪切试验,其中结合面断裂应力用于表征接头强度[69,70]。各种接头强度试验方法的示意图如图 5.17 所示。拉伸试验通常在陶瓷-金属-陶瓷双接头试样中进行,而三点弯曲和四点弯曲可在单接头和双接头中进行。

由于接头固定的几何形状,剪切试验只能用于单个接头的测试。通过拉伸或剪切试验表征界面强度也具有局限性。

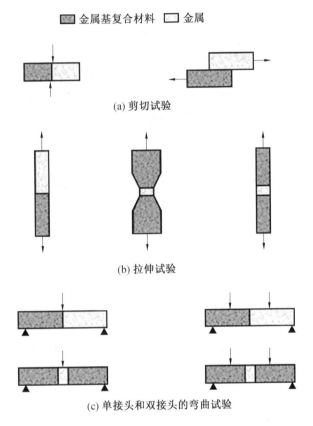

(a) 剪切试验

(b) 拉伸试验

(c) 单接头和双接头的弯曲试验

图 5.17　各种接头强度试验方法的示意图

　　界面强度与不同研究小组使用的各种技术有关,因此很难对结果进行相互比较。剪切试验提供了一种评价界面强度的可行方法,样品容易制备,但结果通常低于弯曲试验和拉伸试验的结果。

　　结合强度的测量方法的选择取决于试验目的,为了评价影响接头力学性能的连接过程和参数,可通过断裂力学和常规试验方法进行。获得的结合强度值也取决于所选的测试技术。对于接头和脆性陶瓷材料,弯曲试验值通常高于拉伸试验值。剪切试验是最简单的方法之一。然而,剪切测试过程界面处的应力不是简单的剪应力,而是包含由弯矩产生的拉应力分量,这一分量是不可忽略的。载荷施加位置和固定条件的微小变化对应力分布的影响非常重要。因此,一般不建议采用剪切试验作为接头性能表征方法。弯曲试验和拉伸试验的应力分布几乎与解析方程推导的应力分布相同。然而,陶瓷和金属之间的弹性常数失配会导致应力分布不均匀[71]。拉伸试验要求仔细制备试样,并严格校准载荷施加的直线度。

测试中的这些困难将影响强度测量结果的再现性。相反,与拉伸试验相比,弯曲试验具有更大的灵活性。然而,在金属发生塑性变形的情况下,弯曲应力的解析方程变得复杂。图 5.18 比较了三点弯曲、四点弯曲和单向拉伸过程试样应力的分布[72]。在三点弯曲的情况下,峰值应力仅在与加载点相对的试棒表面上的单点处出现。拉伸应力随试样宽度变化沿过渡段长度线性减小,在底部和上部夹持处分别达到零。由于试样中出现大缺陷的概率非常低,因此,试样将在小缺陷处或低强度区域断裂。四点弯曲试验测量处的陶瓷材料的强度值低于三点弯曲试验。四点弯曲试样中的应力分布峰值出现在加载点之间的拉伸区域。

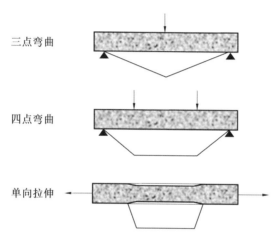

图 5.18　三点、四点弯曲和单向拉伸过程试样应力分布的比较
(阴影区域表示拉伸应力,范围从弯曲试样每个支撑处的零到跨度中央的最大值,并沿拉伸试样的整个标距长度方向上均匀分布且应力最大)

拉伸应力从表面到中性轴处线性减小到零,在底部夹持处从加载点减小到零。四点弯曲情况下,峰值拉应力或接近峰值拉应力下的面积和体积比三点弯曲大得多,因此缺陷暴露在高应力下的可能性增加。因此,四点弯曲法测得的模量或弯曲强度低于三点弯曲法。给定陶瓷的单向拉伸强度值低于弯曲强度值。图 5.18 说明在单向拉伸的情况下,拉伸试样标距内的所有材料暴露在峰值拉伸应力下。因此,该体积中最大的缺陷将是临界缺陷并导致断裂。

异种接头材料的界面强度通常通过弯曲试验(也称挠曲试验)确定。试样的横截面可以是圆形、方形或矩形,并且在整个长度上是均匀的。如图 5.19 所示,试样支撑在靠近端部的位置,并且在三点载荷的中心或四点载荷的两个位置施加载荷[74]。连接技术研究的最终目标是建立一种消除缺陷和调节热应力来产生紧密结合界面的技术。试样小心地放置在夹具的底部,使界面平行于活塞的垂直位移平面。以较低的垂直速度施加载荷,直到试样断裂[73]。弯曲强度定义为破坏时的最大拉伸应力,通常称为断裂模量(MOR)。圆形试样的弯曲强度可使用式(5.1)[72]中所述的一般弯曲应力公式进行计算:

$$X = \sigma_{4-pt} = 16F\frac{d}{\pi}D^3 \tag{5.1}$$

式中,σ_{4-pt} 为四点弯曲试验中试样所受应力;F 为断裂载荷;d 为四点弯曲夹具内外的跨距;D 为试样的直径。对于所研究的每一组试验条件、温度和时间,必须使用至少五个样品的平均值来确定每个连接条件的弯曲强度。

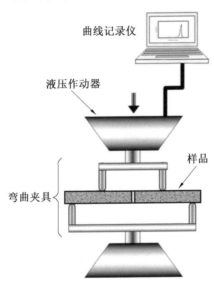

图5.19　用于评价接头力学性能的四点弯曲装置示意图

　　莱姆斯鲁伊斯等[74]分析了(WC-Co)-(Cu-Zn)-Ni钎焊样品在980 ℃、氩气气氛下保温不同时间后的界面强度。利用SEM和显微分析对试验接头的抛光横截面进行微观组织结构分析。(WC-Co)-(Cu-Zn)-Ni样品在980 ℃下连接15 min,通过电子探针微区扫描获得了界面成分分布,结果如图5.20所示[74],其中Ni和WC分别位于左侧和右侧。扫描从样品的Ni侧开始,穿过界面Cu-Zn,在WC侧结束。Ni信号在Ni-Cu钎焊处达到最大值。可以观察到Cu-Ni和Cu-Co的相互扩散。分析曲线表明锌元素均匀分布。在扩散区,观察到高水平的铜和锌。

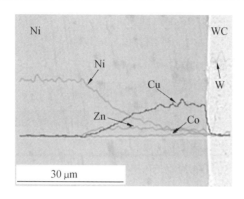

图 5.20　在 980 ℃下连接 15 min 的(WC-Co)-(Cu-Zn)-Ni 接头中
界面处成分的 EPMA

采用 25 kN 载荷传感器和弯曲夹具通用测试系统,通过四点弯曲测定
(WC-Co)-(Cu-Zn)-Ni 接头的界面强度。以 0.5 mm/min 的垂直速度施加载
荷直到试样断裂。对于所研究的每组试验条件、温度和时间,使用至少五个长
度 50 mm、直径 6.35 mm 的样品来确定平均弯曲强度,结果如图 5.21 所示[74]。
可以观察到,时间从 5 min 增加到 15 min 时,接头的强度从 233 MPa 增加到
255 MPa的最大值,超过此时间后强度降低。这一性能改善源于界面反应增加
和两种材料之间形成了高强度的化学结合。另外,反应区的厚度随时间增加,
并可能主导接头的最终强度。

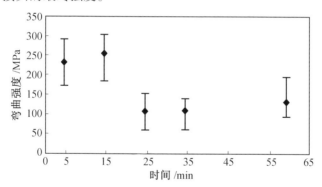

图 5.21　在 980 ℃下连接不同时间的(WC-Co)-(Cu-Zn)-Ni 接头试样的弯曲强度

反应产物通常是脆性的,随着反应相厚度的增加,接头强度首先由于形成
牢固的结合键而上升,然后在一定厚度时达到最大值,最后随着界面脆性相的
继续生长而降低。在 980 ℃和 15 min 的连接条件下获得了强度最高的接头,
平均弯曲强度为 255 MPa。在 980 ℃下连接 5~60 min 时间范围内,接头平均
强度均大于 100 MPa。图 5.22 所示为接头试样的一个例子[74]。

　　卡斯特罗·桑切斯等[75]使用剪切
试验方法表征了 1 000 ℃下氩气气氛中
不同保温时间下制备的(WC-Co)-
(Cu-Zn)-Inconel 600 钎焊试样的界面
强度。图 5.23 所示为在 1 000 ℃下连
接 35 min 制备的(WC-Co)-(Cu-Zn)-
Inconel 600 钎焊样品的横截面形貌[75]。
通过 SEM(图 5.23(a))和背散射(图
5.23(c))获得了界面形貌。从铬在暗
层(图 5.23(b))和 Inconel 600 内部的
浓度分布,可以确认铬在连接过程中的

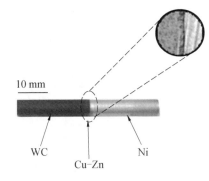

图 5.22　980 ℃扩散连接 15 min 制备的弯
　　　　曲接头试样

扩散,在靠近 Inconel 600 界面的一些位置也能看到类似现象。

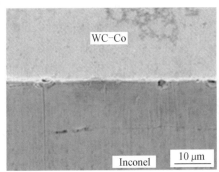

(a) SEM 图像

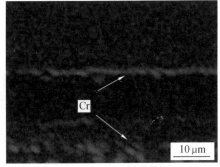

(b) Cr 面分布图

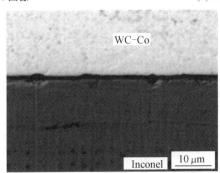

(c) 背散射电子像

图 5.23　1 000 ℃下连接 35 min 制备的(WC-Co)-(Cu-Zn)-Inconel 600 钎焊样品的
　　　　横截面形貌

对这些样品的电子探针微区分析证实,Co、Cu、Zn、Ni、Cr 和 Fe 是进入界面的主要扩散元素。通过电子探针微区分析,获得了 1 000 ℃下连接 35 min 的(WC-Co)-(Cu-Zn)-Inconel 600 接头界面不同成分的分布情况,结果如图 5.24 所示[75]。其中 WC-Co 和 Inconel 600 分别位于接头的左侧和右侧。成分线扫描从样品的 WC-Co 侧开始,穿过界面 Cu-Zn,在 Inconel 600 侧结束。Ni、Cr 和 Fe 信号在 Inconel-Cu 界面处达到最大值。可以观察到 Inconel-Cu 和 Co-Cu 在整个界面上的相互扩散。更重要的是 Cr 的浓度在靠近 WC-Co 侧的暗层内,以及靠近 Inconel 600 侧的背散射电子像显示的含量增加状况。在扩散区,观察到高水平的铜和锌。然而,正如张等[76]所观察到的那样,结合过程中会发生锌的挥发。

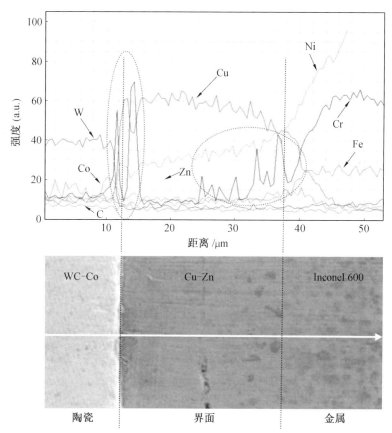

图 5.24　1 000 ℃下连接 35 min 的(WC-Co)-(Cu-Zn)-Inconel 600 接头界面的线扫描结果

使用带有 25 kN 载荷传感器的通用测试系统,通过剪切试验测定了(WC-Co)-(Cu-Zn)-Inconel 600 接头的界面强度。以 0.1 mm/min 的恒定垂直速度施加载荷。剪切试验设备的照片及示意图如图 5.25 所示[77]。在 1 000 ℃ 下制备的(WC-Co)-(Cu-Zn)-Inconel 600 接头的性能如图 5.26 所示[75]。对于每组试验条件,误差线对应于至少三个长度 20 mm、直径 6.35 mm 样品的平均接头强度的正负标准差。

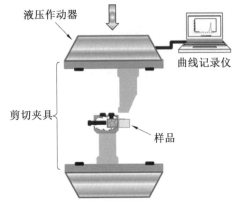

图 5.25　剪切设备的照片及示意图[77]

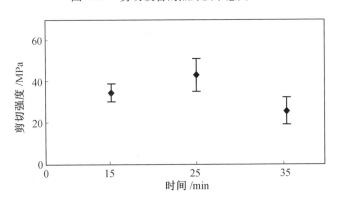

图 5.26　1 000 ℃下连接的(WC-Co)-(Cu-Zn)-Inconel 600
接头试样的剪切强度随时间的变化

从图 5.26 中可以看出,当连接时间从 15 min 增加到 25 min 时,接头的强度从 35 MPa 增加到 44 MPa 的最大值。超过该时间(35 min)后降低到29 MPa。这种强度的提升归因于界面扩散的增强以及两种材料之间较强的化学结合力。另外,反应层的厚度随时间延长而增加,并可能主导接头的最终强度。反应产物通常是脆性的,当反应层的厚度增加时,接头强度首先由于形成牢固的连接而增加,接下来达到最大值,然后随着反应层厚度的继续增大而降低。图 5.23 所示即为靠近 WC-Co 结合界面的暗层(反应层)。

反应层对界面强度的影响取决于许多因素,如反应层的力学性能、厚度和形态。确定制备陶瓷-金属接头的合适条件,需要了解材料组分之间的反应机理和界面的演变。因此,必须控制反应层以确保良好的接头强度。断裂可能在样品边缘开始,主要沿着 Inconel 600 扩散界面进行。

总之,了解材料之间的反应机理和界面的演变对陶瓷-金属接头制备条件的选择非常重要。1 000 ℃下 25 min 扩散结合试样的接头剪切强度最大值为 44 MPa。该强度与肯维斯和科伊[78]报道的(Ti-6Al-4V)-(Al-7075)接头剪切强度(30 MPa)和撒马维亚等[79]使用 Cu-Zn 合金连接(Ti-6Al-4V)-(Al-2024)的接头剪切强度(37 MPa)相近。

本章参考文献

[1] Fernandez P, Martínez V, Valencia M et al (2006) Applications of metal matrix composites in electric and electronic industries. Dyna Rev Fac Nac minas 73 (149):1-8.

[2] Gay D (2015) Composite materials:Design and applications, 3rd edn. CRC Press/Taylor & Francis, Boca Raton.

[3] Miracle D B (2005) Metal matrix composites - From science to technological significance. Compos Sci Technol 65:2526-2540.

[4] Rajeshwar K, De Tacconi N R, Chenthamarakshan CR (2001) Semiconductor-based composite materials:Preparation, properties and performance. Chem Mater 9(13):2765-2782.

[5] Rawal S (2001) Metal matrix composites for space applications. JOM 53 (4):14-17.

[6] Kainer K U (2006) Chapter 1. Basics of metal matrix composites. In: Metal matrix composites:custom-made materials for automotive and aerospace engineering. Wiley, Weinheim, pp 2-55.

[7] Kudela S (2003) Magnesium-Lithium matrix composites-an overview. Int J Mater Prod Technol 18(1-3):91-115.

[8] Kainer K U (2006) Metal matrix composites:custom-made materials for automotive and aerospace engineering. Wiley, Weinheim, pp 1-54.

[9] Prater T (2011) Solid-state joining of metal matrix composites:A survey of challenges and potential solutions. Mater Manuf Proc 26(4):1-23.

[10] Zhang X P, Quan G F, Wei W (1999) Preli minary investigation on joining performance of SiCp-reinforced aluminium metal matrix composite (Al/SiCp-

MMCs) by vacuum brazing. Compos Part A 30:823-827.

[11] Lemus-Ruiz J, Ceja-Cárdenas L, Bedolla-Becerril E et al (2011) Chapter 10. Production, characterization, and mechanical evaluation of dissimilar metal/ceramic joints. In:Cuppoletti J (ed) Nanocomposites with unique properties and applications in medicine and industry. InTech, Rijeka, pp 205-224.

[12] Santella M L (1992) A review of techniques for joining advanced ceramics. Ceram Bull 71(6):947-954.

[13] Loehman R E, Tomsia A P (1988) Joining of ceramics. Ceram Bull 67 (2):375-380.

[14] Nicholas M G (1989) Joining structural ceramics. In:Peteves SD (ed) Designing interfaces for technological applications. Elsevier, Amsterdam, pp 49-76.

[15] Okamoto T (1990) Interfacial structure of metal-ceramic joints. ISIJ Int 30(12):1033-1034.

[16] Thomas W M, Threadgill P L, Nicholas E D (1999) Feasibility of friction stir welding steel. Sci Technol Weld Join 4(6):365-372.

[17] Sathiya P, Aravindan S, Noorul Haq A (2007) Effect of friction welding parameters on mechanical and metallurgical properties of ferritic stainless steel. Int J Adv Manuf Technol 31:1076-1082.

[18] Maalekian M (2007) A friction welding - Critical assessment of literature. Sci Technol Weld Join 12(8):738-759.

[19] Mishra R S, Ma Z Y (2005) Friction stir welding and processing. Mater Sci Eng Rep 50:1-78.

[20] Thomas W M, Nicholas E D (1997) Friction stir welding for the transportation industries. Mater Des 18(4/6):269-273.

[21] Prater T (2014) Friction stir welding of metal matrix composites for use in aerospace structures. Acta Astronaut 93:366-373.

[22] Meshram S D, Mohandas T, Madhusudhan G (2007) Friction welding of dissimilar pure metals. J Mater Proc Technol 184:330-337.

[23] Uday M B, Ahmad-Fauzi M N, Mohd Noor A et al (2016) Chapter 8. Current issues and problems in the joining of ceramic to metal. In: Joining technologies. InTech, Rijeka, pp 159-193.

[24] Hupston G, Jacobson D M (2004) Principles of soldering. ASM International, Ohio.

[25] Koshiishi F (2016) Welding duplex stainless steel. Kobelco Weld Today

19:1-10.

[26] Srivastava A K, Sharma A (2017) Advances in joining and welding technologies for automotive and electronic applications. Am J Mater Eng Technol 5 (1):7-13.

[27] Raghavendra D R, Sethuram D, Raghupathy V P (2015) Comparison of friction welding technologies. Int J Innov Sci Eng Technol 2(12):492-499.

[28] Urena A, Escalera M D, Gil L (2000) Influence of interface reactions on fracture mechanisms in TIG arc-welded aluminium matrix composites. Compos Sci Technol 60:613-622.

[29] Lienert T J, Brandon E D, Lipolds J C (1993) Laser and electron beam welding of SiCp/A-356 MMCs. Scr Metall Mater 28:1341-1346.

[30] Garcia R, Lopez V H, Bedolla E et al (2002) MIG welding process with indirect electric arc. J Mater Sci Lett 21(24):1965-1967.

[31] Garciia R, Lopez V H, Bedolla E (2003) A comparative study of the MIG welding of Al/TiC composites using direct and indirect electric arc processes. J Mater Sci 38:2771-2779.

[32] Garciia R, Lopez V H, Bedolla B (2007) Welding of aluminium by the MIG process with indirect electric arc (MIG-IEA). J Mater Sci 42:7956-7963.

[33] Suganuma K, Okamoto T, Koizumi M et al (1985) Method for preventing thermal expansion mismatch effect in ceramic-metal joining. J Mater Sci Lett 4:648-650.

[34] Dunford D V, Wisbey A (1993) Diffusion bonding of advanced aerospace metallics. Mater Res Soc Symp Proc 314:39-50.

[35] Peteves S D, Nicholas M G (1991) Materials factors affecting joining of silicon nitride ceramics. In: Kumar P, Greenhut VA (eds) Metal-ceramic joining. The minerals, Metals & Materials Society, Warrendale, pp 43-65.

[36] Barnes T A, Pashby I R (2000) Joining techniques for aluminium space frames used in automo-biles part I-D solid and liquid phase welding. J Mater Proc Technol 99:62-71.

[37] Surappa M K (2003) Aluminium matrix composites:Challenges and opportunities. Sadhana 28 (1-3):319-334.

[38] Nami H, Halvaee A, Adgi H et al (2010) Investigation on microstructure and mechanical properties of diffusion bonded Al/Mg$_2$Si metal matrix composite using copper interlayer. J Mater Proc Technol 210:1282-1289.

[39] Shirzadi A A, Assadi H, Wallach E R (2001) Interface evolution and

bond strength when diffusion bonding materials with stable oxide films. Surf Interface Anal 31：609-618.

［40］Bedolla E, Lemus-Ruiz J, Contreras A（2012）Synthesis and characterization of Mg-AZ91/AlN composites. Mater Des 38：91-98.

［41］Ortega-Silva E（2016）Producción y caracterización de ensambles híbridos de un material compuesto AlN/MgAZ91E. Dissertation of Master Thesis, Instituto de Investigación en Metalurgiay Materiales, UMSNH, Morelia, México.

［42］Yong Z, Di F, Zhi-Yomg H et al（2006）Progress in joining ceramics to metals. J Iron Steel Res Int 13（2）：1-5.

［43］Martinelli A E, Hadian A M, Drew R A L（1997）A review on joining non-oxide ceramics to metals. J Can Ceram Soc 66（4）：276-284.

［44］Yokokawa H, Sakai N, Kawada T（1991）Chemical potential diagram of Al-Ti-C system：Al_4C_3 formation on TiC formed in Al-Ti liquids containing carbon. Metall Mater Trans A 22：3075-3076.

［45］Schwartz M M（1990）Ceramic joining. ASM International, Ohio, pp 99-103.

［46］Nicholas M G（1998）Joining processes, introduction to brazing and diffusion bonding. Springer, New York, pp 22-24.

［47］Contreras A, Lopez V H, Leon C A et al（2001）The relation between wetting and infiltration behavior in the Al-1010/TiC and Al-2024/TiC systems. Adv Technol Mater Mater Process J 3：27-34.

［48］Do Nacimento R M, Martinelli A E, Buschinelli A J A et al（2005）Microstructure of brazed joints between mechanically metallized Si_3N_4 and stainless steel. J Mater Sci 40（17）：4549-4556.

［49］Paulasto M, Kivilahti J K（1995）Formation of interfacial microstructure in brazing of Si_3N_4 with Ti-activated Ag-Cu filler alloys. Scr Metall Mater 32（8）：1209-1214.

［50］Ceja-Cárdenas L, Lemus-Ruiz J, De la Torre S D et al（2013）Interfacial behavior in the brazing of silicon nitride joint using an Nb-foil interlayer. J Mater Process Technol 213（3）：411-417.

［51］Huang J H, Dong Y L, Wan Y et al（2008）Reactive diffusion bonding of SiCp/Al composites by insert layers of mixed powders. Mater Sci Technol 21（10）：1217-1221.

［52］Huang J H, Dong Y L, Wan Y et al（2007）Investigation on reactive diffusion bonding of SiCp/6063 MMCs by using mixed powders as interlayers. J

Mater Process Technol 190:312-316.

[53] Nami H, Halvaee A, Adgi H (2011) Transient liquid phase diffusion bonding of Al/Mg$_2$Si metal matrix composite. Mater Des 32:3957-3965.

[54] Sugar J D, McKown J T, Akashi T et al (2006) Transient-liquid-phase and liquid-film-assisted joining of ceramics. J Eur Ceram Soc 26:363-372.

[55] Derby B, Wallach E R (1982) Theoretical model for diffusion bonding. Metal Sci 16(1):49-56.

[56] Locatelli M R, Dalgleish B J, Nakashima K et al (1997) New approaches to joining ceramics for high-temperature applications. Ceram Int 23: 313-322.

[57] Chen I W, Argon A S (1981) Diffusive growth of grain-boundary cavities. Acta Metall 29:1759-1768.

[58] Almond E A, Cottenden A M, Gee M G (1983) Metallurgy of interfaces in hard-metal/metal diffusion bonds. Metals Sci 17:153-158.

[59] Lemus-Ruiz J (2000) Diffusion bonding of silicon nitride to titanium. PhD Thesis, McGill University, Canada.

[60] Shirzadi A A, Wallach E R (2004) New method to diffusion bond supralloys. Sci Technol Weld Join 9(1):37-40.

[61] Suganuma K (1993) Reliability factors in ceramic/metal joining. Mater Res Soc Symp Proc 314:51-60.

[62] Anderson R M (1989) Testing advanced ceramics. Adv Mater Proc 3: 31-36.

[63] Brandon D, Kaplan W D (1997) Joining processes - An introduction. Wiley, New York.

[64] Suganuma K, Okamoto T, Koizumi M (1984) Effect of interlayers in ceramic-metal joints with thermal expansion mismatches. J Am Ceram Soc 67: 256-257.

[65] Mizuhara H, Huebel E, Oyama T (1989) High-reliability joining of ceramic to metal. Ceram Bull 68(9):1591-1599.

[66] Mülheim M T (1994) Bending test for active brazed metal/ceramic joints-a round Robin. Ceram Forum Int 71(7):406-411.

[67] Lee W C (1997) Strength of Si$_3$N$_4$/Ni-Cr-Fe alloy joints with test methods: Shear, tension, three-point and four-point bending. J Mater Sci 32: 6657-6660.

[68] Quinn G D, Morrell R (1991) Design data for engineering ceramics: A

review of the flexure test. J Am Ceram Soc 74(9):2037-2066.

[69] Cam G, Bohm K-H, Mullauer J et al (1996) The fracture behavior of diffusion bonding duplex gamma TiAl. JOM 48:66-68.

[70] Quinn G D (1991) Strength and proof testing. Engineered materials handbook 4, ASM Interna-tional, Ohio, pp. 585-598.

[71] Emsley J (1991) The key to the elements. Clarendom Press, Oxford.

[72] Richerson D W (1992) Modern ceramic engineering, 2nd edn. Marcel Dekker, New York.

[73] Lemus-Ruiz J, Aguilar-Reyes E A (2004) Mechanical properties of silicon nitride joints using a Ti-foil interlayer. Mater Lett 58(19):2340-2344.

[74] Lemus-Ruiz J, Ceja-Cárdenas L, Salas-Villaseñor A L et al (2009) Mechanical evaluation of tungsten carbide/nickel joints produced by direct diffusion bonding and using a Cu-Zn alloy. In: International brazing and soldering conference. American Welding Society, Miami, pp 206-212.

[75] Castro-Sánchez G, Otero-Vázquez C I, Lemus-Ruiz J (2017) Fabrication and evaluation of hybrid components of WC/Inconel 600 by liquid state diffusion bonding. J Mater Sci Eng Adv Technol 16(1):1-16.

[76] Zhang J, Fang H Y, Zhou Y et al (2003) Effect of bonding condition on microstructure and properties of the Si_3N_4/Si_3N_4 joint brazed using Cu-Zn-Ti filler alloy. Key Eng Mater 249:255-260.

[77] Lemus-Ruiz J, Verduzco J A, González-Sánchez J et al (2015) Characterization, shear strength and corrosion resistance of self-joining AISI 304 using a Ni-Fe-Cr-Si metallic glass foil. J Mater Process Technol 223:16-21.

[78] Kenevisi M S, Khoie S M M (2012) A study on the effect of bonding time on the properties of Al7075 to Ti-6Al-4V diffusion bonded joint. Mater Lett 76:144-146.

[79] Samavatian M, Halvaee A, Amadeh A A et al (2015) Transient liquid phase bonding of Al 2024 to Ti6Al4V alloy using Cu-Zn interlayer. Trans Nonferrous Met Soc China 25:770-775:227-246.

第6章 金属基复合材料的腐蚀行为

6.1 Al-2024/TiC、Al-xCu/TiC 和 Al-xMg/TiC 复合材料的腐蚀行为

本节通过测量动电位极化曲线和线性极化电阻,表征无压浸渗 TiC 颗粒增强 Al-2024、Al-xCu 和 Al-xMg 复合材料在 3.5 wt% NaCl 溶液中的腐蚀行为[1]。增强相和金属基体间的电偶腐蚀控制着金属基复合材料的腐蚀行为[2]。其他因素如复合材料在加工过程中的残留污染物和增强相与基体之间形成的中间相等,也会对复合材料的腐蚀行为产生显著影响。对于耐蚀性差的金属基复合材料,需要在表面涂覆有机或无机涂层进行保护。

一般来说,复合材料比基体合金更容易受到腐蚀。电偶腐蚀往往是局部的[3]。添加 Mg 的铝合金因耐蚀性好、密度低和力学性能高,常用于制造汽车和航空航天工业应用复合材料的基体。镁合金具有较高的比强度,但耐蚀性较差,制约了其在航空航天和其他领域的应用。提高镁合金耐蚀性的措施包括:开发高纯或新合金、快速凝固、细化组织,表面涂层和改性[4]。古塞瓦等[5]综述了合金化对镁合金腐蚀的影响,重点分析了影响腐蚀速率的电化学因素。梅尔切[6]研究了铜和铜合金长期暴露在自然和工业环境中的腐蚀行为。结果发现,双峰行为主要源于阴极氧还原向点蚀的短暂转变过程。

TiC 颗粒与铝基体间具有很好的润湿性[7,8],可以形成干净而牢固的界面[9,10]。铝合金是复合材料中常用的基体,据报道,TiC 的加入提高了复合材料的室温和高温力学性能。特别是 Al-Cu/TiC 体系具有良好的电性能和力学性能。

基体与增强相的界面对复合材料的性能起着至关重要的作用。金属基复合材料的大部分力学和物理性能,如强度、刚度、塑性、韧性、疲劳、蠕变、热膨胀系数、导热系数和耐蚀性都取决于界面特征[11]。由于金属基体与贵金属纤维或颗粒增强相之间会产生电偶腐蚀,因此,研究复合材料的腐蚀行为对其应用

具有重要意义。

德维斯等[12,13]研究了 3.5 wt% 氯化钠溶液中 Al_2O_3、SiC、TiC 等不同陶瓷增强铝基复合材料的腐蚀行为，发现腐蚀速率按以下顺序递增：$Al_2O_3<SiC<TiC$。一般来说，复合材料在 NaCl 溶液中的腐蚀速率高于基体合金。这归因于金属基复合材料在增强相界面处的局部侵蚀，导致点蚀或缝隙腐蚀。界面是钝化膜击穿的首选位置（点蚀起始点），因为它诱发了孔洞形成的不均匀性，导致氧化层更容易击穿[14,15]。复合材料的点蚀可以在增强相和基体界面上观察到[16,17]。影响复合材料腐蚀的因素包括孔隙率、基体中金属间化合物的析出、颗粒-基体界面的高位错密度、界面反应产物以及增强相的导电性。

孙等[18]采用电化学技术、SEM、俄歇电子能谱（AES）、EDS 和 XRD 等方法，研究了 Al-6061/SiC 复合材料在氯化物溶液中的腐蚀行为。阳极极化到一定的电位后，观察产生的腐蚀坑的形貌，发现随着 SiCp 含量的增加，腐蚀电位变化不大。

有关金属基复合材料腐蚀行为的文献[19,20]表明，增强相的存在可能不会增加复合材料的腐蚀敏感性，这不仅取决于金属-增强相的结合状态，还取决于制造工艺参数。特拉斯科玛[19]等研究了 Al-5456/SiCw 和 Al-6061/SiCw 金属基复合材料的点蚀过程，比较了 Al/SiCw 金属基复合材料与基体合金的点蚀行为。对腐蚀坑结构的研究表明，腐蚀坑发育经历了两个阶段：第一阶段涉及金属原子的溶解和腐蚀坑的形成；第二个阶段涉及腐蚀坑的扩展或生长。对于 Al-5456/SiCw 和 Al-6061/SiCw 两种复合材料，腐蚀坑都是从金属基体中的第二相颗粒处萌生的。

采用浸渗法制备的金属基复合材料，凝固后形成的金属间化合物 $CuAl_2$ 和其他金属间化合物不仅提高了合金的某些力学性能，还能起到局部阳极或阴极的作用，导致对局部腐蚀的敏感性提高，如点蚀、晶间腐蚀等。在 2×××系铝合金中，还观察到 $CuAl_2$ 析出相附近的局部点蚀[21]。

6.1.1　实验材料及腐蚀实验方法

本节研究熔体浸渗法制备的 TiC 颗粒增强铝基复合材料在水溶液中的腐蚀行为，所研究的复合体系为 Al-2024/TiC、Al-xCu/TiC 和 Al-xMg/TiC。

采用无压浸渗法制备 Al/TiC 复合材料。预制件孔隙率为 44% ~ 48%，所用 TiC 增强相粉末的平均粒径为 1.12 μm,粉末被压制成尺寸约为 6.5 cm×1 cm×1 cm 的圆坯,然后在 1 250、1 350、1 450 ℃的氩气中烧结 90 min。

在氩气气氛、温度 1 100、1 150、1 200 ℃下分别利用 2024 铝合金进行浸渗实验。Al-2024 合金的化学成分见文献[7,22]。同时,将二元铝合金分别在 900 ℃和 1 000 ℃浸渗于 1 250 ℃氩气气氛下烧结的预制件中。最后,将试样在 530 ℃下固溶 150 min,水淬,然后分别在 190 ℃氩气气氛下人工时效(AA)12 h 和在室温自然时效(NA)96 h。

使用计算机控制的 ACM 恒电位仪进行电化学实验,扫描速度为 1 mV/s,外加电位为±1 000 mV,E_{corr} 为 1 mV/s。以饱和甘汞电极为参比电极,石墨电极为辅助电极。测量 E_{corr} 时持续大约 30 min 以确保测量结果的稳定性。利用线性极化电阻曲线(LPR)计算腐蚀电流密度 I_{corr}。将样品从+10 mV 到-10 mV范围内,以 1 mV/s 的扫描速率测量 E_{corr},得到极化电阻 R_p。I_{corr} 和 R_p 之间的关系可使用斯特恩-吉尔(Stearn-Geary)[23]方程计算:

$$I_{corr} = \frac{b_a b_c}{2.3(b_a + b_c)} \cdot \frac{1}{R_p} \tag{6.1}$$

式中,b_a 和 b_c 是从极化曲线获得的阳极和阴极塔费尔斜率。在实验过程中,使用数字电压表每隔 10 min 测量一次 E_{corr} 值,记录 E_{corr} 和极化电阻 R_p 随时间的变化。所有测试均在室温((25±2)℃)下进行,电解质利用分析级氯化钠配制,质量分数为 3.5%。复合材料样品作为工作电极(WE),腐蚀面积为 1 cm²。

6.1.2　Al-xCu/TiC 和 Al-xMg/TiC 复合材料的微观组织

用飞利浦 XL-30 型 SEM 观察实验前后复合材料的微观组织。图 6.1 所示为在 900 ℃和 1 000 ℃下浸渗预制件(1 250 ℃烧结)所得到的复合材料样品的典型微观组织,在基体中可以看到一些 CuAl₂ 析出物和 TiC 颗粒。浸渗后铝合金/TiC 复合材料组织照片中,暗相为铝基体,白亮相为 TiC 晶粒。浸渗后和热处理后的复合材料中存在金属间化合物相,如 CuAl₂、Ti₃Cu、Al₃Ti、Ti₃AlC 和 Ti₃Al[17]。浸渗后的缓慢冷却过程中形成的 Ti₃AlC 相是 TiAl₃ 和 TiC 的中间化合物。XRD 测试表明,镁在铝合金中形成了固溶体。除铝和 TiC 外,没有检测到碳化物反应相,因为镁不形成稳定的碳化物[2,4,5,18]。从腐蚀的角度来看,这些析出相,特别是含铜析出相是有害的,这是由于铜-铝电偶作为阴极,会产生局部腐蚀(如点蚀),从而腐蚀颗粒周围的基体。

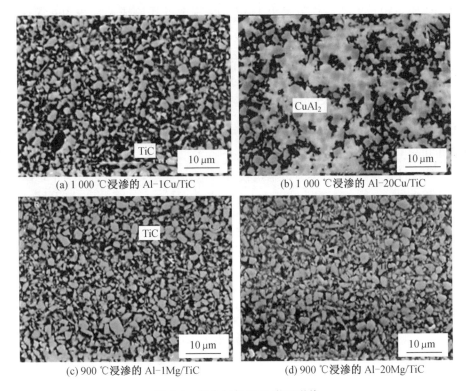

(a) 1 000 ℃浸渗的 Al-1Cu/TiC　　　　　(b) 1 000 ℃浸渗的 Al-20Cu/TiC

(c) 900 ℃浸渗的 Al-1Mg/TiC　　　　　(d) 900 ℃浸渗的 Al-20Mg/TiC

图 6.1　复合材料 SEM 微观形貌

6.1.3　Al-xCu/TiC 和 Al-xMg/TiC 复合材料的电化学性能

　　预制件分别在 1 250、1 350、1 450 ℃烧结,图 6.2 所示为浸渗温度对 Al-2024/TiC 复合材料阳极电流密度的影响[1]。随着烧结温度的升高,预制件的致密化程度增加,阳极电流密度降低。在 1 250 ℃烧结(图 6.2(a))的预制件在 1 100 ℃浸渗时,阳极电流密度最低且随浸渗温度的升高而增大。然而,阳极电流密度随着试样采用较高的烧结温度(1 450 ℃)而增加(图 6.2(c))。

　　如图 6.2(b)所示,在 1 350 ℃下烧结的预制件在不同的浸渗温度下的阳极电流密度接近,但在 1 450 ℃下烧结(图 6.2(c))时,其行为不同,即在最低的浸渗温度下观察到最大的阳极电流密度,在适中的浸渗温度下观察到最小的阳极电流密度,在最高的浸渗温度下得到中间值。而在 1 250 ℃下烧结的预制件所制备的复合材料的阳极电流密度的行为正好相反,即 E_{corr} 在所有情况下基本保持不变。

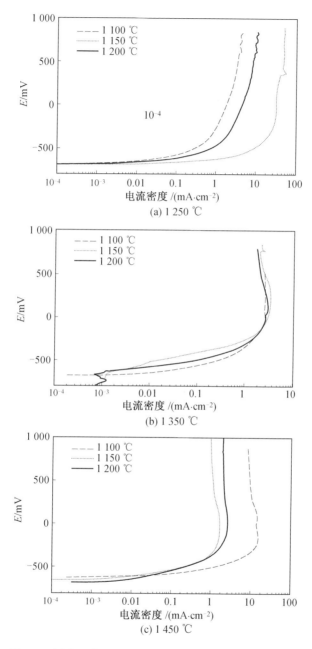

图 6.2　浸渗温度对不同温度烧结的预制件制备的 Al-
2024/TiC 复合材料阳极电流密度的影响

　　自然时效和人工时效处理对 Al-2024/TiC 复合材料的极化、电流密度和腐蚀速率的影响见表 6.1。可以看出，这些处理对 Al-2024/TiC 复合材料极化曲线上的阳极电流密度产生了一些负面影响，但仍存在钝化区。热处理使阳极电流密度略有增加，约为热处理前的两倍。虽然 CuAl$_2$ 颗粒通过这些处理在铝中溶解而消失[24]，但仍存在一些金属间化合物，如 Ti$_3$Cu、Al$_3$Ti、Ti$_3$AlC 和 Ti$_3$Al。这些化合物相对于金属基体来说是作为阴极的。

表 6.1　热处理状态对 Al-2024/TiC 复合材料极化、电流密度和腐蚀速率的影响

复合材料	E_{corr}/mV	I_{corr}/($\times 10^{-3}$ mA·cm^{-2})	CR/(mm·年$^{-1}$)
制备态 Al-2024/TiC	-652	10	0.27
人工时效态 Al-2024/TiC	-625	3.1	0.083
自然时效态 Al-2024/TiC	-605	1.3	0.041

　　二元合金中铜和镁含量对极化曲线的影响如图 6.3 所示[1]。图 6.3(a) 所示为复合材料中 Al-xCu 合金对极化曲线的影响。该图表明，当过电位小于 250 mV 时，阳极电流密度随 Cu 的加入而降低，E_{corr} 有时降低，有时增大；当过电位高于 250 mV 时，Cu 的加入总是增加阳极电流密度。图 6.3(b) 所示为复合材料中 Al-xMg 合金对极化曲线的影响。Al-xMg/TiC 复合材料也表现出类似的行为。在所有情况下，随着复合材料中 Mg 含量的增加，阳极电流密度值增大，E_{corr} 值降低。

　　1 250 ℃烧结的预制件在三种不同的温度(1 100、1 150、1 200 ℃)下浸渗，得到了 I_{corr} 随时间的函数，如图 6.4 所示。I_{corr} 值随时间呈下降趋势，16 h 后趋于稳定，但 1 100 ℃浸泡 15 h 后 I_{corr} 值较高。

　　24 h 内所有情况下 I_{corr} 的变化如图 6.5 所示[1]。Al-8Cu/TiC 复合材料的 I_{corr} 随时间的变化如图 6.5(a) 所示，在 20 h 的时间内，I_{corr} 值略有下降，这可能与腐蚀膜被击穿导致了腐蚀电流增加有关；同时，随时间延长，表面有再次形成新的耐蚀膜的趋势，而其他复合材料保持恒定的 I_{corr} 值。由于不同复合条件对 I_{corr} 的影响与极化曲线中观察的规律相同，这里仅给出一些例子。例如，在图 6.5(a)、(b) 中，可以观察到添加 Cu 和 Mg 使 I_{corr} 值增加了近十倍。在大多数情况下，I_{corr} 值在腐蚀暴露时间内保持稳定，这可能是 Al$_2$O$_3$ 或 Al(OH)$_3$ 保护层所致。

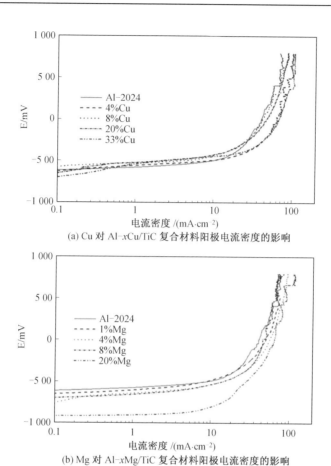

(a) Cu 对 Al-xCu/TiC 复合材料阳极电流密度的影响

(b) Mg 对 Al-xMg/TiC 复合材料阳极电流密度的影响

图 6.3　添加 Cu 和 Mg 对 Al-xCu/TiC 和 Al-xMg/TiC 复合材料阳极电流密度的影响

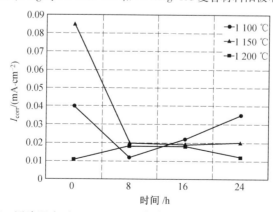

图 6.4　浸渗温度对 Al-2024/TiC 复合材料 I_{corr} 随时间变化的影响

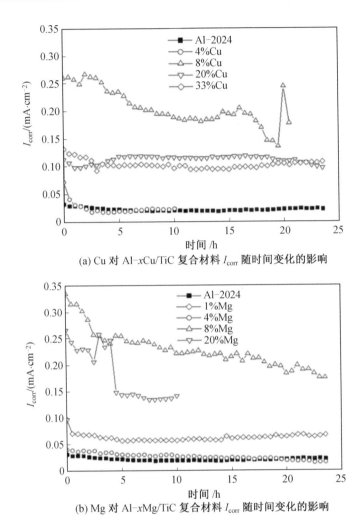

(a) Cu 对 Al–xCu/TiC 复合材料 I_{corr} 随时间变化的影响

(b) Mg 对 Al–xMg/TiC 复合材料 I_{corr} 随时间变化的影响

图 6.5　添加 Cu 和 Mg 对 Al–xCu/TiC 和 Al–xMg/TiC 复合材料 I_{corr} 随时间变化的影响

6.1.4　Al–xCu/TiC 和 Al–xMg/TiC 复合材料腐蚀表面形貌分析

图 6.6 所示为 Al–2024/TiC 复合材料(TiC 未进行烧结)在 3.5 wt% NaCl 溶液中浸泡后的表面形貌,明显观察到了大量的腐蚀坑。将 TiC 在 1 450 ℃ 烧结后将复合材料在 1 100 ℃ 和 1 200 ℃ 下进行浸渗,腐蚀坑的数量有所减少,但没有完全消失,如图 6.7 所示。

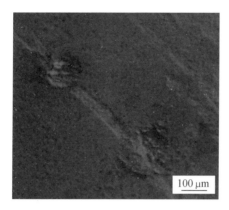

图 6.6　Al-2024/TiC 复合材料在 3.5 wt% NaCl 溶液中腐蚀后的 SEM 形貌

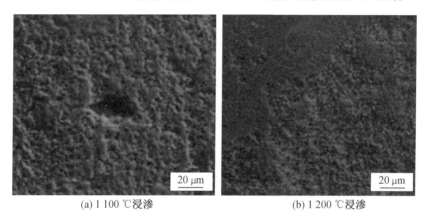

(a) 1 100 ℃浸渗　　　　　　　　　(b) 1 200 ℃浸渗

图 6.7　Al-2024/TiC 复合材料在 3.5 wt% NaCl 中腐蚀的 SEM 形貌

图 6.8 和图 6.9 所示为不同镁或铜的添加对复合材料中孔洞和大直径腐蚀坑的影响[15-17]，这些影响与氯离子对 Al_2O_3 或 $Al(OH)_3$ 保护层的局部侵蚀有关，Al 基体中含 Cu^+ 或 Ti^+ 等颗粒间的腐蚀电偶等因素也会加速腐蚀速率。

点蚀形核点位于 TiC 基体和金属间化合物的界面。这些位点在保护膜或钝化膜形成过程中起到不连续形核点的作用，在该形核点腐蚀很容易发生。当相邻表面存在氧还原过程时，在腐蚀坑内发生快速溶解。由于阳离子水解，点蚀位置存在高浓度的 Al^{3+}，氢离子浓度根据以下反应提高：

$$Al^{3+}+3H_2O \longrightarrow Al(OH)_3+3H^+ \qquad (6.2)$$

这一过程降低了腐蚀坑内的 pH，并通过电解质中的离子传输将物质转移到邻近区域。Al-Cu 金属间化合物在基体中是强阴极，作为阴极促进 Al_2O_3 或

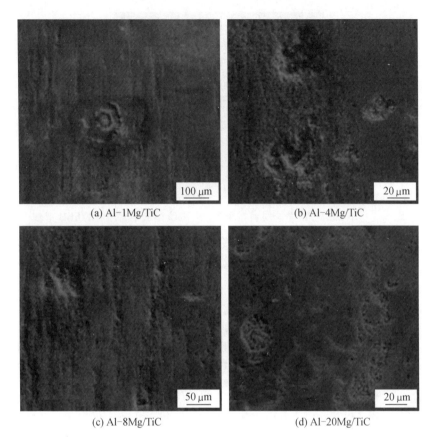

图 6.8　　Al-xMg/TiC 复合材料在 3.5 wt% NaCl 溶液中腐蚀后的 SEM 照片

Al(OH)$_3$ 保护层的破坏，增强点蚀效果。第二相（如富 Cu 或 Ti 的颗粒）起到阴极的作用，导致形成微小的原电池，促进腐蚀坑的形成、诱发金属基体阳极的溶解。

　　对于 Al-2024/TiC 复合材料，阳极电流密度降低、孔洞数量和尺寸减小，这些特征与烧结和浸渗温度无关。无论是人工时效还是自然时效，复合材料的阳极腐蚀电流密度增大，腐蚀坑数目和深度减小。阳极电流密度与烧结或浸渗温度之间没有直接关系。

　　富 Cu、Ti 颗粒对铝合金的电偶效应增强了点蚀，同时，复合材料中的阳极电流密度随着 Cu 或 Mg 元素的添加而增大。

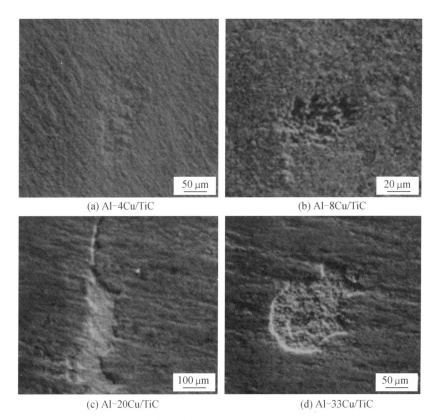

(a) Al-4Cu/TiC　　　　　　　　　　(b) Al-8Cu/TiC

(c) Al-20Cu/TiC　　　　　　　　　　(d) Al-33Cu/TiC

图 6.9　Al-xCu/TiC 复合材料在 3.5 wt% NaCl 溶液中腐蚀后的 SEM 照片

6.2　Mg-AZ91E/TiC 复合材料的腐蚀行为

随着技术的迅速发展,人们对镁及其合金作为复合材料基体的兴趣与日俱增。目前,铝和镁基体得到了广泛的应用,因为汽车和航空航天工业等需要具有耐蚀性、低密度和高力学性能等综合性能的优选材料。

采用 TiC 颗粒作为增强相可以改善镁合金在室温和高温下的力学性能[7-10]。镁的主要缺点是其负电化学电位使其具有较高的化学活性,极大地限制了其工业应用。Mg-AZ91E 是目前应用最广泛的合金之一。

目前,人们对镁及其合金为基体[9,10,25-32]的金属基复合材料的腐蚀行为进行了大量研究。

帕尔多等[33]认为腐蚀失效主要与 Mg(OH)$_2$ 腐蚀膜的形成有关。Mg-AZ80 和 Mg-AZ91 属于耐腐蚀镁合金。腐蚀表面形成的相对细小的 Al$_{12}$Mg$_{17}$ 网络和铝的富集是决定腐蚀过程的关键因素。基体 β 相和 MnAl 金属间化合物处属于优先腐蚀位置。努涅斯等[34]报道了体积分数 12% 的 Mg-ZC71/SiC 复合材料的腐蚀行为,电化学测试发现,复合材料的腐蚀速率是合金的 10 倍,复合材料的局部腐蚀速度是基体合金的 3 倍。苏秋[35]等报道了 Mg-AZ91D/TiC 复合材料的耐蚀性,发现复合材料腐蚀反应层比合金中的更薄,局部腐蚀率更高。

蒂瓦里等[36]研究了 Mg-6SiC 和 Mg-16SiC 两种镁基复合材料的腐蚀行为,并与纯镁的腐蚀速率进行了比较。SiC 颗粒降低了镁的耐蚀性,并且随着 SiC 含量的增加,耐蚀性越来越低。此外镁基体与 SiC 增强相之间的电偶腐蚀对整体腐蚀速率没有显著影响。

萨尔曼[37]等在室温下对比研究了 AZ31 和 AZ91 镁合金在 1 mol/L NaOH 和 3.5 wt% NaCl 溶液中的电化学腐蚀行为。在 1 mol/L NaOH 溶液中,AZ31 合金在整个实验过程中出现了几次电位下降,而 AZ91 合金则没有。在1 mol/L NaOH 溶液中 3 V 阳极氧化 30 min,阳极氧化试样的耐蚀性能优于未阳极氧化试样。以类似的方式,辛格[38]等通过失重、电化学极化和阻抗测量研究了 Mg、AZ31 和 AZ91 在 3.5 wt% NaCl 溶液中的腐蚀行为,由塔费尔曲线得出的腐蚀电流密度(I_{corr})表明,它们的耐蚀性大小顺序为 Mg>AZ91>AZ31。

布鲁克[39]等研究了纯镁、Mg-Cu(0.3、0.6、1 vol%)和 Mg-Mo(0.1、0.3、0.6 vol%)复合材料在 3.5 wt% NaCl 溶液中的腐蚀速率。随复合材料中增强相体积分数的增加,腐蚀速率增加;腐蚀试样的显微镜观察证实基体-增强界面处存在微电池。

福尔肯等[32]通过 Mg-AZ91E 合金和 Mg-AZ91E/TiC 复合材料在 3.5 wt% NaCl 溶液中的腐蚀行为研究,分析了 TiC 增强颗粒对 Mg-AZ91E 合金耐蚀性的影响。

6.2.1　腐蚀实验条件

Mg-AZ91E 合金的化学成分见表 6.2。为了制备复合材料,首先用平均粒径为 1.12 μm 的 TiC 粉末在 1 250 ℃的氩气气氛中烧结 60 min,烧结预制件的体积分数为 56%。在 950 ℃、氩气气氛中将 Mg-AZ91E 合金无压浸渗到 TiC 多孔预制件(孔隙率44%)中制备复合材料,浸渗时间为 12 min。

表 6.2　Mg-AZ91E 合金的化学成分　　　　　　　　　　　　　wt%

Al	Mn	Zn	Si	Fe	Cu	Ni	Mg
8.7	0.24	0.7	0.2	0.005	0.015	0.001	余量

在室温(25 ℃)下使用 3.5 wt% NaCl 溶液进行腐蚀实验。在 -800 ~

800 mV 范围内,以 1 mV/s 的恒定扫描速率记录腐蚀过程极化曲线(E_{corr}),采用常规三电极玻璃电池,以石墨棒为辅助电极,饱和甘汞电极(SCE)为参比电极。

腐蚀电流密度值(I_{corr})的计算采用塔费尔外推法,外推区间为 ±250 mV。线性极化电阻(LPR)测量方法为:根据 E_{corr} 将样品从 −10 mV 极化到 +10 mV,扫描速率为 1 mV/s,并在 24 h 内每 60 min 预试 1 次。在 E_{corr} 处使用幅度为 10 mV 的信号进行电化学阻抗谱测试,测量频率为 0.1 Hz ~ 10 kHz。LPR 测试和极化曲线采用台式计算机控制的 ACM 恒电位仪,而电化学阻抗谱(EIS)测试则采用 PC4300Gamry 恒电位仪。

使用两个相同的工作电极和一个参比电极(SCE)记录电流和电位的电化学噪声(EN)。电化学噪声测量以每秒 1 点的采样率在 1 024 s 内同时记录电位和电流的波动,使用最小二乘拟合方法从原始噪声数据中去除直流趋势数据,这是噪声分析的第一步。随后,根据潜在噪声标准偏差(σ_v)与当前噪声标准偏差(σ_i)之比计算噪声电阻(R_n),公式如下:

$$R_n = \frac{\sigma_v}{\sigma_i} \tag{6.3}$$

式中,R_n 可视为线性极化电阻,在 Stearn-Geary 方程(6.1)中为 R_p。

6.2.2　Mg-AZ91E/TiC 复合材料的微观组织

Mg-AZ91E 合金和 Mg-AZ91E/TiC 复合材料的 SEM 微观组织如图 6.10 所示。图 6.10(a)为表面图像 SEM,表明存在 α-Mg 主相,以及围绕在由 $Al_{12}Mg_{17}$ 组成的 β 相周围的富铝共晶相。此外,还存在一些 AlMn 析出物。图 6.10(b)为 Mg-AZ91E/TiC 复合材料的微观组织。

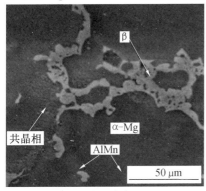 

(a) Mg-AZ91E 合金 SEM 　　　　(b) Mg-AZ91E/TiC 复合材料
微观组织(1 500×)　　　　　SEM 微观组织(5 000×)

图 6.10　Mg-AZ91E 合金和 Mg-AZ91E/TiC 复合材料的 SEM 微观组织

6.2.3　Mg-AZ91E/TiC 复合材料的电化学分析

Mg-AZ91E 合金和 Mg-AZ91E/TiC 复合材料在 3.5 wt% NaCl 溶液中的极化曲线如图 6.11 所示[32]。Mg-AZ91E 合金和 Mg-AZ91E/TiC 复合材料的阳极极限电流分别为 6.11 A/cm² 和 0.16 A/cm²。基体 Mg-AZ91E 合金的腐蚀电位 E_{corr} 更加敏感,达到−1 390 mV,而复合材料的 E_{corr} 为−980 mV。

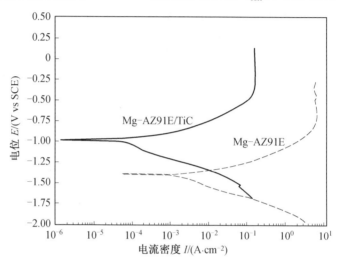

图 6.11　Mg-AZ91E 合金和 Mg-AZ91E/TiC 复合材料在 3.5 wt% NaCl 溶液中的极化曲线

复合材料的腐蚀电流密度为 8.8×10^{-5} A/cm²,低于基体合金的 2.9×10^{-3} A/cm²。图 6.12 所示为 E_{corr} 值随时间的变化,镁合金的 E_{corr} 绝对值比复合材料的高,尽管后者的 E_{corr} 绝对值通常更高[32]。

基体和复合材料的极化电阻(R_p)值随时间的变化曲线如图 6.13 所示[32],Mg-AZ91E 合金的 R_p 值低于 Mg-AZ91E/TiC 复合材料,因此 Mg-AZ91E 合金腐蚀速率要高于 Mg-AZ91E/TiC 复合材料。同时,Mg-AZ91E 合金的 R_p 值随时间呈先增大后减小的趋势,腐蚀速率呈先减小后增大的趋势,这表明存在保护性腐蚀反应层开裂或脱落的现象,显示薄膜无法起到保护作用。这也可能是由于 $Al_{12}Mg_{17}$ 颗粒促进了 α-Mg 相的溶解,因为与基体相比,$Al_{12}Mg_{17}$ 相是阴极。

图 6.14(a)所示为 Mg-AZ91E 合金的奈奎斯特(Nyquist)图[32]。在高频下可以观察到它是一个半圆形电容,但在较低或中等频率下,数据为一条直线,表明腐蚀过程是在一种混合机制下进行的:电荷通过双电化学层从金属转移到界面,腐蚀离子通过腐蚀反应层扩散。高频电容半圆的直径相当于 R_p 的电荷转移电阻 R_{ct},随着时间的推移,半径减小且腐蚀速率增加。

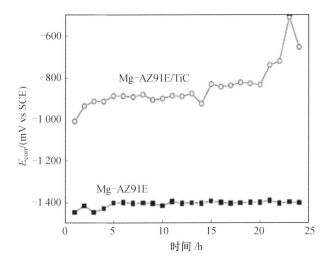

图 6.12　Mg–AZ91E 合金和 Mg–AZ91E/TiC 复合材料在
3.5 wt% NaCl 溶液中的腐蚀随时间的变化

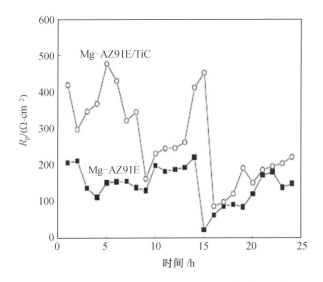

图 6.13　Mg–AZ91E 合金和 Mg–AZ91E/TiC 复合材料在
3.5 wt% NaCl 溶液中极化电阻(R_p)随时间的变化

图 6.14(b)所示为 Mg–AZ91E/TiC 复合材料的奈奎斯特图[32]。该图在高频下呈凹陷的半圆形电容,在低、中频出现感应环,表明腐蚀过程受控于金属/溶液界面上氯离子的吸附。半圆形的直径随着时间的推移而减小,表明腐蚀速率随着时间的推移而增加,显示了腐蚀产物的非保护性。

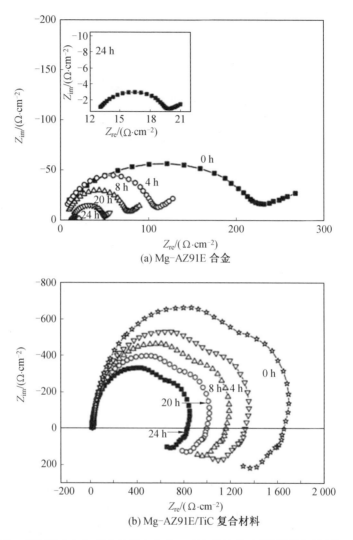

(a) Mg-AZ91E 合金

(b) Mg-AZ91E/TiC 复合材料

图 6.14　Mg-AZ91E 合金和复合材料在 3.5 wt% NaCl 溶液中暴露不同时间的 Nyquist 图

局部腐蚀指数(LI)的因素定义为

$$LI = \frac{\sigma_i}{IRMS} \tag{6.4}$$

式中,σ_i 为电流噪音标准方差;IRMS 为电流均方根值[40-42]。

LI 是电流均方根值(IRMS)附近的分布数据,它的取值范围为 0 到 1。表 6.3 所示为根据腐蚀形貌得出的 LI 取值范围及其与腐蚀类型的关系。

表 6.3　局部腐蚀指数(LI)与腐蚀类型的相关性

LI 取值范围	腐蚀类型
0.001 ~ 0.01	正常腐蚀
0.01 ~ 0.1	混合腐蚀
0.1 ~ 1.0	局部腐蚀

Mg-AZ91E 合金和 Mg-AZ91E/TiC 复合材料的 LI 值分别为 0.78 和 0.2，根据该 LI 值可知，镁合金和复合材料均为局部腐蚀类型。

图 6.15 所示为 Mg-AZ91E 合金和复合材料的 R_n 随时间的变化，可以看出 R_n 随时间的延长而降低[32]。Mg-AZ91E 合金的 R_n 值低于复合材料的 R_n 值。因此，Mg-AZ91E 合金比复合材料具有更高的腐蚀速率。

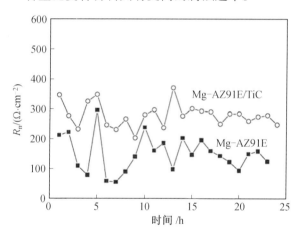

图 6.15　Mg-AZ91E 合金和 Mg-AZ91E/TiC 复合材料在

3.5 wt% NaCl 溶液中的噪声电阻(R_n)

一旦水解反应开始，腐蚀反应就会以形成 Mg^{2+} 的形式发生，并与水分子还原产生的 OH^- [38,43] 在金属表面形成 $Mg(OH)_2$ 沉淀：

$$Mg^{2+} + 2OH^- \longrightarrow Mg(OH)_2 \qquad (6.5)$$

$$2Mg + 2H_2O + O_2 \longrightarrow 2Mg(OH)_2 \qquad (6.6)$$

合金中铝和锌的腐蚀也可能涉及类似的反应。随着阳极电位的增加，$Mg(OH)_2$ 的生成及其在电极界面的积累，似乎是合金和复合材料在阳极区域的扩散受到限制的主要原因。

图 6.16 所示为 Mg-AZ91E 合金和 Mg-AZ91E/TiC 复合材料腐蚀试样的 SEM 形貌。由于 α-Mg、β-Mg、AlMn 夹杂物和 TiC 颗粒之间的电化学势不同,可以看到沿基体和 TiC 颗粒界面优先发生腐蚀,产生腐蚀原电池效应。

(a) Mg-AZ91E 合金　　　　　　　(b) Mg-AZ91E/TiC 复合材料

图 6.16　基体合金和复合材料腐蚀表面的 SEM 形貌

腐蚀表面的晶界区域存在堆积的腐蚀产物。由于晶界在热力学上更为活跃,腐蚀产物 Mg(OH)$_2$ 在该区域的析出降低了腐蚀侵蚀性,这可能是镁合金具有更好的耐蚀性的原因。但另一些研究报告认为,镁基复合材料的耐蚀性高于其基体镁合金[44]。

6.3　Ni/TiC 复合材料的腐蚀行为

研究了镍(Ni)和 Ni/TiC 复合材料在人工海水中的电化学特性[45,46]。通过极化曲线(PC)对腐蚀过程进行表征。所有的电化学测试都是在静态和常温常压下暴露 24 h 进行的,使用具有典型的三电极阵列的电池,评价 TiC 在 Ni 基体中对其腐蚀性的影响。

虽然金属基复合材料的制备方法很多,如粉末冶金、挤压铸造、搅拌铸造等,但浸渗法是应用最广泛的方法之一[1,9,10,22,30-32]。陶瓷预制件的无压浸渗工艺对复合材料的制备具有一定的优势,例如复合材料具有各向同性,这反过来又体现在力学性能和耐蚀性上。

在浸渗过程中,金属(这里为 Ni)对增强相(TiC)的润湿性起着重要作用,决定基体-增强相界面的强度[7,8,11],较差的润湿性会产生较弱的界面,可能会引发缝隙腐蚀。

铝、镁、铜和镍是复合材料中最常用的基体金属。增强相和基体有多种组合,如 Al/TiC、Mg/TiC、Mg/SiC、Al/SiC、Al/Al$_2$O$_3$ 和 Al/AlN 等[1,9,11,22,24-31,47-50]。

然而,目前 TiC 是使用最多的陶瓷之一,其在大多数情况下与 Al 和 Mg 合金复合,最近与 Cu 和 Ni 复合的研究越来越多。

Ni/TiC 复合材料可以满足对力学性能和耐蚀性较高的应用要求,研究 Ni/TiC 的电化学行为时采用海水作为电解液。

6.3.1　腐蚀实验条件

本节采用含 60% TiC 的增强相和 40% Ni 的基体制备复合材料。在金属模具中压制 TiC 粉末,以获得尺寸为 6 cm×1 cm×1 cm 的圆柱状绿色预制件,将这些预制件在通入氩气的管式炉中 1 250 ℃烧结 1 h 避免氧化。然后,在氩气流中将 Ni 渗入烧结后的预制件,并在 1 515 ℃下保温 15 min。

在实验中制备了 Ni/TiC 复合材料和 Ni,作为工作电极。工作电极的总暴露面积为 1 cm²。每次测试前,复合材料用 600 目的 SiC 抛光纸抛光,然后用去离子水清洗,用丙酮脱脂。

实验使用的电解质是根据 ASTM D1141[52]制备的合成海水溶液,使用的三电极电化学电池包括工作电极、参比电极和辅助电极。以 Ni 和复合材料作为工作电极、饱和甘汞电极作为参比电极、烧结石墨棒作为辅助电极。所有的电化学测量都是在常温常压下进行。采用 ACM Instruments Gill 交流恒电位器/恒电流器进行电化学研究,每次电化学测试都与计算机联合应用。

得到的极化曲线符合 ASTM G5[53]标准。为了获得 Ni/TiC 复合材料和 Ni 的极化曲线,对腐蚀电位(E_{corr})进行了±0.5 V 的极化,扫描速度为 1 mV/s。所有测试都是在静止条件下,1 atm(1 atm=101.325 kPa)和室温下进行。

6.3.2　Ni/TiC 复合材料微观组织

图 6.17 所示为 Ni/TiC 复合材料的 SEM 微观组织,由 Ni 基体中的细小 TiC 颗粒和 Ni 组成。可以观察到 TiC 颗粒在基体中分布均匀。

6.3.3　Ni/TiC 复合材料电化学表征

在电化学测试之前,首先测量 Ni/TiC 复合材料和 Ni 的开放腐蚀电位,直至达到稳态,结果如图 6.18 所示[45,46]。

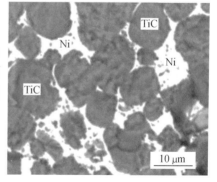

图 6.17　Ni/TiC 复合材料的微观组织

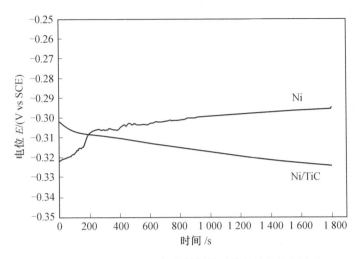

图 6.18　Ni 和 Ni/TiC 复合材料的开放腐蚀电位(OCP)

　　图 6.18 的腐蚀曲线表明两种材料在 30 min 后均达到稳态。任何电化学测试都需要达到这种稳态。同时可以观察到,Ni 的腐蚀电位在约-0.290 (V vs SCE)附近波动,而 Ni/TiC 复合材料的腐蚀电位约为-0.320 (V vs SCE)附近。Ni/TiC 与 Ni 之间电位值的差异表明,TiC 陶瓷的加入直接降低了 Ni 的腐蚀电位。

　　图 6.19 所示为 Ni 和 Ni/TiC 复合材料在合成海水中不同浸泡时间下得到的极化曲线[45,46]。在 Ni/TiC 的极化曲线中,腐蚀电位 E_{corr} 保持在接近电位值附近是可能的,但当浸泡时间达到 24 h 时,出现了向更多电负性电位值偏移的现象。这些结果说明氯化物影响复合材料中的 Ni 基体的钝化膜的形成和修复,促进腐蚀电位向更大阴极值位移[54,55]。

　　在 Ni/TiC 复合材料的极化曲线阳极分支中,0 ~ 6 h 有钝化的趋势,12 ~ 24 h时钝化面积增长很小。但有利于材料钝化的腐蚀产物形成得并不明显,因此,金属的氧化反应中存在着一个受传质过程(扩散过程)影响的电荷转移过程(活化过程)。这种行为归因于复合材料的结构特征,使得复合材料中形成原电池和活性高的腐蚀部位。

　　在复合材料极化曲线的阴极分支中,同样观察到在所有的显现时间内,都存在一个受传质影响的物质转移过程。在 Ni 的极化曲线中,可以观察到腐蚀电位在 0 ~6 h 向电负电位较小的值移动,随着暴露时间的推移,电位转移到更正的值。这种行为归因于含 Cl⁻ 参与腐蚀产物膜的生成和溶解机制[55,56]。

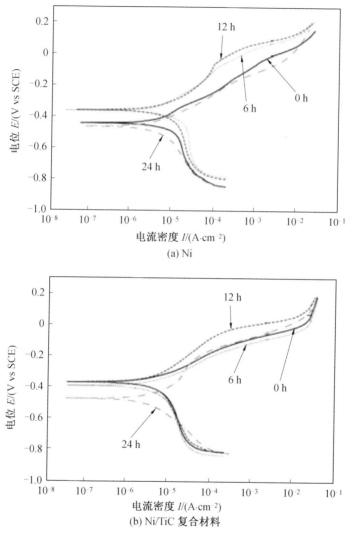

图 6.19　Ni 和 Ni/TiC 复合材料在不同浸泡时间下的极化曲线

　　Ni 的极化曲线阳极分支在所有时间内行为类似,钝化区较小。然而 Ni 合金没有被完全钝化,这与塔费尔的斜率在 0.180 V 左右波动一致,表明存在影响传质过程的载荷传递过程。对于阴极分支,在浸入 6 h 和 24 h 时存在传质过程,在浸入 0 h 和 12 h 时存在混合传质过程。

　　Ni/TiC 复合材料极化曲线的电化学参数由塔费尔外推法确定,结果见表 6.4。可以看出,浸泡 6 h 后,塔费尔斜率的记录值高于 0.120 V,证实复合材料的腐蚀类型是混合型的，如图 6.19 所示。

　　Ni 的极化曲线电化学参数由塔费尔外推法确定，结果见表 6.5。可以看出，在所有浸泡时间内，除 6 h 和 24 h 为纯活化过程外，斜率值均大于 0.120 V，即存在传质过程。以上研究证明了 Ni 的腐蚀过程是混合型的。

表 6.4　Ni/TiC 复合材料在海水环境下的 PC 参数

时间/h	$b_a/(\mathrm{V \cdot dec^{-1}})$	$b_c/(\mathrm{V \cdot dec^{-1}})$	β/V	$I_{\mathrm{corr}}/(\times 10^{-6}\ \mathrm{A \cdot cm^{-2}})$	$\mathrm{CR}/(\mathrm{mm \cdot 年^{-1}})$
0	0.110	0.132	0.026 0	6	0.064 6
6	0.167	0.361	0.049 5	5	0.053 8
12	0.192	0.253	0.047 3	7	0.075 3
24	0.176	0.158	0.036 1	7	0.075 3

表 6.5　Ni 在海水中的 PC 参数

时间/h	$b_a/(\mathrm{V \cdot dec^{-1}})$	$b_c/(\mathrm{V \cdot dec^{-1}})$	β/V	$I_{\mathrm{corr}}/(\times 10^{-6}\ \mathrm{A \cdot cm^{-2}})$	$\mathrm{CR}/(\mathrm{mm \cdot 年^{-1}})$
0	0.163	0.157	0.034 7	6.1	0.065 7
6	0.179	0.105	0.028 7	5.0	0.053 8
12	0.153	0.148	0.032 6	8.0	0.086 1
24	0.124	0.114	0.025 7	2.5	0.026 9

　　Ni/TiC 复合材料和 Ni 浸泡 24 h 的腐蚀速率（CR）由表 6.4 和表 6.5 中的 PC 计算的 I_{corr} 求得，如图 6.20 所示。可以看出，浸泡时间 0 ~ 6 h 时，Ni/TiC 复合材料与 Ni 的腐蚀行为相似。这可以归因于腐蚀产物膜的破裂，Cl[54,57] 吸附在金属表面导致腐蚀速率增加。然后腐蚀膜在 Ni 表面再生、腐蚀速率持续下降直到 24 h，但腐蚀膜在复合材料中没有出现，这可能是由于复合材料中的孔隙导致局部活性区域面积增加。

　　采用式（6.4）中定义的局部腐蚀指数（LI），分析 Ni 与 Ni/TiC 复合材料的腐蚀类型。根据 Ni 和 Ni/TiC 复合材料的腐蚀形貌，可确定 LI 的取值范围及其与腐蚀类型的关系，如图 6.21 所示。

　　Ni 除了 24 h 前属于混合腐蚀外，其余属于局部腐蚀。Ni/TiC 复合材料根据 LI 分析属于一种典型的正常腐蚀类型。

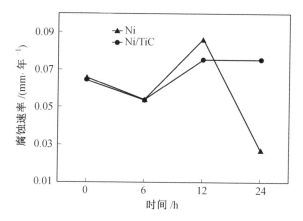

图 6.20 Ni/TiC 复合材料和 Ni 在不同浸泡时间下的腐蚀速率

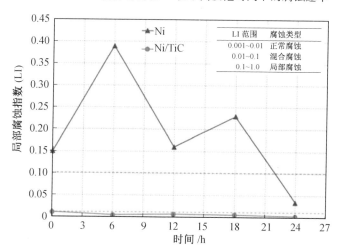

图 6.21 Ni/TiC 复合材料和 Ni 在不同浸泡时间下的腐蚀速率

6.3.4 Ni/TiC 复合材料腐蚀表面分析

对 Ni/TiC 复合材料和 Ni 基体样品在合成海水中浸泡 1 天后进行表面分析。根据 ASTM D G1-2011[58] 对样品进行清洗,用 SEM 表征其表面形态。图 6.22 所示为 Ni/TiC 复合材料和 Ni 电极表面的 SEM 图像。

腐蚀过程的表面形貌分析表明,Ni/TiC 复合材料在暴露的前几个小时发生混合腐蚀,随着时间的推移,出现了局部(缝隙)腐蚀。这可能源于复合材料的孔隙或 Ni 未完全浸渗导致 Ni 和 TiC 之间出现缝隙,而这些缝隙是引发腐蚀的优先位置(图 6.22(a))。

(a) Ni/TiC 复合材料　　　　　　　　　(b) Ni

图 6.22　在合成海水中暴露 1 天后电极表面腐蚀产物的 SEM 图像

Ni 在合成海水中暴露 1 天后,在大多数情况下表现为局部腐蚀类型,形成腐蚀坑(图 6.22(b))。在某些情况下,还观察到混合腐蚀类型。

Ni 与 Ni/TiC 复合材料在合成海水中浸泡后的腐蚀速率结果表明,Ni/TiC 复合材料长期暴露后的 CR 值高于基体 Ni。这与复合材料中由 TiC 颗粒和微孔洞引起的缝隙腐蚀有关。

6.4　Al-Cu/TiC 复合材料的腐蚀行为

对 Al-Cu/TiC 复合材料及 Al-Cu 合金在合成海水中的电化学性能和腐蚀过程,采用极化曲线(PC)和腐蚀电位与时间的函数等电化学技术进行表征[59]。

在需要一些特殊性能时,如更好的耐蚀性、高韧性和耐磨性等,复合材料已经取代了商用钢铁材料。阿尔比特等[1]研究了复合材料在 3.5 wt% NaCl 溶液中的耐蚀性与铝合金中 Cu 和 Mg 元素含量的关系。在所有情况下,添加或不添加 Cu 或 Mg 元素,都可以观察到点蚀现象,但这些元素增加了阳极腐蚀电流。德乌斯等[12]以类似的方法研究了不同陶瓷(如 Al_2O_3、SiC 和 TiC)增强复合材料在 3.5 wt% 氯化钠溶液中的腐蚀行为,发现腐蚀速率的增加顺序为 Al_2O_3<SiC<TiC。在 NaCl 溶液中,复合材料的腐蚀速率高于基体合金。

6.4.1　实验材料与腐蚀实验条件

以平均粒径为 4.2 μm 的 TiC 粉末为原料,采用单轴压制,在矩形模具中制备 6.5 cm×1 cm×1 cm 多孔预制件。将这些预制件在流动氩气下 1 250 ℃ 管式

炉中烧结 1 h,得到理论密度为 60% 的多孔预制件。采用铝合金(Al-4% Cu)
在氩气气氛中于 1 100 ℃浸渗多孔预制件,得到 TiC 体积分数约为 60% 、Al-Cu
合金含量约为 40% 的 Al-Cu/TiC 复合材料。

将复合材料和 Al-Cu 合金样品加工成工作电极(WE),暴露面积为 1 cm²。
根据 ASTM D1141[52] 配制合成海水作为实验介质。常温常压和静止条件下进
行腐蚀实验,腐蚀暴露时间为 24 h。

采用三电极(工作电极、参比电极和辅助电极)电化学玻璃电池、饱和甘汞
电极(SCE)和烧结石墨棒分别作为参比电极(RE)和辅助电极(AE)。为了减
小溶液阻力的影响,采用了拖拽式毛细管。

采用电化学测量腐蚀电位(E_{corr})和动电位极化曲线(PC)。PC 扫描速率
为 1 mV/s,腐蚀电位范围为±0.5 V。

这些电化学参量在 24 h 内每间隔一段时间进行测量。为了更好地描述腐
蚀形貌,部分试样暴露 72 h 后,通过 SEM 进行表面分析。

6.4.2　Al-Cu/TiC 复合材料电化学性能分析

图 6.23 所示为常温常压和静态条件下,复合材料和合金浸入合成海水中
腐蚀电位(E_{corr})随时间变化的结果[59]。合金和复合材料的腐蚀电位值分别为
-0.69 V 和-0.675 V。

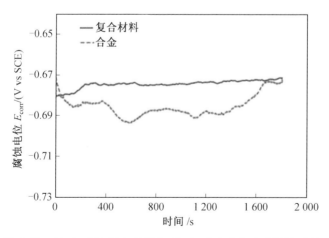

图 6.23　Al-Cu/TiC 复合材料和 Al-Cu 合金在海水中浸泡时的
腐蚀电位和时间的关系

浸泡 400 s 后，复合材料的腐蚀电位趋于稳定。而 Al-Cu 合金在 1 800 s 后仍表现出非均匀腐蚀行为。复合材料与合金的腐蚀电位值相差很小，这与合金和复合材料的原电池电流相似有关，因为该复合材料的电化学响应行为仅取决于金属基体。

图 6.24 和图 6.25 所示分别复合材料和 Al-Cu 合金在室温常压和静止条件下在海水中浸泡过程的极化曲线[59]。由图 6.24 可知，在实验开始（0 h）和阳极分支处，电荷转移电阻过程仅限于阳极反应，但在曲线结束时，阳极塔费尔斜率大幅增加，表明复合材料表面形成了腐蚀产物钝化膜。在阴极分支处，可以观察到阴极极限电流密度（I_{LIM}），这主要归因于氧气通过腐蚀产物膜的扩散过程。暴露时间 12 h 和 24 h 时，阳极支路的极化曲线不能与纯电荷的转移相关联，这表明了传质过程对阳极反应的贡献。另外，在阴极分支中反应仍然受到氧扩散过程的限制。

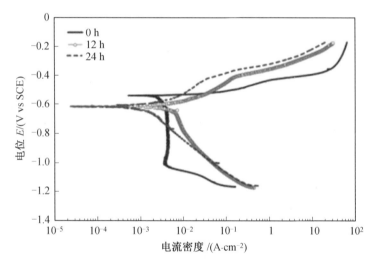

图 6.24　Al-Cu/TiC 复合材料在海水中的极化曲线随时间的变化

由这些极化曲线计算出的 Al-Cu/TiC 复合材料的电化学参数见表 6.6[59]。参数分别为阴极塔费尔斜率（b_c）、阳极塔费尔斜率（b_a）、腐蚀电流密度（I_{corr}）和腐蚀速率（CR）。可以观察到，腐蚀速率值在实验开始时（0 h）达到最高，这应该与实验开始时复合材料表面是活性的新鲜表面有关。需要指出的是，腐蚀速率随着暴露时间的延长而降低是由于在铝合金表面形成了典型的腐蚀钝化膜。

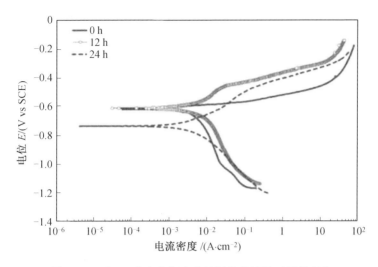

图 6.25 Al–Cu 合金在海水中的极化曲线随时间的变化

表 6.6 从复合材料 PC 中获得的电化学参数[59]

时间/h	$b_a/(V \cdot dec^{-1})$	$b_c/(V \cdot dec^{-1})$	$I_{corr}/(\times 10^{-6} A \cdot cm^{-2})$	CR/$(mm \cdot 年^{-1})$
0	0.073	1.694	9.31	0.101
12	0.138	0.353	6.30	0.068
24	0.168	0.270	2.44	0.026

从图 6.25 可以看出,实验开始(0 h)时和阳极分支处,转移电荷电阻仅限于阳极反应过程,但在曲线结束时,阳极塔费尔斜率有较大幅度的增加,表明合金表面吸附了一层腐蚀钝化膜。另外,在阴极分支中,可以观察到来源不明确的阴极极限电流密度(I_{LIM})。

Al–Cu 合金暴露 12 h 和 24 h 后的结果与复合材料相似(图 6.24)。阳极分支的极化曲线的斜率不能与纯电荷转移相关联,这表明了传质过程对阳极反应的贡献。

由图 6.25 的极化曲线计算得到的电化学参数见表 6.7。CR 的所有计算均采用本表中塔费尔斜率的值。表 6.7 显示,实验中期(12 h)CR 值最高。这种行为可归因于合金表面形成的腐蚀钝化膜被氯离子破碎(CR 值最高),但 24 h 时 CR 下降,表明钝化膜重新产生。

图 6.26 所示为 Al–Cu 合金和 Al–Cu/TiC 复合材料的腐蚀速率随时间的

变化。合金的 CR 值最低,表明 TiC 对复合材料的腐蚀行为产生明显的影响。

表 6.7　Al-Cu 合金在海水中浸泡时从 PC 获得的电化学参数[59]

时间/h	b_a/(V·dec^{-1})	b_c/(V·dec^{-1})	I_{corr}/(×10^{-6} A·cm^{-2})	CR/(mm·年$^{-1}$)
0	0.069	0.405	1.46	0.016
12	0.156	0.448	3.37	0.037
24	0.131	0.251	2.03	0.022

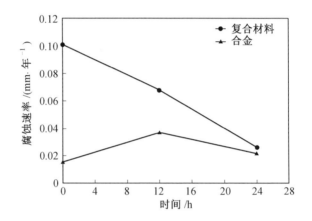

图 6.26　Al-Cu 合金和 Al-Cu/TiC 复合材料在不同暴露时间下的腐蚀速率

6.4.3　Al-Cu/TiC 复合材料腐蚀表面形貌分析

图 6.27 所示为 Al-Cu 合金和 Al-Cu/TiC 复合材料在海水中浸泡 72 h 前后的 SEM 形貌[59]。

Al-Cu 合金(图 6.27(b))和 Al-Cu/TiC 复合材料(图 6.27(d))在海水中暴露后,可以观察到全面腐蚀和局部腐蚀区,特别是点蚀区。需要指出的是,限制点蚀的机制是充气现象,这是金属表面的腐蚀产物膜(钝化膜)破裂造成的。

通过对 Al-Cu 合金和 Al-Cu/TiC 复合材料在海水(静止条件、常温、常压)下的电化学研究,可以得出 Al-Cu/TiC 复合材料的腐蚀速率 CR 值高于 Al-Cu 合金,这可归因于 TiC 诱发的缝隙腐蚀。复合材料和合金的腐蚀是一个混合过程,因为纯腐蚀过程对应的电荷转移电阻受扩散阻力的限制(氧通过腐蚀膜扩散引起的扩散极化)。合金与复合材料腐蚀的机理是一种差异充气电池,可产生点蚀或缝隙腐蚀。

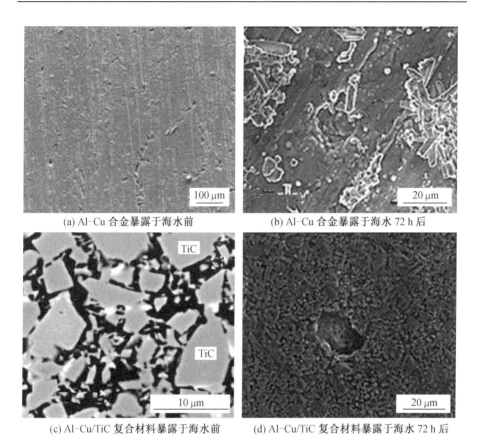

(a) Al-Cu 合金暴露于海水前　　　　　(b) Al-Cu 合金暴露于海水 72 h 后

(c) Al-Cu/TiC 复合材料暴露于海水前　　(d) Al-Cu/TiC 复合材料暴露于海水 72 h 后

图 6.27　Al-Cu 合金和 Al-Cu/TiC 复合材料在海水中浸泡 72 h 前后的 SEM 形貌

6.5　Al-Cu-Li/SiCp 复合材料的腐蚀行为

本节研究 Al-Cu-Li/SiCp 和 Al-Cu/SiCp 复合材料在不同 pH 的 NaCl 溶液中的腐蚀行为，对复合材料的腐蚀行为与纯铝进行比较。采用腐蚀电位测量和动电位极化研究复合材料的腐蚀行为。通过 XRD 和 SEM 研究复合材料的微观组织和形貌。

Al-Cu-Li/SiCp 和 Al-Cu/SiCp 复合材料已用于航空航天和飞机等领域。Al-Li 合金的力学性能得到了广泛的研究，一般来说，锂的加入提高了铝合金的弹性模量和比刚度，降低了铝合金的密度和表面张力，但对以 Al-Cu-Li 合金为基体的金属基复合材料的腐蚀行为的研究还很少。

复合材料内部组织的不均匀是其耐蚀性能较差的原因之一。不恰当的制备工艺可能在颗粒与基体界面产生缺陷。常见的缺陷有裂纹、脱黏、孔隙和孔洞等。一些研究者致力于研究和理解腐蚀机理[1-3,13],而另一些研究者致力于寻找提高复合材料[15,25-30,34-36]耐蚀性的技术。

多数研究认为,与基体的耐蚀性能相比,增强颗粒的加入降低了复合材料的耐蚀性[1,25-30,62-65]。然而,还有一些关于增强相颗粒不影响复合材料腐蚀性能[66-68]或提高耐蚀性[13,32]的报道。

黄等[69]研究了复合材料的耐蚀性,发现金属-陶瓷界面是不连续的,削弱了腐蚀钝化膜的形成。其他一些因素,如复合材料存在缺陷以及不同物相,会产生电偶腐蚀。这一问题集中在基体-增强的界面。在基体中添加合金元素显著影响复合材料的耐蚀性[70-74]。Al-Li合金在航空和航天领域的应用越来越普遍[75,76],这反过来又增加了人们对其腐蚀行为研究的兴趣。一些研究表明,锂的加入有助于形成并增强钝化膜的稳定性,改善了合金的耐蚀性[77-79]。

安比特等[80]研究了两种Al-Li合金的腐蚀行为。将合金暴露在3.5 wt% NaCl和不同pH的溶液中,结果表明,腐蚀电流在pH极值(酸和碱)时最大,在中性值附近最小。氯离子的研究揭示了Al-Li合金的局部腐蚀始于晶界[81]。

一些研究人员发现,在Al-Li合金中添加稀土可以提高耐蚀性。据报道,稀土减小了Al-Li合金的腐蚀坑深度和应力腐蚀裂纹(SCC)密度[82-84]。迪亚兹等[85]的研究表明,铝基复合材料中的SiC颗粒可以作为氧还原的阴极位点,而阴极位置的增加是金属基复合材料中腐蚀速率增加的重要因素。

6.5.1　腐蚀实验条件

从Goodfellow获得了厚度分别为1.6 mm和2 mm的Al-Cu-Li/SiCp和Al-Cu/SiCp复合材料薄片。测试这两种复合材料和纯铝的电化学性能。复合材料的化学成分见表6.8。

表6.8　复合材料的化学成分　　　　　　　　　　　　　　　wt%

复合材料	Al	Li	Cu	Mg	Mn	SiC
Al-Cu-Li/SiCp	81	2	1.2	0.8	—	15
Al-Cu/SiCp	78	—	3.3	1.2	0.4	17.8

使用面积为 0.5 cm² 的复合材料制成工作电极(WE)。在不同 pH 的 NaCl 溶液中,用标准三电极获得动态极化曲线。所有电位在 Ag/AgCl 参比电极上测量,采用铂丝作为辅助电极。

6.5.2　Al-Cu-Li/SiCp 复合材料的微观组织

图 6.28 所示为 Al-Li-Cu/SiCp 和 Al-Cu/SiCp 复合材料表面形貌的 SEM 照片。Al-Cu/SiCp 复合材料中的 SiCp 分布均匀而 Al-Li-Cu/SiCp 中的 SiCp 分布不均匀。

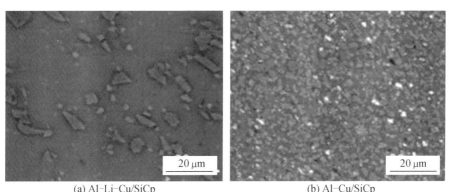

(a) Al-Li-Cu/SiCp　　　　　　　　　(b) Al-Cu/SiCp

图 6.28　复合材料的 SEM 照片

6.5.3　Al-Cu-Li/SiCp 复合材料电化学性能

图 6.29 所示为氯离子浓度分别为 0.01、0.1、0.5 mol/L 时 pH 对腐蚀电位 (E_{corr})的影响。在 pH 为 2 和 7 时,复合材料的腐蚀电位高于铝合金且与 NaCl 浓度无关。铝合金和复合材料暴露在 pH 为 12 的氯离子碱性溶液中时,腐蚀电位趋于负值,表明活性较高。在 pH 为 12 时,铝和复合材料的腐蚀电位没有显著差异。

腐蚀电位是金属和非金属表面在电解液中失去电子的特性或性质。在腐蚀过程中,自发形成两个电极:阴极和阳极。腐蚀过程包括阳极反应和阴极反应。这两种反应都可以由恩斯特方程(可逆电位与溶液中金属离子浓度或溶解物的关系)来描述[86]。因此,合金元素会显著影响腐蚀电位。研究发现,Mg 和 Zn 等元素具有相反的作用,可以将腐蚀电位转变为与耐蚀性相关的参数值[87-89]。腐蚀电位还与缺陷(如针孔、基体与增强相界面脱黏和孔隙)有关。基体与增强相的界面是复合材料中产生高腐蚀电流的关键部位[64,70-73]。

　　研究表明,锂的加入对腐蚀电位没有明显的影响。复合材料腐蚀电位的波动表明其表面具有较高的活性,这可能与局部腐蚀有关。

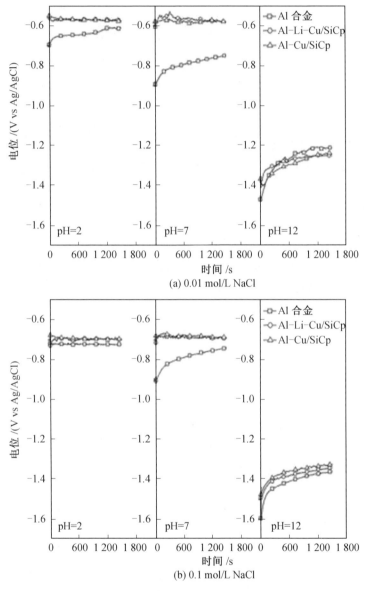

图6.29　Al合金、Al-Li-Cu/SiCp 和 Al-Cu/SiCp 复合材料在不同浓度
NaCl 溶液中暴露时 pH 对腐蚀电位的影响随时间的变化

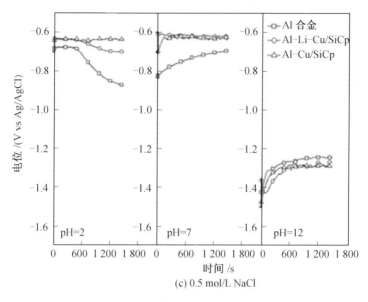

(c) 0.5 mol/L NaCl

续图 6.29

图 6.30 所示为纯 Al、Al-Li-Cu/SiCp 和 Al-Cu/SiCp 复合材料在 pH 为 2、7、12 h 时的极化曲线。纯铝的腐蚀电位比复合材料在 pH 为 2 和 7 时的腐蚀电位更活跃。在 pH 为 12 时,三种 NaCl 浓度下铝和复合材料的腐蚀行为非常相似,均非常活跃。在 pH 为 2 和 7 时,极化曲线的阴极区表现出典型的扩散控制的阴极反应。

图 6.30 阴极处的极限电流密度表明,溶解氧的还原反应是决定因素[61]。其原因是金属离子的反应速度不能快于到达阴极表面的速度,这被称为极限电流密度。复合材料的阴极还原电流高于纯铝,主要因为 SiC 颗粒增加了阴极位置,并有利于氧的还原反应[85]。

pH 为 12 的极化曲线塔费尔斜率与 pH 为 2 和 7 时相比,数值变化不大。阳极腐蚀密度与铝及复合材料的阳极氧化反应有关。腐蚀速率通常由相反效应的电化学反应平衡所决定。一种是阳极反应,金属被氧化,释放电子进入金属;另一种是阴极反应,溶液物质(常为 O₂)被还原,金属失去电子。

利用图 6.30 中的极化曲线得到腐蚀电位和电流密度随 pH 和 NaCl 浓度的变化规律(表 6.9)。

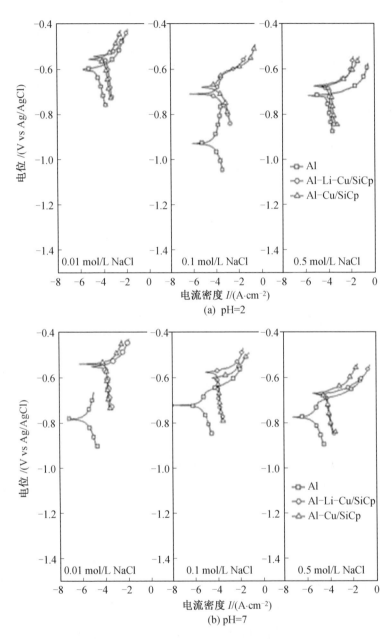

图6.30 pH为2、7、12时不同NaCl浓度下复合材料动电位极化曲线的影响(1 500 s后)

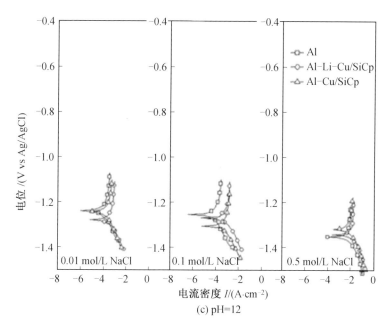

(c) pH=12

续图 6.30

表 6.9　pH 和 NaCl 浓度对合金和复合材料腐蚀电位和电流密度的影响

pH	Al		Al–Li–Cu/SiCp		Al–Cu/SiCp	
	E_{corr}/V	I_{corr} $/(\times 10^{-6}\ A \cdot cm^{-2})$	E_{corr}/V	I_{corr} $/(\times 10^{-6}\ A \cdot cm^{-2})$	E_{corr}/V	I_{corr} $/(\times 10^{-6}\ A \cdot cm^{-2})$
0.01 mol/L NaCl						
2	−0.59	3.6	−0.54	14.8	−0.55	27.6
7	−0.75	0.39	−0.54	7.22	−0.54	16.0
12	−1.29	47.0	−1.25	44.5	−1.23	52.9
0.1 mol/L NaCl						
2	−0.77	2.9	−0.67	3.9	−0.67	16.5
7	−0.75	0.6	−0.66	5.9	−0.66	4.2
12	−1.35	864	−1.33	912	−1.31	912
0.5 mol/L NaCl						
2	−0.91	63.3	−0.69	12.5	−0.69	3.26
7	−0.72	1.4	−0.59	6.6	−0.59	4.2
12	−1.26	18.7	−1.25	198	−1.27	31.0

图 6.31 所示为 pH 和 NaCl 浓度对纯 Al、Al-Li-Cu/SiCp 和 Al-Cu/SiCp 复合材料腐蚀速率的影响,可以看出 SiCp 复合材料腐蚀性能的影响;总体上,Al-Cu/SiCp复合材料的腐蚀速率最高,纯 Al 的最低。

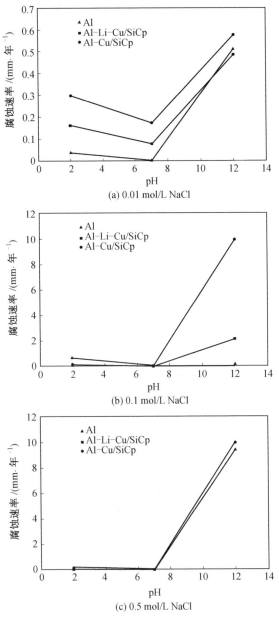

图 6.31　腐蚀速率与 pH 和 NaCl 浓度的函数关系

在中性 pH 下,所有 NaCl 浓度下三种材料的腐蚀速率均最低。同时,在 pH 等于 12 时,所有 NaCl 浓度下的腐蚀速率均较高。

在中等 NaCl 浓度(0.1 mol/L)下,点蚀电位与击穿电位有关。在 pH 等于 7、NaCl 浓度为 0.1 mol/L 和 0.5 mol/L 时,这种现象更加明显。Li 对复合材料的腐蚀无明显影响。但 Li 元素的加入提高了 Al-Li 合金的力学性能,显著降低了铝的密度和表面张力(Li 元素的作用效果大于 Mg)[90-92]。

总之,在 pH 为 2 和 7 时,铝合金的腐蚀电位比相同条件下复合材料的腐蚀电位更低。复合材料表现出比铝合金更高的腐蚀电流密度,这与存在作为阴极位点的 SiC 颗粒有关。在 0.5 mol/L 的 NaCl 溶液中,pH 为 12 的 NaCl 溶液中复合材料和铝合金的腐蚀速率最快。Li 元素的加入对 Al-Cu/SiCp 复合材料的腐蚀电位和电流密度均没有明显的影响。

本章参考文献

[1] Albiter A, Contreras A, Salazar M, Gonzalez J G (2006) Corrosion behaviour of aluminium metal matrix composites reinforced with TiC processed by pressureless melt infiltration. J Appl Electrochem 36:303-308.

[2] Hihara L H, Latanision R M (1994) Corrosion of metal matrix composites. J Int Mater Rev 39 (6):245-264.

[3] Turnbull A (1992) Review of corrosion studies on aluminium metal matrix composites. Br Corros J 27(1):27-35.

[4] Makar G L, Kruger J (1993) Corrosion of magnesium. Int Mater Rev 38:138-153.

[5] Gusieva K, Davies C H J, Scully J R, Birbilis N (2015) Corrosion of magnesium alloys:The role of alloying. Int Mater Rev 38:138-153.

[6] Melchers R E (2015) Bi-modal trends in the long-term corrosion of copper and high copper alloys. Corros Sci 95:51-61.

[7] Leon C A, Lopez V H, Bedolla E, Drew R A L (2002) Wettability of TiC by commercial aluminum alloys. J Mater Sci 37:3509-3514.

[8] Contreras A, Leon C A, Drew R A L, Bedolla E (2003) Wettability and spreading kinetics of Al and Mg on TiC. Scr Mater 48:1625-1630.

[9] Contreras A, Albiter A, Perez R (2004) Microstructural properties of the Al-xMg/TiC composites obtained by infiltration techniques. J Phys 16:S2241-S2249.

[10] Contreras A, Angeles-Chávez C, Flores O, Perez R (2007) Structural, morphological and interfacial characterization of Al-Mg/TiC composites. Mater Charact 58:685-693.

[11] Contreras A, Bedolla E, Perez R (2004) Interfacial phenomena in wettability of TiC by Al-Mg alloys. Acta Mater 52:985-994.

[12] Deuis R L, Green L, Subramanian C, Yellup J M (1997) Influence of the reinforcement phase on the corrosion of aluminium composite coatings. Corrosion 16:440-444.

[13] Deuis R L, Green L, Subramanian C, Yellup J M (1997) Corrosion behavior of aluminum composite coatings. Corrosion 53(11):880-890.

[14] Nunes P C R, Ramanathan L V (1995) Corrosion behavior of alumina-aluminum and silicon carbide-aluminum metal-matrix composites. Corrosion 51(8): 610-617.

[15] Shimizu Y, Nishimura T, Matsushima I (1995) Corrosion resistance of Al-based metal matrix composites. Mater Sci Eng A 198:113-118.

[16] Yao H Y, Zhu R Z (1998) Interfacial preferential dissolution on silicon carbide particulate/aluminum composites. Corrosion 54(7):499-507.

[17] Paciej R C, Agarwala V S (1988) Influence of processing variables on the corrosion susceptibility of metal-matrix composites. Corrosion 44(10):680-684.

[18] Sun H, Koo E Y, Wheat H G (1991) Corrosion behavior of SiCp/6061 Al metal matrix composites. Corrosion 47(10):741-753.

[19] Trzaskoma P (1990) Pit morphology of aluminum alloy and silicon carbide/aluminum alloy metal matrix composites. Corrosion 46(5):402-409.

[20] Hihara L H, Latanision R M (1992) Galvanic corrosion of aluminum-matrix composites. Corrosion 48:546-552.

[21] Modi O P, Saxena M, Prasad B K, Jha A K, Das S, Yegneswaran A H (1998) Role of alloy matrix and dispersoid on corrosion behavior of cast aluminum alloy composites. Corrosion 54(2):129-134.

[22] Contreras A, Salazar M, León C A, Drew R A L, Bedolla E (2000) The kinetic study of the infiltration of aluminum alloys into TiC. Mater Manuf Process 15(2):163-182.

[23] Stearn M, Geary A L (1958) The mechanism of passivating type inhibitors. J Electrochem Soc 105:638-647.

[24] Albiter A, Contreras A, Bedolla E, Perez R (2003) Structural and

chemical characterization of precipitates in Al2024/TiC composites. Compos Part A 34:17-24.

[25] Candan S (2009) An investigation on corrosion behaviour of pressure in-filtrated Al-Mg alloy/SiC composites. Corros Sci 51(6):1392-1398.

[26] Candan S (2004) Effect of SiC particle size on corrosion behavior of pressure infiltrated Al matrix composites in a NaCl solution. Mater Lett 58:3601-3605.

[27] Ahmad Z, Abdul Aleem B J (2002) Degradation of aluminum metal matrix composites in salt water and its control. Mater Des 23(2):173-180.

[28] Chen C, Mansfeld F (1997) Corrosion protection of an Al 6092/SiC metal matrix composite. Corros Sci 39(6):1075-1082.

[29] Kiourtsidis G E, Skolianos S M, Pavlidou E G (1999) A study on pitting behaviour of AA2024/SiCp composites using the double cycle polarization technique. Corros Sci 41(6):1185-1203.

[30] Bedolla E, Lemus-Ruiz J, Contreras A (2012) Synthesis and characterization of Mg-AZ91/AlN composites. Mater Des 38:91-98.

[31] Reyes A, Bedolla E, Perez R, Contreras A (2012) Effect of heat treatment on the mechanical and microstructural characterization of Mg–AZ91E/TiC composites. Compos Interfaces 24:1-17.

[32] Falcon L A, Bedolla E, Lemus J, Leon C A, Rosales I, Gonzalez-Rodriguez J G (2011) Corrosion behavior of Mg-Al/TiC composites in NaCl solution. Int J Corros 2011:1-7.

[33] Pardo A, Merino M C, Coy A E, Arrabal R, Viejo F, Matykina E (2008) Corrosion behaviour of magnesium/aluminium alloys in 3.5 wt% NaCl. Corros Sci 50(3):823-834.

[34] Nunez-Lopez C A, Skeldon P, Thompson G E, Lyon P, Karimzadeh H, Wilks T E (1995) The corrosion behaviour of Mg alloy ZC71/SiCp metal matrix composite. Corros Sci 37(5):689-708.

[35] Suqiu J, Shusheng J, Guangping S, Jun Y (2005) The corrosion behaviour of Mg alloy AZ91D/TiCp metal matrix composite. Mater Sci Forum 488-489:705-708.

[36] Tiwari S, Balasubramaniam R, Gupta M (2007) Corrosion behavior of SiC reinforced magnesium composites. Corros Sci 49(2):711-725.

[37] Salman S A, Ichino R, Okido M (2010) A comparative electrochemical

study of AZ31 and AZ91 magnesium alloys. Int J Corros 2010:1-7.

[38] Singh I B, Singh M, Das S (2015) A comparative corrosion behavior of Mg, AZ31 and AZ91 alloys in 3.5% NaCl solution. J Magnes Alloys 3:142-148.

[39] Budruk A S, Balasubramaniam R, Gupta M (2008) Corrosion behaviour of Mg-Cu and Mg-Mo composites in 3.5% NaCl. Corros Sci 50(9):2423-2428.

[40] Huang H H, Tsai W T, Lee J T (1996) Electrochemical behavior of A516 carbon steel in solutions containing hydrogen sulfide. Corrosion 52 (9): 708-716.

[41] Ungaro M L, Carranza R M, Rodriguez M A (2012) Crevice corrosion study on alloy 22 by electrochemical noise technique. Proc Mater Sci 1:222-229.

[42] Cottis R A (2001) Interpretation of electrochemical noise data. Corrosion 57:265-285.

[43] Cowan K G, Harrison J A (1980) The automation of electrode kinetics—III. The dissolution of Mg in Cl, F and OH containing aqueous solutions. Electrochim Acta 25(7):899-912.

[44] Harris S J, Noble B, Trowsdale A J (1996) Corrosion behaviour of aluminium matrix composites containing silicon carbide particles. Mater Sci Forum 217-222:1571-1579.

[45] Duran-Olvera J M (2017) Análisis electroquímico del proceso de corrosión del composito TiC-Ni en agua de mar sintética. Thesis, Universidad Vera-cruzana, México.

[46] Duran-Olvera J M, Orozco-Cruz R, Galván-Martínez R, León C A, Contreras A (2017) Characterization of TiC/Ni composite immersed in synthetic seawater. MRS Adv 2(50):2865-2873.

[47] Bhattacharyya J J, Mitra R (2012) Effect of hot rolling temperature and thermal cycling on creep and damage behavior of powder metallurgy processed Al-SiC particulate composite. Mater Sci Eng 557:92-105.

[48] Kala H, Mer K K S, Kumar S (2014) A review on mechanical and tri-bological behaviors of stir cast aluminum matrix composites. Proc Mater Sci 6: 1951-1960.

[49] Karbalaei-Akbari M, Rajabi S, Shirvanimoghaddam K, Baharvandi H R (2015) Wear and friction behavior of nanosized TiB_2 and TiO_2 particle-reinforced casting A356 aluminum nanocomposites: a comparative study focusing on particle capture in matrix. J Compos Mater 49(29):3665-3681.

[50] Leon C A, Arroyo Y, Bedolla E (2006) Properties of AlN-based magnesium-matrix composites produced by pressureless infiltration. Mater Sci Forum 502:105-110.

[51] Silverman D C (2003) Aqueous corrosion, corrosion: fundamentals, testing and protection. In: ASM handbook, Vol 13A. ASM International, Materials Park, Ohio.

[52] ASTM D1141 Standard practice for the preparation of substitute ocean water (2013).

[53] ASTM G5 Standard reference test method for making potentiostatic and potentiodynamic anodic polarization measurements (2014).

[54] Bastos Segura J A (2000) Comportamiento electroquímico del níquel en una matriz de resina epoxidica. Doctoral dissertation, Universitat de Valencia.

[55] Za min M, Ivés M B (1973) Effect of chloride ion concentration on the anodic dissolution behavior of nickel. Corrosion 29:319-324.

[56] Real S G, Barbosa M R, Vilche J R, Arvía A J (1990) Influence of chloride concentration on the active dissolution and passivation of nickel electrodes in acid sulfate solutions. J Electrochem Soc 137:1696-1702.

[57] Jones D A (1996) Principles and prevention of corrosion, 2nd edn. Prentice-Hall, Upper Saddle River, pp 1-108, 146-150, 368-370.

[58] ASTM G1 standard practice for preparing, cleaning, and evaluation corrosion test specimens (2011).

[59] Alvarez-Lemus N, Leon C A, Contreras A, Orozco-Cruz R, Galvan-Martinez R (2015) Chapter 15: electrochemical characterization of the aluminum-copper composite material reinforced with titanium carbide immersed in seawater. In: Perez R, Contreras A, Esparza R (eds) Materials characterization. Springer, Cham, pp 147-156.

[60] Galvan-Martinez R, Cabrera D, Galicia G, Orozco R, Contreras A (2013) Electrochemical characterization of the structural metals immersed in natural seawater: "In situ" measures. Mater Sci Forum 755:119-124.

[61] Lugo-Quintal J, Díaz-Ballote L, Veleva L, Contreras A (2009) Effect of Li on the corrosion behavior of Al-Cu/SiCp composites. Adv Mater Res 68: 133-144.

[62] Abdallah M, Omar A A, Kandil A (2003) Production and corrosion behaviour of A7475 and SiCp. Bull Electrochem 19:405-412.

[63] Singh N, Vadera K K, Kumar A V R, Singh R S, Monga S S, Mathur G N (1999) Corrosion behaviour of 2124 aluminium alloy-silicon carbide metal matrix composites in sodium chloride environment. Bull Electrochem 15:120-123.

[64] Bhat M S N, Surappa M K, Nayak H V S (1991) Corrosion behaviour of silicon carbide particle reinforced 6061/Al alloy composites. J Mater Sci 26 (18):4991-4996.

[65] Sun H, Koo E Y, Wheat H G (1991) Interfacial preferential dissolution on silicon carbide particulate/aluminum composites. Corrosion 47(9):741-749.

[66] Rohatgi P K, Xiang C H, Gupta N (2018) Aqueous corrosion of metal matrix composites. Mater Sci Eng 4:287-312.

[67] Contreras A, Lopez V H, Bedolla E (2004) Mg/TiC composites manufactured by pressureless melt infiltration. Scr Mater 51:249-253.

[68] Kolman D G, Butt D P (1997) Corrosion behavior of a novel SiC/ Al_2O_3/Al composite exposed to chloride environments. J Electrochem Soc 144: 3785-3791.

[69] Hwang W S, Kim H W (2002) Galvanic coupling effect on corrosion behavior of Al alloy-matrix composites. Met Mater Int 8:571-575.

[70] Pardo A, Merino M C, Arrabal R, Feliu S, Viejo F, Carboneras M (2005) Enhanced corrosion resistance of A3xx.x/SiCp composites in chloride media by La surface treatments. Electrochim Acta 51:4367-4378.

[71] Pardo A, Merino M C, Arrabal R, Merino S, Viejo F, Carboneras M (2006) Effect of Ce surface treatments on corrosion resistance of A3xx.x/SiCp composites in salt fog. Surf Coat Technol 200:2938-2947.

[72] Pardo A, Merino S, Merino M C, Barroso I, Mohedano M, Arrabal R, Viejo F (2009) Corrosion behaviour of silicon carbide particle reinforced AZ92 magnesium alloy. Corros Sci 51:841-849.

[73] Pardo A, Merino M C, Arrabal R, Feliu S (2007) Effect of La surface coatings on oxidation behavior of aluminum alloy/SiCp composites. Oxid Met 67:6786.

[74] Datta J, Datta S, Banerjee M K, Bandyopadhyay S (2004) Beneficial effect of scandium addition on the corrosion behavior of Al-Si-Mg-SiCp metal matrix composites. Compos Part A 35:1003-1008.

[75] Staley J T, Lege D J (1993) Advances in aluminium alloy products for structural applications in transportation. J Phys Colloq 3:C7-179-C7-190.

［76］Rao K T V, Ritchie R O（1998）High-temperature fracture and fatigue resistance of a ductile β-TiNb reinforced γ-TiAl intermetallic composite. Acta Mater 46(12):4167-4180.

［77］Roper G W, Attwood P A（1995）Corrosion behaviour of aluminium matrix composites. J Mater Sci 30:898-903.

［78］Murthy K S N, Dwarakadasa E S（1995）Role of Li$^+$ ions in corrosion behaviour of 8090 Al-Li alloy and aluminium in pH 12 aqueous solutions. Br Corros J 30:111-115.

［79］Salghi R, Bazzi L, Zaafrani M（2003）Effet d'ínhibition de la corrosión de deux alliages d'aluminium 6063 et 3003 par quelques cations metallique en milieu chlorure. Acta Chim Slov 50:491-495.

［80］Ambat R, Dwarakadasa E D（1992）The influence of pH on the corrosion of medium strength aerospace alloys 8090, 2091 and 2014. Corros Sci 33: 681-690.

［81］Damborenea J J, Conde A（2000）Intergranular corrosion of 8090 Al-Li: interpretation by electrochemical impedance spectroscopy. Br Corros J 35: 48-53.

［82］Davo B, Damborenea J J（2004）Corrosión e inhibición en aleaciones de aluminio de media resistencia. Rev Metal 40:442-446.

［83］Davo B, Damborenea J J（2004）Use of rare earth salts as electrochemical corrosion inhibitors for an Al-Li-Cu（8090）alloy in 3.56% NaCl. Electrochim Acta 49:4957-4965.

［84］Davo B, Conde A, Damborenea J J（2005）Inhibition of stress corrosion cracking of alloy AA8090 T-8171 by addition of rare earth salts. Corros Sci 47: 1227-1237.

［85］Diaz-Ballote L, Veleva L, Pech-Canul M A, Pech-Canul M I, Wipf D O（2004）Activity of SiC particles in Al-based metal matrix composites revealed by SECM. J Electrochem Soc 151:B299-B303.

［86］Bard A J, Faulkner L R（2001）Electrochemical methods:Fundamentals and applications, 2nd edn. Wiley, New York.

［87］Baldwin K R, Bates R I, Arnell R D, Smith C J E（1996）Aluminium-magnesium alloys as corrosion resistant coatings for steel. Corros Sci 38:155-170.

［88］Kim Y, Buchheit R G（2007）A characterization of the inhibiting effect of Cu on metastable pitting in dilute Al-Cu solid solution alloys. Electrochim Acta

52:2437-2446.

[89] Ralston K D, Birbilis N, Cavanaugh M K, Weyland M, Muddle B C, Marceau R K W (2010) Role of nanostructure in pitting of Al-Cu-Mg alloys. Electrochim Acta 55:7834-7842.

[90] Sankaran K K, Grant N J (1980) The structure and properties of splat-quenched aluminum alloy 2024 containing lithium additions. Mater Sci Eng 44: 213-227.

[91] Hatch J E (1984) Aluminum properties and physical metallurgy. American Society for Metals, Materials Park, Ohio.

[92] Garrard W N (1994) Corrosion behavior of aluminum-lithium alloys. Corrosion 50(3):215-225.

第7章 金属基复合材料的磨损

7.1 概　述

摩擦学是研究表面摩擦行为的学科,即研究相对运动或有相对运动趋势的相互作用表面间的摩擦、磨损和润滑的科学和技术。文艺复兴时期的艺术家达·芬奇是第一个提出摩擦基本定律的人,即摩擦中法向力和限定的摩擦力之间呈比例关系,这一定理中引出了摩擦系数的概念。达·芬奇推导出了控制矩形块在平面上滑动运动的摩擦规律,但他研究摩擦规律的笔记从未公开发表过。尽管人们早就注意到了磨损问题的重要性,但很长时间以来并没有做深入研究。直到 1699 年,物理学家纪尧姆·阿蒙顿提出的摩擦学观点引起了世人的注意,他将其在研究平板物体之间滑动接触时得到的摩擦规律发表出版。在这之后的 1866 年,奥斯鲍恩·雷诺出版了流体动力润滑理论,润滑的数学理论由此产生并沿用至今。

近几十年来,工业化国家的政府和公司认识到降低工业过程和运输中摩擦、磨损引起的能源消耗的重要性。由此,旨在降低能源消耗以及工业生产中的摩擦和磨损成本的项目计划被建立起来。最早的一项研究是在 1966 年由约斯特[1]受英国政府委托开展的。研究得出的结论是应用摩擦学原理可以实现巨大的成本节约。根据 1974 年的报告,英国工业部门每年保守估计,通过减少摩擦,至少可以节省开支 1 亿英镑(相当于 3.2 亿元人民币)。平库斯和威尔科克[2]1977 年进行了一项研究,以确定节能潜力。他们面向用于地面运输、涡轮机械和工业机械的设备开展了摩擦学应用研究和开发项目。研究得出的结论是:在美国,如果采纳他们建议的研发计划及其研究成果,可节省多达 1/10 的能源消耗。

人们非常关注工业和运输工具造成的污染,特别是二氧化碳排放量的增加,因此,通过开发更轻的交通工具以及减少工业机器和运输工具中摩擦消耗的方法来减少二氧化碳排放、减少化石燃料资源消耗非常重要。

霍尔姆贝格等人对全球乘用小汽车克服机械、变速箱、轮胎和刹车等系统摩擦的燃料消耗做了计算。在不考虑刹车系统摩擦消耗情况下的直接摩擦消耗占了总燃油消耗的28%,全世界每年用掉2 080亿L燃油用于克服乘用小汽车的摩擦。另外,如果采取减小摩擦的新技术,那么在接下来的5~10年内克服摩擦的燃油消耗可以减少18%,在15~20年内,可以减少61%,这意味着可以分别节约1 117亿L和3 850亿L的燃油。同样对减轻环境污染贡献巨大,因为这意味着分别减少2.9亿t和9.6亿t的二氧化碳排放。

7.2　摩擦力和摩擦系数

摩擦力定义为:一个物体阻止另一个物体在其上面运动的力。摩擦力的含义包括:

(1)相对运动形式分为两种:滑动和滚动。

(2)两种情况下,必须有一个切向力(F)使其中的可动物体相对另一物体由静止而产生运动。

(3)摩擦力与法向力(W)之间的关系即为摩擦系数(μ),其数学表达式如下:

$$\mu = \frac{F}{W} \tag{7.1}$$

式中,F为摩擦力;W为接触面法向力;μ为摩擦系数。

摩擦系数(COF)是了解摩擦学系统中磨损问题的很有用的参量,因为通常摩擦系数越小磨损也越轻,即使这一规律不总是正确的。对于金属和合金材料,摩擦系数主要受法向载荷、相对运动速度、接触位置的材料成分、微结构以及具体测试条件影响。环境因素也影响摩擦系数,测试时是在空气中还是在真空中,结果也有明显差别,因为在真空中没有氧势(P_{O_2},氧势是指平衡体系中氧的相对化学势),从而阻止了接触物体之间氧化物的生成,氧化物发挥润滑作用的同时作为阻隔层阻止了相互运动物体之间的直接接触,从而减小了摩擦系数。温度也是一个重要影响因素,因为在某些温度下会发生固态相变。另外,温度也会影响氧化物的生成,环境因素中湿气、水和其他气氛的存在对相互摩擦的物体之间也会起到改变接触表面状态的作用,从而影响到摩擦系数。

7.3　材料的磨损

　　磨损是固体表面被在其上运动的其他表面的侵蚀。磨损是表面间的相互作用,特别是在表面间力学作用之下发生的材料移除[4]。尽管在实验室条件或在工业层面上很难测得磨损,但实际上因为存在不同的磨损类型(滚动磨损、振动磨损、冲击磨损、磨粒磨损等)以及引发磨损问题的环境现实中存在许多可以使用的方法,对于每种磨损类型均已提出了测试的标准方法,当然,不同方法均存在局限性。有些技术已经在实验室水平上得到了世界的广泛认可。即使采用了相近的测试方法,不同研究人员获得的测试结果却仍然存在差别。这是因为测试的试验条件和过程一般来说都存在着不同之处。因此,建议详细而精确地了解其他研究者的测试条件才能与其测试结果进行合适的比较。在工业级测试时,所选择的摩擦学研究方法和条件既要达到实验室水平的精度又要尽量接近实际使用情况。尽管测试任何材料抗磨损性能的最好方法是使测试条件与实际工况一致,但这种测试方法既慢又昂贵。因此,有几种不同的方便可行的测试装置得到了广泛的应用。实验室用于测试滑动磨损的方法包括销-盘法、环-块法、销-环法和往复法(又称销-平面法)。

　　在实验室条件下,滑动磨损可以采用不同的测试装置。最常见的测试装置如图 7.1 所示。图 7.1(a)是销-盘法,销通常呈现出不同的几何形状并保持静止,而盘(与销配套)则以设定的速度旋转。如图 7.1(b)所示,在销-环法中,在垂直于环向上对销施加一定的压力。图 7.1(c)所示的环-块法中,块形试件被垂直放置在转动环的一侧边上。图 7.1(d)所示的往复法(销-平面法),试样高频率往复运动而销保持静止并在销上施加设定载荷,或者销做往复运动而试样保持静止,销可能是平端面也可能是圆端面。

　　材料的磨损通常用阿尔查德公式[5]来计算:

$$Q = \frac{KW}{H} \tag{7.2}$$

式中,Q 为单位长度的磨损体积;W 为所加的法向力;H 为最软材料的硬度;K 为常数。

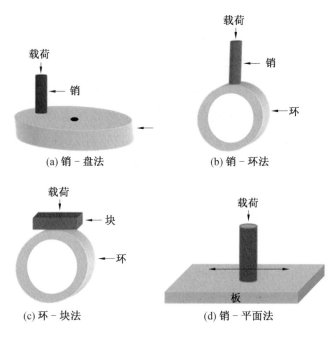

(a) 销-盘法　　　　　　　(b) 销-环法

(c) 环-块法　　　　　　　(d) 销-平面法

图 7.1　滑动磨损试验装置几何形状示意图

对于工程应用而言,比值 $K/H=k$ 更有用途,因为这个比值可以适用于不同的材料类型,这个比值还为衡量材料退化严重程度提供了一个参量。同时,即使不同研究者采用了不同的载荷、距离或时间,这个值仍可以用于不同研究者之间测试结果的比较[6]。

$$k = \frac{V}{WL} \tag{7.3}$$

式中,k 为磨损率或比磨损率($mm^3/(N \cdot m)$);W 为法向力;L 为磨损距离(m);V 为磨损体积(mm^3)[7]。

磨损体积也可以用不同的方法确定,其中采取记录被测材料试样试验前和试验后的质量差的重量损失法最普遍。然而这种方法只有在损失的材料质量较大时才更准确。长期以来,磨损轨迹轮廓线法因其精度较高,一直是最常用的测量磨损的方法。在这种方法中,磨损轨迹线的长度和宽度都能获得,用不同的计算方法就能得到磨损痕迹的体积。近年来,开发出了一种新的仪器,这种仪器能够用光学装置(配合适合的软件)扫描整个摩擦痕迹并能给出高精确的磨损体积。同时,它还能给出磨损痕迹图像,图 7.2 所示即为典型的磨痕 3D 形貌及深度参数。

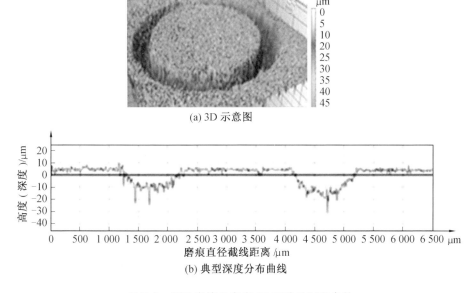

(a) 3D 示意图

(b) 典型深度分布曲线

图 7.2　滑动摩擦的磨痕 3D 形貌及深度参数

7.4　摩擦试验系统

为了能从技术上把摩擦过程的输入和输出信息表达清楚,人们将一个摩擦系统定义为一个具有重要用途且能够描述磨损过程的摩擦副。其中的输入输出数据可以是运动、功、材料及信息,另外,还包括次要的输入条件,如振动、热输入、尘粒及化学反应环境。摩擦和磨损将产生不利的输出,如磨损、热、振动、噪声等。摩擦系统一般由四个部分组成:固相物体、摩擦偶、界面和环境。摩擦试验系统的示意图如图 7.3 所示。

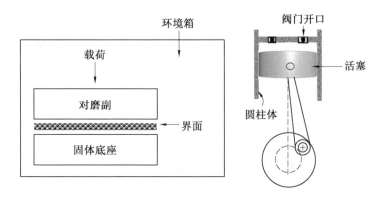

图 7.3　摩擦试验系统示意图

7.5　磨损机理

　　尽管有些研究者建议将磨损机理进行分类,但无论怎么分类,其共同特征均是用不同机理来区分磨损过程。德国 DIN50320 标准提出了如下的磨损机理:黏着磨损、磨粒磨损、反应磨损和表面疲劳磨损。这些机理分类至今仍被广泛采用。然而,有学者提出了不同的磨损机理,如腐蚀磨损、侵蚀磨损、冲击磨损、空泡磨损、软化磨损及微振磨损等。无论测试中用了什么材料,磨损发生过程均会出现上述一种或几种磨损机理的组合。了解磨损机理十分重要,因为其可以帮助研究者预先判断哪些变量导致磨损及如何控制预防严重磨损,即通过改变如法向力、相对滑动速度、(复合材料中)增强相的含量和形状等参数来控制磨损。

　　(1)黏着磨损。

　　黏着磨损是指接触界面位置黏着结合的形成和分离,当两个物体表面一接触就会立即形成黏着,而运动载荷又将黏着(在黏结区不同的位置)剥落分开并导致摩擦副中一个物体上产生材料损失。在这种机制下,接触面之间不断的黏着和剥落就产生了磨损。图 7.4 所示为黏着磨损机理的示意图。摩擦副中的黏着理论在表面光洁度较高时更为适用,因为当表面光洁度较高时,表面的实际接触面积就会更大,相应的接触体之间的相溶性也更高。另外,温度对黏着机理也有影响,因为光滑表面和增加接触面积会导致界面间分子扩散或生成氧化物,这又会进一步阻止扩散。关于黏着磨损理论最为人们接受的是力耦合理论、扩散理论、电子理论及吸附理论。

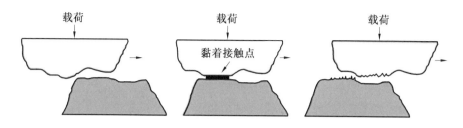

图 7.4　黏着磨损机理示意图

（2）磨粒磨损。

磨粒磨损是由于接触表面中有一个表面存在硬的颗粒而对另一个表面产生刮磨导致材料移除，这一过程周期重复，不断使接触面发生变形，直至材料由于疲劳脱落或被切除掉。磨粒磨损机理可分为二体磨粒磨损和三体磨粒磨损。在三体磨粒磨损中，磨粒分布在接触体之间，而二体磨粒磨损中的硬质颗粒是固定的，也正因如此，三体磨粒磨损量一般比二体磨粒磨损量小 1 到 2 个数量级。这种磨损机理中可以呈现出至少以下三种表面变化形态：犁沟、成楔和切削[8,9]。图 7.5 所示为磨粒磨损的几种形态，在犁沟形态中，材料被刮擦，形成颗粒移位并在犁沟的一端堆积成峰，经过几个周期的循环就会因疲劳而掉落；在成楔形态中，磨粒会形成沟槽，通过沟槽，材料被推向前面的凸峰处，其他沟槽可能沿着凸峰的边缘走过；切削形式的发生依赖于磨粒的刨削角，当刨削角达到临界值后，材料就会被刨削下来并被推出摩擦副从而形成磨损。

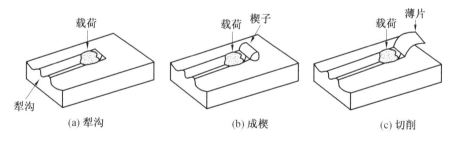

（a）犁沟　　　　　　（b）成楔　　　　　　（c）切削

图 7.5　磨粒磨损示意图

（3）反应磨损。

反应磨损是指摩擦系统中环境因素与摩擦生热引起化学反应并导致生成化学产物。图 7.6 所示为反应磨损机理示意图。这种磨损过程中，化学反应层不断被移除，新反应层在接触区又不断生成。载荷和速度对摩擦化学反应磨损产生影响，当载荷和速度增加时，会提高摩擦系统的温度，温度升高有利于加速化学反应，促进金属氧化物的生成。界面处生成的膜层的力学性能决定了其是否容易被移除，这个层可能比较厚但一般比较脆且碎裂时会生成磨粒。薄而硬的膜层也会形成硬磨粒,当载荷增加时会导致部分磨粒磨损。具有良好力学性能的膜层会抑制黏着接触,这是由于黏着接触最初会发生在粗糙的凸起之间。某些情况下,摩擦化学反应生成物的形成可以提高法向力并减弱磨损[10]。

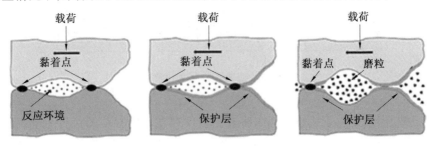

图7.6　反应磨损机理示意图

(4)表面疲劳磨损。

表面疲劳磨损,即因疲劳引起的磨损,是由作用在材料表面的周期载荷引起的,主要是周期载荷导致材料表面和次表层发生开裂。当两种接触的材料均十分粗糙并且伴随着较高的局部应力时,这种情况很少发生。材料包含的硬脆夹杂物或其他缺陷会在塑性变形前充当孔洞成核点,并由此形成可能与表面平行的裂纹,在多个周期之后,裂纹到达表面生成了薄而长的片层,并在表面留下一列小坑洞,这就是徐[11]提出的表面疲劳磨损理论。这种磨损机制会在金属基复合材料中发生,尤其当法向载荷较大时[12]。这些金属基复合材料的基体较软,而增强相是较硬的陶瓷或金属间化合物。图7.7所示为表面疲劳磨损机理的示意图。

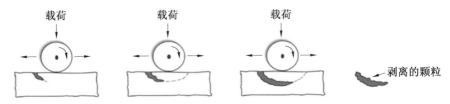

图7.7　表面疲劳磨损机理示意图

在大多数磨损过程中,都不止一种磨损机理在起作用。在第一个阶段,只有其中的一种机理,待接触表面发生变化后,其他磨损机理开始出现并且可能同时出现几种,但到了最后阶段,起主导作用的磨损机理仍可以被区分出来,起主导作用的磨损机理决定了材料的磨损量[13]。

通常,两运动物体之间摩擦系数低时抗磨损性能更高,因此减小摩擦系数对于摩擦副来说是很重要的;在某些情况下,法向力在一定范围内变化时减小摩擦系数并不是减轻磨损[14],也就是说,有些高摩擦系数材料比低摩擦系数材料表现出了更高的耐磨性能。

阿尔查德公式(7.2)显示磨损与法向力成正比而与材料的硬度成反比,这对于大多数材料的磨损过程是适用的。然而,有些材料的行为并不遵从这个规律,至少是在某些法向载荷范围内时不符合这种规律[10]。同样,多数材料的耐磨性能与其硬度成正比,这类材料主要是一些单质合金,如钢和各种工业用合金。然而复合材料和一些铸铁件不遵循这种规律,因为还有其他因素影响其磨损行为。滑动距离和速度在材料磨损测试中也起到非常重要的作用,因为温升效应、摩擦化学产物、相变等与滑动速度和距离密切相关的因素会改变摩擦状态。

7.6　金属基复合材料的磨损

本节将归纳金属基复合材料磨损的相关研究,特别关注颗粒、纤维和晶须增强的轻合金复合材料。很多因素影响金属基复合材料摩擦磨损行为,包括载荷,滑动速率,增强相尺寸、形状和含量,热处理,制备工艺和滑动距离等。

7.6.1　载荷的影响

一般来说,载荷是最重要的影响参数。金属基复合材料摩擦磨损过程中,施加的载荷越大则磨损越剧烈。然而,在一定范围和条件下增加载荷可以降低复合材料的磨损[10,15]。载荷对磨损的影响见表 7.1。对 TiCp 增强铝基复合材料的研究显示,在 TiCp 含量低于 8 vol% 时,基体中引入硬质增强相可以减少磨损。与合金基体相比,复合材料摩擦系数值较低,这归因于摩擦过程中富铁层的产生。另外,随着载荷的增加,合金和复合材料的磨损率均会增加。林等[13]研究了碳化硅颗粒(SiCp)增强镁基及铝基复合材料的磨损行为,并报道在 10 N 载荷下,复合材料在除 5 m/s 的所有滑动速率下,都表现出比基体合金更好的耐磨性。然而在 30 N 载荷下,除 1 m/s、2 m/s 滑动速率外,基体耐磨性皆高于复合材料。由此可知,尽管多种磨损机制共同作用,但在较低载荷条件下,氧化磨损机制占主导地位。塞尔瓦姆等[16]研究了氧化锌(ZnO)纳米颗粒增强镁基复合材料的磨损行为,发现 ZnO 纳米颗粒的加入提高了基体的耐磨性。在 1、2、5 m/s 三种滑动速率下,磨损率随着载荷的增加而增加。这可以归因于犁削行为及大量磨屑滞留于犁沟内。此外,摩擦系数随载荷和滑动速率的增加而减小。

表 7.1　载荷对磨损的影响

文献	滑动速率/(m·s⁻¹)	载荷/N	设备类型	增强相种类	增强相尺寸/μm	基体种类	制备方法	对磨材料
[10]	8 Hz*	2,4,6,8,10	球-面接触	SiC:9.8,26.3 vol.%	25	镁合金	熔体沉积	钢球 SAE52100
[12]	2	10,20,30	销-盘接触	TiCp:2,4,6,8,10 wt%	2	7075 铝合金	搅拌铸造	EN32 钢
[13]	0.2,0.5,1,2.5	10,30	销-盘接触	SiCp:8 vol%	14	镁铝合金	粉末冶金	AISI-01 工具钢
[15]	5,7,9	50,80	销-盘接触	SiCp:20 wt%;SiC:10 wt%;Gr:6 wt%;Sb$_2$S$_3$:3 wt%	SiC:34;Gr:45	铝合金	粉末冶金	EN24 钢
[17]	200 r/min*	0.5,1.0 MPa*	销-盘接触	TiCp:56 vol%	1.3	AZ91 镁合金	无压浸渗	AISI 1018,AISI 4140 钢
[18]	—	2,5,10	销-盘接触	AlNp:10,20 vol%	—	镁合金	搅拌铸造	钢、Al$_2$O$_3$
[19]	0.62,0.94,1.25	20,40,60,80,100	销-盘接触	长石:1,3,5 wt%	30~50	AZ91 镁合金	搅拌铸造	EN24 钢
[20]	0.5	5,10,50	销-盘接触	SiCp:30 vol%	40	纯镁	搅拌铸造	—
[21]	1,1.5,2	10,15,20	销-盘接触	TiC:10 wt%;MoS$_2$:10 wt%	TiC:23;MoS$_2$:45	7075 铝合金	搅拌铸造	EN32 钢
[22]	0.5,1,1.5,2,2.5,3	5,10,15,20,25,30	销-盘接触	SiCp:5,10 wt%;Gr:5,10 wt%	50	纯镁	粉末冶金	EN31 钢
[23]	0.419	0.8~88.2	块-环接触	TiCp:5,10,15 wt%	5	AZ91 镁合金	搅拌铸造	GCr15 钢

* 表示单位与列标题中的单位不同。

　　福尔肯等[17]研究了 50 vol% AZ91E/TiCp 镁合金复合材料的磨损行为。该复合材料对 AISI 4140、AISI 1018 和 H13 钢的耐磨性较好。对滑动条件下,不同载荷下的磨损性能进行研究发现,材料失重随载荷增加而增大。此外,镁合金的耐磨性优于复合材料,尤其是载荷为 1 GPa 时。然而载荷为 0.5 GPa 时,合金与复合材料的失重差异并不大,如图 7.8 所示。较高的载荷将导致高硬度增强相颗粒的开裂及脱黏,增加了磨损率并诱发磨粒磨损,在这种情况下,磨粒的形成将进一步增大磨损。在合金和复合材料体系中,摩擦系数随载荷的减少而降低。这归因于形成的氧化物润滑层提供了稳定的磨损表面,从而防止了严重的表面磨损。

　　化学分析表明,在摩擦试验过程中,样品表面产生了多种氧化物,该氧化物的成分与材料的成分相关。复合材料的磨损机理大多为磨粒-黏着型。总体而言,Mg-AZ91E 镁合金的耐磨性优于 TiCp/Mg-AZ91E 复合材料。

　　阿雷奥拉[18]采用氮化铝颗粒(AlNp)增强 Mg-AZ91E 镁合金,通过搅拌铸造工艺制备了 10、15、20 vol% Mg-AZ91E/AlNp 复合材料。在 2、5、10 N 的载荷下,使用销-盘法测试铸态复合材料的磨损行为,对磨材料分别为 Al_2O_3 和钢。从图 7.9 中可以看出,无论是 Mg-AZ91E 合金还是 Mg-AZ91E/AlNp 复合材料,对于钢(图 7.9(a))和 Al_2O_3(图 7.9(b)),摩损率均随着载荷增加而降低。这可能是由于在摩擦过程中,样品表面产物增加了样品表面光滑程度[18]。

　　从图 7.10 中可以看出,在更高的载荷作用下,材料的磨损率更高[18]。在 2 N 和 5 N 载荷作用下,增强相的引入起到了良好的减磨效果,材料失重随增强相含量的增加而降低。

　　然而,当增强相含量较高且载荷较大(10 N)时,由于材料失重几乎相等,引入增强相的有益效果出现了相反趋势。当对磨材料(如钢球)硬度大于镁合金如为 Al_2O_3 球时,测试结果与阿尔巴斯和张[24]报告的结果一致。

　　所有样品均显示出磨粒磨损机制,该机制在低体积分数复合材料和镁合金中占主导地位。图 7.11(a)所示为 20 vol% Mg-AZ91E/AlNp 复合材料的磨痕形貌,随着增强相含量增加,摩擦过程的产物增加[18]。因此,可以认为该材料的磨损机理主要为氧化磨损,其次是磨粒磨损,如图 7.11(b)所示[18]。

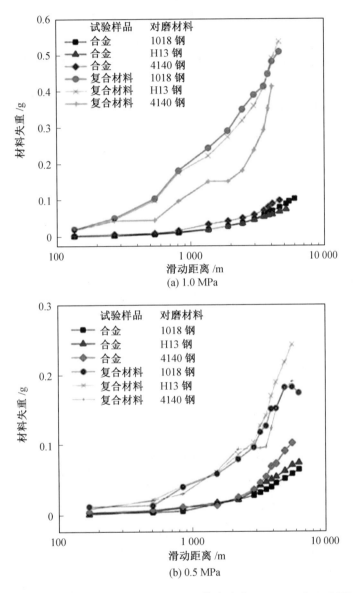

图 7.8　Mg-AZ91E/TiC 复合材料及基体合金在 1.0 MPa 和 0.5 MPa
载荷作用下的磨损失重曲线

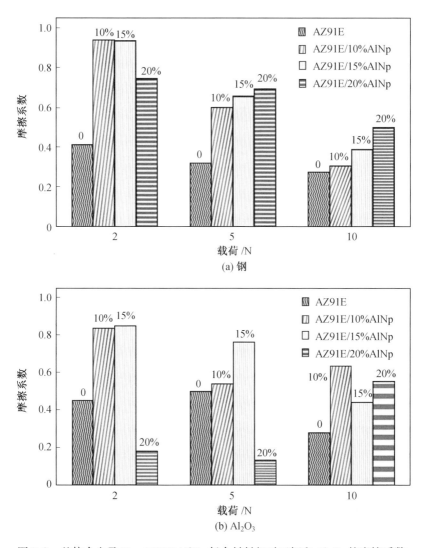

图 7.9　基体合金及 Mg–AZ91E/AlNp 复合材料相对于钢和 Al$_2$O$_3$ 的摩擦系数

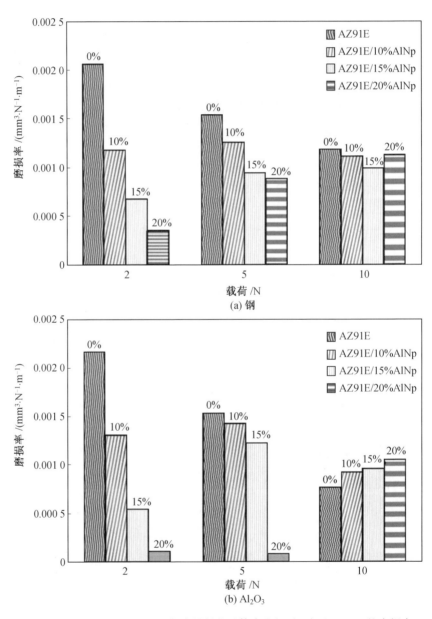

图 7.10　Mg-AZ91E/AlNp 复合材料及基体合金相对于钢和 Al$_2$O$_3$ 的磨损率

(a) 100×　　　　　　　　　　　(b) 500×

图7.11　20 vol% Mg-AZ91E/AlNp 复合材料的磨痕形貌

采用熔体沉积技术[10]制备 Mg/SiC 复合材料,磨损分析结果表明,与镁基体相比,26.3 wt% Mg/SiC 复合材料具有较好的耐磨性。然而最低载荷条件下的磨损率最高。这是因为,在 2 N 载荷作用下,样品表面发生摩擦化学反应,生成了致密的水合硅酸镁层,接触表面发生软化,从而在负载高于 2 N 时减少磨损。复合材料与金属基体的摩擦系数则没有明显差异。另外,26.3 wt% 复合材料在 10 N 载荷时,较 2 N 下的摩擦系数低。夏马尔等[19]也发现,镁合金与长石增强相制备的复合材料磨损率,随着增强相含量的增加而降低,随着施加载荷的增加而增加。夏马尔等[19]认为,在较低载荷作用下,断裂的长石会在接触面之间形成保护层,避免金属滑块与复合材料的直接接触。但在较高的载荷下,形成的长石层会断裂,无法避免金属滑块与复合材料的直接接触,促使基体变形增大,表面保护层以剥离的形式被磨损去除。

萨尔瓦南等[20]对 30 vol% Mg/SiC 复合材料的研究表明,复合材料的耐磨性比基体提高了两个数量级。这与 7075/TiC 复合材料[12]的研究结果相反,该复合材料增强相含量高于 8 wt% 时耐磨性不再提高。同样,在挤压铸造工艺制备的镁和铝基复合材料中[25],Al_2O_3 纤维含量可达 30 wt%。结果表明 10 wt% 的 Al_2O_3 纤维含量下耐磨性是最优的。对外加载荷的研究发现,外加载荷增大,复合材料磨损更大。但在其他一些研究中,发现特定条件下,载荷增加反而会降低材料磨损率。

阿西夫等[15]发现,20 wt% Al/SiC 复合材料的磨损率随载荷增加而增加,材料中引入石墨及 Sb_2S_3 固体润滑剂后,磨损率则随载荷增加而降低。载荷 30~50 N 条件下,滑动速率 5 m/s 和 7 m/s 时磨损率随载荷增加而增加。但载荷 50~80 N 条件下,即使滑动速率为 7 m/s 时,磨损率也随载荷增加而降低,并且 80 N 载荷下的磨损率较 30 N 载荷下的更低。滑动速率为 5 m/s 时,所有载荷条件下,磨损率都有轻微的下降。这归因于磨损表面硬化、氧化物形成、SiC 颗粒开裂以及石墨覆盖表面等因素。据报道,无论是 SiC 增强复合材料,还是 SiC 和石墨+Sb_2S_3 润滑剂混杂增强复合材料,摩擦系数通常会随着载荷的增加而降低。

纳拉亚纳沙米等[21]研究了以 TiC 为增强相,MoS_2 为固体润滑剂的铝基复合材料的摩擦磨损行为。通过 L27 正交试验发现,田口(Taguchi)技术可用于预测搅拌铸造增强 7075/($TiC+MoS_2$)复合材料的磨损率。复合材料的磨损率随载荷、滑动速率和滑动距离的增大而增大。研究人员还发现,添加 MoS_2 的复合材料比基体材料具有更好的耐磨性。Prakash 等[22]研究了 Mg/5 wt% 和 10 wt% SiC 复合材料的耐磨性及 5 wt%、10 wt% 石墨润滑剂对材料耐磨性的影响。结果表明,在多种载荷和滑动速率条件下,(10 wt% SiCp+5 wt% 石墨)/Mg 复合材料具有最佳的耐磨性。然而载荷越大,磨损和滑动速度越高,材料失重越小。材料摩擦系数随 SiC 含量增加而增加,尽管如此,引入石墨润滑剂依然有效地减小了摩擦系数。另外,载荷越大,摩擦系数越高,但在较高的滑动速率下,摩擦系数会降低。这是由于样品表面形成了机械混合层。即使 SiC 含量最高的样品,引入 5 wt% 石墨的复合材料硬度低于 10 wt% 石墨的材料,但其磨损性能更好。修等[23]研究了搅拌铸造 AZ91/TiCp 镁基复合材料的磨损行为,发现增强相含量高的复合材料具有更好的耐磨性且样品失重更少。与其他研究不同的是,该工作显示摩擦系数随着载荷提高而增加,且合金的摩擦系数高于复合材料,这是由于复合材料的表面更粗糙。

7.6.2　滑动速率的影响

对于载荷恒定时滑动速率对磨损的影响已有大量研究。因摩擦生热,接触面之间发生化学反应或互扩散而在接触面上形成的反应层,称为机械混合层(MML)。MML 的性能取决于摩擦系数和磨损率,并且与接触面的化学成分有关。若形成了脆性 MML,当载荷增加时将发生断裂,摩擦副发生直接机械接触,这将增加磨损率。同时,在设计摩擦副时要考虑环境因素,即湿度、温度和气氛,这将会因摩擦过程中的高温而引发相变进而改变性能。滑动速率对磨损率的影响见表 7.2。针对 SiC 颗粒和 3 wt% 石墨润滑剂的铝合金复合材料体系研究表明,添加 SiC 颗粒后,复合材料在 4.6 m/s 滑动速率下的耐磨性提高。因铁屑对磨材料和 SiC 颗粒刻画作用,接触对间形成了氧化铝、氧化铁的机械混合层。当滑动速率高于 4.6 m/s 时,复合材料磨损率略有增加,而合金的磨损率则急剧增加。塞尔瓦等[16]的研究显示,在测试的所有载荷下,随着滑动速率增加,复合材料磨损程度提高。

表 7.2　滑动速率对磨损的影响

文献	滑动速率 /(m·s⁻¹)	载荷/N	设备类型	增强相种类	增强相尺寸/μm	基体种类	制备方法	对磨材料
[14]	1、3、5、7、10	10、30	销-盘接触	Al_2O_3p:0.66、1.11、1.50 vol%	50 nm*	AZ31B 镁合金	熔体沉积	油淬工具钢
[16]	0.6、0.9、1.2	5、7.5、10	销-盘接触	ZnO:0.5 vol%	50~200 nm*	纯镁	粉末冶金	—
[26]	1.53、3.4.6、6.1	40	销-盘接触	SiCp:15 wt%；SiCp:15 wt%；Gr：3 wt%	25	2219 铝合金	搅拌铸造	EN36 钢
[27]	1.2、2.5、3.7、5.1	10、20、30、40	销-盘接触	SiCp:1、2、3、4、5 wt%	30	ZA42 铝锌合金	搅拌铸造	硬钢盘
[28]	1、3、5、7、10	10	销-盘接触	Al_2O_3p:1.50 vol%	50 nm*	AZ31B 镁合金	熔体沉积	AISI-O1 工具钢盘
[29]	1、3、5、7、10	10	销-盘接触	Al_2O_3p:0.22、0.66、1.11 vol%	50 nm*	纯镁	熔体沉积	AISI-O1 工具钢盘
[30]	1.5、3、4.5	9.8、29.4、49.1	销-盘接触	TiCp:3、4、5、6、7 vol%	—	6061 铝合金	搅拌铸造	EN32 钢

* 表示此处单位与列标题中的单位不同。

在 0.6 ~ 0.9 m/s 的滑动速率下,磨损率呈上升趋势;但在 1.2 m/s 时,磨损率呈下降趋势,这主要是由于 MML 的形成。

在 SiC 颗粒增强铝锌合金复合材料中[27],磨损率随 SiC 颗粒尺寸增加而减小,随滑动速率增加及载荷增加而增大;此外还观察到摩擦生热所导致的软化、分层现象,确定了磨粒磨损机制。夏马尔等[19]发现长石颗粒增强镁基复合材料随着滑动速率的增加,摩擦层产生裂纹,导致复合材料磨损率增加,同时发现合金在低速下的磨损机制是氧化磨损。阮等[14]研究了滑动速率对纳米氧化铝增强镁合金复合材料摩擦磨损行为的影响,在低滑动速率下,基体合金比复合材料表现出更好的耐磨性,但在较高的测试速度下则相反。

另外,研究发现在载荷 10 N 条件下,滑动速率 5 m/s 时材料磨损率最低。在 30 N 条件下,滑动速率 3 m/s 时材料磨损率最低,合金及复合材料的摩擦系数也较低。所有试样的磨损机制均为磨粒磨损、氧化、黏着磨损、软化及熔化,在复合材料中也存在分层现象。香蒂等[28]研究了 Al_2O_3 纳米颗粒增强镁合金复合材料,通过在合金中添加钙元素,基体内形成硬质金属间化合物(Mg, $Al)_2Ca$,提高了基体合金的硬度和强度,进而提高了复合材料的耐磨性;他们发现,复合材料磨损率随滑动速度降低而降低,尤其在添加 3 vol% Ca 元素时该现象最为明显。在 10 N 载荷与低速条件下,磨粒磨损是复合材料的主要磨损机制,这与阿雷奥拉[18]和夏马尔等[19]对复合材料磨损机理的分析是一致的,而热软化机制仅存在于合金中。林等[29]对氧化铝纳米颗粒增强纯镁基复合材料的磨损行为进行了研究,观察到在低载荷和低于 7 m/s 的滑动速率下,主要的磨损机制为磨粒磨损;在较高速率下,摩擦生热和金属塑性变形的共同作用导致磨粒磨损机制中发生从切削到犁削或成楔的转变,这与香蒂等[28]的观点一致。

7.6.3　增强相尺寸、形状和含量的影响

尽管对于不同基体材料而言,耐磨性最佳的增强相含量各不相同,但研究发现,在增强相含量较高时,随增强相含量增加,增强相与基体间的界面总面积增加,易于出现应力集中、裂纹萌生扩展现象从而降低复合材料的耐磨性。增强相尺寸和含量对磨损的影响见表 7.3。在 Al/SiC 和 Al/Al_2O_3 复合材料中[31],材料失重随着增强相含量增加而减小,随载荷增加而增加。合金的摩擦系数较复合材料小,这与拉米雷斯[32]的研究结果一致。

表 7.3　增强相尺寸和含量对磨损的影响

文献	滑动速率/(m·s⁻¹)	载荷/N	设备类型	增强相种类	增强相尺寸/μm	基体种类	制备方法	对磨材料
[9]	2	2,5	销-盘接触	SiC:9.8,26.3 vol%	16,32	2024铝合金	搅拌铸造	SiC砂纸
[12]	2	10,20,30	销-盘接触	TiCp:2,4,6,8,10 wt%	2	7075铝合金	搅拌铸造	EN32钢
[20]	0.5	5,10,50	销-盘接触	SiCp:30 vol%	40	纯镁、纯铝、镁铝合金	搅拌铸造	—
[25]	0.83	50	往复法	δ-Al₂O₃f:10,20,30 vol%	直径3,长度500	铝合金	挤压铸造	碳钢
[31]	200 r/min*	0.5、1.0 MPa*	销-盘接触	7075/SiCp、6061/Al₂O₃p:SiC和Al₂O₃为10,15,20 vol%	36(SiCp和Al₂O₃p)	7075铝合金 6061铝合金	搅拌铸造	EN32钢
[33]	—	2,5,10	销-盘接触	SiCw:5~29 vol% SiCp:2~10 vol% Al₂O₃f:3~26 vol%	SiCw:d=0.3~1, l=5~15 SiCp:10 Al₂O₃f:d=4,l=40~200	2024铝合金 ADC12铝合金	SiCw:粉末冶金 SiCp:压力浸渗 Al₂O₃f:压力浸渗	45#钢
[34]	0.62,0.94,1.25	20,40,60,80,100	销-环接触	SiCp:5,13,38,50 vol%	5.5,11.5,57	Al-Si-Cu合金	无压浸渗搅拌铸造	钢SAE 52100
[35]	0.5	5,10,50	销-盘接触	SiCp:9 wt%	15,40,80	6061铝合金	搅拌铸造	—

* 表示此处单位与列标题中的单位不同。

在 Al/SiC 和 Al/Al₂O₃ 复合材料中[31]摩擦系数随滑动距离增加而减少,因为更长的滑动距离意味着表面温度增加进而导致表面软化。与此相反,在 6061/TiC 复合材料中[30],高增强相含量提高了材料比强度,降低了耐磨性。宫吉马[33]研究了多种形状(颗粒、纤维、晶须)Al₂O₃ 和 SiC 增强铝基复合材料的磨损行为,结果表明,复合材料磨损性能主要取决于增强相形状及含量。最佳的晶须、纤维和颗粒含量分别为 22、10 和 2 vol%,尽管在颗粒增强条件下,含量 2 ~ 10 vol% 范围内复合材料的磨损率仅轻微下降。由此可知,颗粒比纤维及晶须对提高耐磨性的贡献更大。左等[34]发现,高体积分数 50 vol% Al/SiCp 的耐磨性显著降低,并且复合材料耐磨性与颗粒体积分数及尺寸皆成正比。增强相含量为 38 vol% 时颗粒尺寸为 57 μm 的复合材料耐磨性最高。但他们并未报道该复合材料的相关结果。总体而言,增强相含量为 50 vol% 时,材料耐磨性最佳。他们指出,该复合材料的磨损机制为塑性变形、颗粒开裂和分层。该结果与 7055/TiCp 复合材料结果相反[12],该复合材料中 TiCp 最佳体积分数为 8%。此外研究表明,2024/TiCp 复合材料体系中,增强相含量为 52 vol% 时,材料耐磨性最优,并且该规律不受热处理状态的影响。在颗粒尺寸方面,上述工作与梅尔克等[35]的研究结果一致,在铝合金中添加平均粒径为 80 μm 的增强相比添加粒径 40 μm 和 15 μm 的增强相可以获得更好的耐磨性。敦和厄兹辽[9]对多种 Al₂O₃ 含量(最高 30 wt%)的铝基复合材料在 2 N 和 5 N 载荷下进行摩擦试验,发现复合材料体积损失随增强相含量及颗粒尺寸增加而减小,随载荷、滑动距离和样品表面粗糙程度增加而增大,材料的磨损机制为切削和犁削。

7.6.4　热处理的影响

热处理与金属基复合材料耐磨性关系的研究[32,36]显示,影响耐磨性的主要因素是形成的硬质金属间化合物。切利亚等[36]研究了热处理对镁合金/TiC 复合材料耐磨性的影响,发现热处理后复合材料磨损更剧烈。这是由于热处理后基体内 β 相减少。β 相的减少使得热处理态复合材料较铸态复合材料更易氧化形成脆性 MgO,而脆性的 MgO 在载荷作用下易开裂,导致摩擦副直接接触,造成更大的磨损。热处理态复合材料的摩擦系数降低了 4.5 倍与氧化镁层有关,却与材料硬度降低的现象不符,与热处理后复合材料的硬度和耐磨性同步提高的结果[37-40]也不一致。卡兹马尔和纳普那拉[37]研究了 δ-Al₂O₃ 纤维增强铝基复合材料的耐磨性,在 0.8 MPa 载荷下,T6 时效态复合材料的磨损率是基体合金的 1/3,但在 1.2 MPa 载荷作用下,时效态合金较复合材料的耐磨性

更好,这是纤维的破裂和脱落导致的。拉米雷斯[32]研究了无压浸渗制备的
53 wt% 2024/TiC 复合材料在 T6 热处理后的耐磨性能,如图 7.12 所示。对磨
材料分别为钢(图 7.12(a))和氧化铝(图 7.12(b))时,热处理态复合材料比
制备态复合材料及基体具有更好的耐磨性。此外,基体摩擦系数比硬度最高的
复合材料都要低。图 7.12 还表明,磨损率随载荷的增加而增加,这一现象在基
体中尤为明显。图 7.13 为基体和热处理态复合材料磨损表面的形貌[32],可以
看出复合材料沟槽较合金的更宽、更深。从图 7.13(b)中可以发现 Al_2O_3 及
TiO_2 等摩擦产物,随着载荷和滑动距离的增加,摩擦产物的量增加。

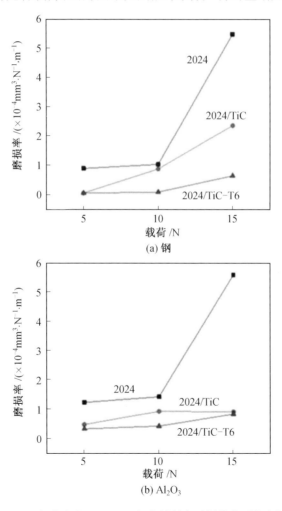

图 7.12　2024 铝合金和 2024/TiC 复合材料在不同载荷下的磨损率

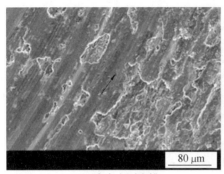
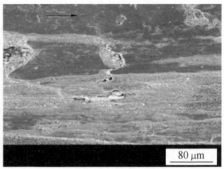

(a) 合金表面沟槽　　　　　　(b) 2024/TiC-T6 复合材料磨痕内的氧化产物

图 7.13　2024 铝合金和 2024/TiC-T6 复合材料磨损表面的形貌

2024/TiC 复合材料耐磨性的提高主要源于元素扩散，摩擦表面形成的反应产物，在滑动过程中接触面软化、接触面积减小以及热处理引起的材料硬化。

7.6.5　制备工艺和滑动距离的影响

复合材料制备工艺对材料耐磨性有一定的影响。苏雷什等[41]比较了挤压铸造法和重力铸造法制备的绿柱石/Al-Si-Mg 复合材料的磨损失重规律。结果显示，挤压铸造法制备的复合材料具有更好的耐磨性，这是由于该技术制备的复合材料具有更高的密度和硬度。林等[42]比较了粉末冶金(PM)和流变铸造法制备的 Al-Cu/SiCp 复合材料的耐磨性，并与基体合金进行了比较，发现流变铸造法制备的复合材料具有更好的耐磨性。在载荷大于 40 N 时，流变铸造工艺比粉末冶金工艺制备的材料具有更高的耐磨性。此外，沙欣[43]采用销-盘试验和不同粒径的 Al_2O_3 和 SiC 砂纸做对磨材料，研究了 Al/SiCp 复合材料的磨损行为，发现复合材料比基体具有更高的耐磨性。随载荷、砂纸粒径增加，材料磨损率增加。SiC 砂纸做对磨材料时，材料磨损率随滑动距离增加而增加，然而使用 Al_2O_3 砂纸做对磨材料时材料磨损率随距离的增加反而降低。磨损率随滑动距离而降低要归因于砂纸表面被磨屑覆盖及堵塞，以及样品因滑动距离长、载荷大、高速率滑动引起的加工硬化。

本章参考文献

[1] Jost H P (1976) Economic impact of tribology. In: Proceeding of the 20th Meeting of the Mechanical Failures Prevention Group.

[2] Pinkus O, Wilcock D F (1997) Strategy for energy conservation through

tribology. In: Tribology in Energy Technology Workshop American Society of Mechanical Engineers.

[3] Holmberg K, Anderson P, Erdemir A (2012) Global energy consumption due to friction in passenger cars. Tribol Int 47:221-234.

[4] Rabinowicz E (1995) Friction and wear of materials. Wiley, New York.

[5] Archard J (1953) Contact and rubbing of flat surfaces. J Appl Phys 24 (8):981-988.

[6] Hutchings I M (1992) Tribology: friction and wear of engineering materials. BH, pp 112.

[7] Glossary of Terms (1992) ASM handbook, friction, lubrication and wear technology. ASM Int 18:21.

[8] Brushan B (2013) Introduction to tribology, 2nd edn. Wiley, New York.

[9] Kok M, Ozdin K (2007) Wear resistance of aluminum alloy and its composites reinforced by Al_2O_3. J Mater Process Technol 183:301-309.

[10] Manoj B, Basu B, Murthy V et al (2005) The role of tribochemistry on fretting wear of Mg-SiC particulate. Compos Part A 36:13-23.

[11] Suh N (1973) The dela mination theory of wear. Wear 25:111.

[12] Ramakoteswara V, Ramanaiah M, Sarcar M (2016) Dry sliding wear behavior of TiC-AA7075 metal matrix composites. Int J Appl Sci Eng 14 (1): 27-37.

[13] Lim C, Lim S, Gupta M (2003) Wear behaviour of SiCp-reinforced magnesium matrix composites. Wear 255:629-637.

[14] Nguyen Q, Sim Y, Gupta M, Lim C (2014) Tribology characteristics of magnesium alloy AZ31B and its composites. Tribol Int Part B 82:464-471.

[15] Asif M, Chandra K, Misra P (2011) Development of aluminum hybrid metal matrix composites for heavy duty applications. J miner Mater Charact Eng 10 (14):1337-1344.

[16] Selvam B, Marimuthu P, Narayanasamy R et al (2014) Dry sliding wear behavior of zinc oxide reinforced magnesium matrix nano-composites. Mater Des 58: 475-481.

[17] Falcón L, Bedolla E, Lemus J (2011) Wear performance of TiC as rein-forcement of a magnesium alloy matrix composite. Compos Part B 42:275-279.

[18] Arreola C (2016) Evaluación de propiedades mecánicas y comportamiento al desgaste de compuestos AZ91E/AlN fabricados por fundición con

agitación. Master Thesis, Instituto Investigación Metalurgia Materiales, UMSNH, México.

[19] Sharma S, Andand B, Krishna M (2000) Evaluation of sliding wear behavior of feldspar particle-reinforced magnesium alloy composites. Wear 241: 33-40.

[20] Saravanan R, Surappa M (2000) Fabrication and characterization of pure magnesium-30 vol% SiCp particle composite. Mater Sci Eng A276:108-116.

[21] Narayanasamy P, Selvakumar N, Balasundar P (2015) Effect of hybridizing MoS_2 on the tribological behaviour of Mg-TiC composites. Trans Indian Inst Met 68:911-925.

[22] Prakash K, Balasundar P, Nagaraja S et al (2016) Mechanical and wear behaviour of Mg-SiC-Gr hybrid composites. J Magnes Alloys 4:197-206.

[23] Xiu K, Wang H Y, Sui H L et al (2006) The sliding wear behavior of TiC/AZ91 magnesium matrix composites. J Mater 41:7052-7058.

[24] Alpas A, Zhang J (1992) Effect of SiC particulate reinforcement on the dry sliding wear of aluminium-silicon alloys (A356). Wear 155:83-104.

[25] Alahelisten A, Bergman F, Olsson M, Hogmark S (1993) On the wear of aluminium and magnesium metal matrix composites. Wear 165:221-226.

[26] Basavarajappa S, Chandramohan G, Mahadevan A (2007) Influence of speed on the dry sliding wear behavior and subsurface deformation on hybrid metal matrix composite. Wear 262:1007-1012.

[27] Rajaneesh N, Sadashivappa K (2011) Dry sliding wear behavior of SiC particles reinforced zinc-aluminium (ZA43) alloy metal matrix composites. J miner Mater Charact Eng 10 (5):419-425.

[28] Shanthi M, Lim C, Lu L (2007) Effects of grain size on the wear of recycled AZ91 Mg. Tribol Int 40:335-338.

[29] Lim C, Leo D, Gupta M (2005) Wear of magnesium composites reinforced with nano-sized alumina particulates. Wear 259:620-625.

[30] Gopalakrishnan S, Murugan N (2012) Production and wear characterization of AA6061 matrix titanium carbide particle reinforced composite by enhanced stir casting method. Compos B 43:302-308.

[31] Lakshmipathy J, Kulendran B (2014) Reciprocating wear behaviour of 7075Al/SiC and 6061/Al_2O_3 composites: a study of effect of reinforcement, stroke and load. Tribol Ind 36(2):117-126.

［32］Ramírez R E J（2015）Thesis：Efecto del tratamiento térmico T6 sobre las propiedades tribológicas del compuesto Al-2024/TiC，Tesis Universidad Autónoma de Coahuila.

［33］Miyajima T，Iwai Y（2003）Effects of reinforcements on sliding wear behaviour of aluminium matrix composites. Wear 255：606-616.

［34］Zou X，Miyahara H，Yamamoto K et al（2003）Sliding wear behaviour of Al-Si-Cu composites reinforced with SiC particles. Mater Sci Technol 19（11）：1519-1526.

［35］Maleque M，Radhi M，Rahman M（2016）Wear study of Mg-SiCp reinforcement aluminium metal matrix composite. J Mech Eng Sci 10：1758-1764.

［36］Chelliah N，Singh H，Surappa M（2016）Correlation between microstructure and wear behavior of AZX915 Mg-alloy reinforced with 12 wt% TiC particles by stir-casting process. J Magnes Alloy 4：306-313.

［37］Kaczmar J，Naplocha K（2010）Wear behavior of composite materials based on 2024 Al-alloy reinforced with δ-alumina fibers. J Achiev Mater Manuf Eng 43：8-93.

［38］Shivaprakash Y，Basavaraj Y，Sreenivasa K（2013）Comparative study of tribological characteristics of AA2024+10% fly ash composite in non-heat treated and heat treated conditions. Int J Res Eng Technol 2：175-280.

［39］Sameezadeh M，Emamy M，Farhangi H（2011）Effects of particulate reinforcement and heat treatment on the hardness and wear properties of AA 2024-MoSi$_2$ nanocomposites. Mater Des 32：2157-2164.

［40］Yamanoglu R，Karakulak E，Zeren A et al（2013）Effect of heat treatment on the tribological properties of Al-Cu-Mg/nano SiC composites. Mater Des 49：820-825.

［41］Suresh K，Niranjan B，Jebaraj M et al（2003）Tensile and wear properties of aluminium composites. Wear 255：638-642.

［42］Lim S C，Gupta M，Ren L（1999）The tribological properties of Al-Cu/SiCp metal matrix composites fabricated using the rheocasting technique. J Mater Process Technol 89-90：591-596.

［43］Sahin Y（2003）Wear behavior of aluminum alloy and its composites reinforced by SiC particles using statistical analysis. Mater Des 24：95-103.

名词索引

A

ASTM method　ASTM 法

Atmosphere　气氛

Attrition ball mill　球磨机

Automotive and aerospace　汽车和空天

Auxiliary electrode（AE）　辅助电极（AE）

AZ31 alloy　AZ31 镁合金

AZ91 alloy　AZ91 镁合金

AZ91 magnesium alloy　AZ91 镁合金

AZ91/TiC composite　AZ91/TiC 复合材料

AZ91E/AlN　AZ91E/AlN 复合材料

AZ91E/TiCp composite　AZ91E/TiCp 复合材料

B

Back scattering electron　背散射电子

Bend strength　弯曲强度

Bending　弯曲

Bending test　弯曲试验

Bi-modal behavior signals　双模信号

Binary eutectic alloys　二元共晶合金

Blending powders　混合粉末

Bond strength　黏结强度

Bonding energy　结合能

Bonding line　结合线

Brazing　钎焊

Brittle compounds　脆性化合物

C

Carbide　碳化物

Casting　铸造

Cathodic limiting　阴极极限

Cathodic Tafel slope　阴极塔菲尔曲线斜率

Centrifugal forces　离心力

Corrosion potential　腐蚀电位

Corrosion rate　电化学腐蚀速率

Corrosion resistance　耐蚀性

CR　电化学腐蚀速率

Cracks and flows　断裂和扩展

Cr-mapping　铬元素成分分布

Crucible and mold devise　坩埚和模具

Cryomilling/reaction milling　低温铣削/反应磨削

CTE　热膨胀系数

Cu/AlN composite　Cu/AlN 复合材料

CuAl$_2$ precipitates　CuAl$_2$ 沉淀相

Current density　电流密度

CVD process　化学气相沉积(CVD)工艺

D

DEA　直接电弧

Debonding　脱黏

Degree of reaction　反应程度

Degree of wettability　润湿性

Delamination　分层

Diffusion　扩散

Diffusion and power law creep　扩散和幂律蠕变

Diffusion bonding　扩散连接

Direct electric arc (DEA)　直接电弧(DEA)

Dispersion processes　分散过程

Dissimilar joint　异种材料接头

Dissimilar materials　异种材料

Dissolution of base metal　衬底金属的溶解

Drop base radius　液滴底部半径

Drop sections　下降阶段

Drop spreading　液滴铺展

Dual-phase microstructures　双相组织

Dynamic wetting　动态润湿

E

F

Fibers　纤维

Flash removal　飞边清除

Fluctuations　波动

Foil-fibber-foil process　箔-纤维-箔法

Foil-fiber consolidation process　箔-纤维固相致密化工艺

Footprints　磨痕

Forging　锻造

Fracture toughness　断裂韧性

Friction　摩擦

Friction welding　摩擦焊

Frictional heating　摩擦加热

Function copper content and temperature　铜元素含量和温度的函数

Fusion processes　熔焊过程

G

Galvanic corrosion　原电池电偶腐蚀

Gas and vapor-phase processes　气相和蒸气方法

Gas pressure infiltration/PIC　气体压力浸渗(PIC)

Good wettability　良好润湿性

Green preforms　预制件素坯

H

Halpin-Tsai model　Halpin-Tsai 模型

Hardness　硬度

HAZ　热影响区

Heat treatments　热处理

Heat-affected zone (HAZ)　热影响区(HAZ)

High resolution transmission electron microscopy (HRTEM)　高分辨透射电子显微镜(HRTEM)

High-rate consolidation　高速率致密化

High-temperature fusion　高温熔焊

Homogeneous structure　均质结构

Homogenization　均匀化

I

IEA　国际能源署

Image processing software　图像处理软件

In situ processes　原位法

In situ reactive infiltration process　原位反应浸渗工艺

Indirect electric arc（IEA）　间接电弧（IEA）

Inert gas atmosphere　惰性气氛

Infiltrated Mg/TiC composites　浸渗后 Mg/TiC 复合材料

Infiltrating temperatures　浸渗温度

Infiltration　浸渗

Infiltration kinetic　浸渗动力学

Infiltration methods　浸渗方法

Infiltration process　浸渗过程

Infiltration technique　浸渗技术

Infiltration temperature　浸渗温度

Interdiffusion　相互扩散

Interface　界面

Interface reaction　界面反应

Interfacial energy　界面能

Interfacial reactions　界面反应

Interfacial tension　界面张力

Intermetallic compound-matrix interfaces　金属间化合物与基体界面

International Institute of Welding（IIW）　国际焊接学会（IIW）

Isothermal solidification　等温凝固

J

Joining processes　连接工艺

Joint gap　接头间隙

Joint strengths　接头强度

K

Kinetic infiltration　浸渗动力学
Kinetic model　动力学模型
Kinetics　动力学

L

Laboratory level　实验室水平
Land transportation industry　陆路运输业
Laws　规律
Line analysis　线扫描
Linear polarization resistance（LPR）　线性极化电阻（LPR）
Liquid　液体
Liquid Al　液态铝
Liquid alloy　液态合金
Liquid Cu　液态铜
Liquid Mg　液态镁
Liquid phase　液相
Liquid state processes　液相制备过程
Liquid/solid interactions　液/固交互作用
Liquid-phase　液相
Liquid-state　液态
Liquid-state diffusion bonding　液态扩散连接
Liquid-state joining/indirect joining　液态连接/间接连接
Load　载荷
Local corrosion rate　局部腐蚀速率
Localization index（LI）　局部腐蚀指数（LI）
Long fibers　长纤维
LPPD process　低压等离子体沉积法
LPR　线性极化电阻

M

MgAl$_2$O$_4$ spinel MgAl$_2$O$_4$ 尖晶石

Mg–AZ91 alloy AZ91 镁合金

Mg–AZ91E/AlN composites Mg–AZ91E/AlN 复合材料

Mg–AZ91E alloy Mg–AZ91E 合金

(Mg–AZ91E)–(Mg–AZ91E/AlN) Mg–AZ91E 与 Mg–AZ91E/AlN 焊接接头

Mg–AZ91E/SiC composite Mg–AZ91E/SiC 复合材料

Mg–based MMC 镁基复合材料

MgO 氧化镁

MgO precipitate 氧化镁沉淀相

Mg–ZC71/SiC Mg–ZC71/SiC 复合材料

Microstructure 微观组织

Microstructure of composites 复合材料微观组织

MIG process with indirect electric arc (MIG–IEA) 熔化极惰性气体保护–间接电弧焊(MIG–IEA)

MIG welding process 熔化极惰性气体保护焊

MIG–IEA welding process 熔化极惰性气体保护–间接电弧焊接工艺

MMC joints 金属基复合材料接头

MMC processing 金属基复合材料制备工艺

MMC–AZ91 EMMC 与 AZ91E 焊接接头

MML 机械混合层

Mn 锰

Mobility of dislocations 位错迁移率

Modulus values 模量值

Molten Al–Mg alloys 熔融铝镁合金

Molten metal 熔融金属

Monolithic 单一的

Monolithic joint 单一接头

MoS$_2$ 二硫化钼

Mud and straw 泥土和稻草

N

NaCl concentration 氯化钠浓度

Nernst–type equation 恩斯特方程

Q

R

Reinforcement phase　增强相

Relative density　相对密度

Residual stresses　残余应力

Resistance　抗力

Ridges effects　润湿脊效应

Roll bonding and coextrusion　滚压结合和共挤压

Rotary friction welding　旋转摩擦焊

Roughness　粗糙度

Rubbing motion　摩擦运动

S

Saturated calomel electrode（SCE）　饱和甘汞电极（SCE）

Scanning electron microscopy（SEM）　扫描电子显微镜（SEM）

SCC　应力腐蚀开裂

Secondary fabrication　二次加工

Selection criteria　选择标准

Selection of materials　材料选择

SEM fractographs　扫描电子显微镜断口图

SEM micrograph　扫描电子显微镜显微照片

Sequence of events　事件顺序

Sessile drop　液滴

Sessile drop experiments　座滴实验

Sessile drop method　座滴法

Sessile drop technique　座滴技术

Shear strength　抗剪强度

Shear stresses　剪切应力

Shear test　剪切试验

Si_3N_4　氮化硅

SiC　碳化硅

SiCp reinforcement　SiCp 增强相

SiCp/Al composites　SiCp/Al 复合材料

SiCw/Al　SiCw/Al 复合材料

Silicide　硅化物

Wear rate　磨损率

Wear research　磨损研究

Wear resistance　耐磨性

Welding　焊接

Wettability　润湿性

Wettability of liquid metals　液态金属润湿性

Wettability of TiC　碳化钛润湿性

Wettability phenomenon　润湿现象

Wettability systems　润湿性体系

Wetting angles　接触角

Wetting behavior　润湿行为

W-fiber reinforced Ni-base alloy　钨纤维增强镍基合金

Whiskers　晶须

Wilhelmy plate technique　威廉米平板技术

Wood　木材

Work of adhesion　黏着功

Working electrodes（WE）　工作电极（WE）

Worn　磨损

X

X-ray diffraction　X 射线衍射

X-ray diffraction technique　X 射线衍射技术

X-ray technique　X 射线技术

Y

Young's equation　杨氏方程

Young's modulus　弹性模量

Z

ZnO　氧化锌

附录　部分彩图

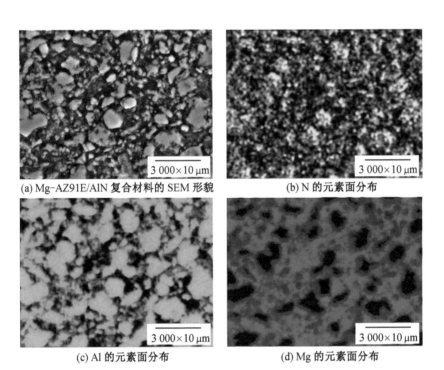

(a) Mg-AZ91E/AlN 复合材料的 SEM 形貌

(b) N 的元素面分布

(c) Al 的元素面分布

(d) Mg 的元素面分布

图 4.8

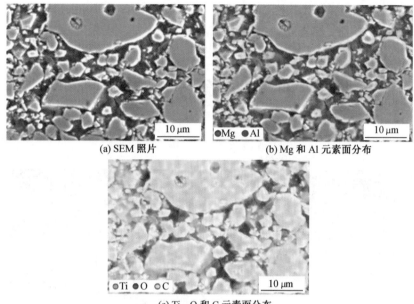

(a) SEM 照片　　　　　　　　　　(b) Mg 和 Al 元素面分布

(c) Ti、O 和 C 元素面分布

图 4.49

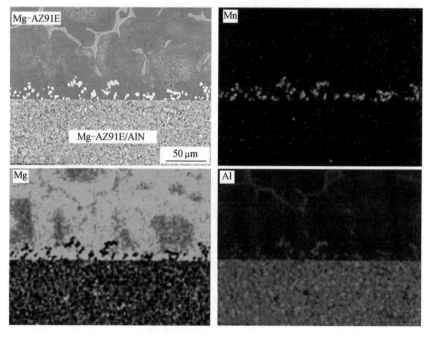

图 5.9